문학을
따라,

영국의
길을 걷다

문학을 따라,
영국의 길을 걷다

초판인쇄 2020년 7월 31일
초판발행 2020년 7월 31일

지은이 김병두
펴낸이 채종준
기획·편집 이아연
디자인 김예리
마케팅 문선영 전예리

펴낸곳 한국학술정보(주)
주소 경기도 파주시 회동길 230 (문발동)
전화 031 908 3181(대표)
팩스 031 908 3189
홈페이지 http://ebook.kstudy.com
E-mail 출판사업부 publish@kstudy.com
등록 제일산—115호(2000. 6. 19)

ISBN 979-11-6603-035-2 03980

문학을
따라,

영국의
길을 걷다

김병두

지음

이담
Books

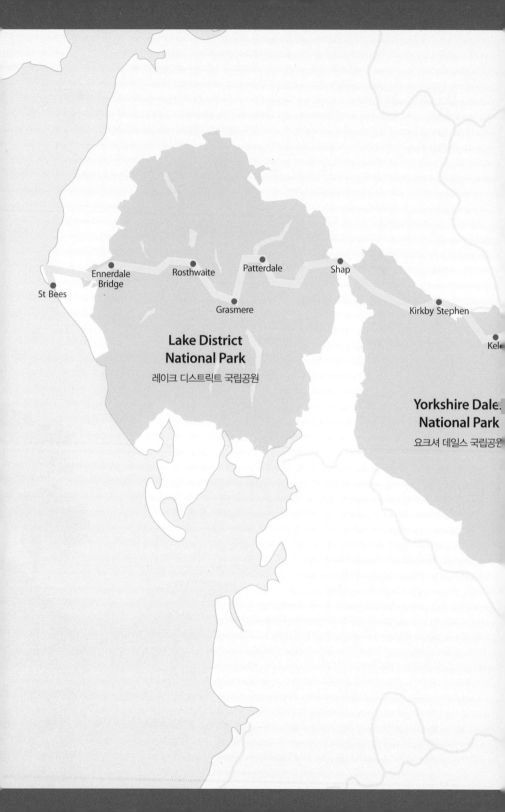

St Bees

Ennerdale
Bridge

Rosthwaite

Patterdale

Shap

Grasmere

Kirkby Stephen

Kel

**Lake District
National Park**
레이크 디스트릭트 국립공원

**Yorkshire Dale.
National Park**
요크셔 데일스 국립공원

Richmond

Danby Wiske

Ingleby Cross

Clay Bank Top

Blakey Ridge

Glaisdale

Robin Hood's Bay

**North York Moors
National Park**

노스 요크 무어스 국립공원

대서양

스코틀랜드

북해

북아일랜드

아일랜드해

CTC경로

아일랜드

잉글랜드

웨일스

켈트해

영국해협

프랑스

영국에 관심이 많아 영국 여행을 많이 했지만, 지금 생각하면 이상할 정도로 불과 몇 년 전까지도 도보(徒步) 여행길에 대해서는 전혀 알지 못했다. 언제 어떻게, 코스트 투 코스트 도보 여행길을 알게 되었는지 정확하고 구체적인 기억은 없다. 아마 2014년 스페인 산티아고 순례길을 걷고 난 이후에 그 존재를 알게 되었던 것 같다. 산티아고 순례길을 끝까지 걷고 난 이후 '걷는 고통보다는 걷는 즐거움'을 잊지 못해 다음 도보 여행지를 생각하는 과정 어딘가에서 그 존재를 알게 되었고, 인터넷과 책을 통해 구체적인 정보를 얻는 과정을 거쳐 2018년 8월 여름, 이 도보 여행길에 나서게 되었다.

영국에는 우리나라보다 앞서 많은 도보 여행길을 마련하고 있다. 북아일랜드와 스코틀랜드를 제외한, 영국 내에서 국가 지정(국가 관리) 도보 여행길 또는 둘레길(National Trail)은 그간 15개였다가 2020년에는 16개로 늘어났다. 국가 지정 도보 여행길은 정부를 대리하는 내추럴 잉글랜드(Natural England)와 내추럴 리소시스 웨일스(Natural Resources Wales)가 관리 및 운영한다. 내가 걸었던 코스트 투 코스트 도보 여행길은 이런 국가 지정 도보 여행길은 아니었다. 그럼에도 여타 도보 여행길 못지 않게, 아니 그보다 훨씬 더 영국 내외에서 사랑을 받고 있는 도보 여행길이다. 그 이유는 내가 이 길을 걷고 싶었던 이유와 같았다.

그렇다면 나는 왜 이 길을 걷고 싶었을까? 먼저 세 개의 국립공원이 있기 때문이었다. 이 길을 따라 걸으면, 레이크 디스트릭트 국립공원(Lake District National Park), 요크셔 데일스 국립공원(Yorkshire Dales National Park), 그리고 노스 요크 무어스 국립공원(North York Moors National Park)을 차례로 지나는데, 공원 지대가 총 거리의 2/3나 되었다. 호수 지구인 레이크 디스트릭트와 광활한 황야 지대인 노스 요크 무어스는 도보 여행자라면 누구도 상상 속 세계에서 끌어당기는 듯 한 유혹으로부터 벗어나기 힘들었을 것이다.

두 번째 이유는 '문학의 길'이라고 이름 지어 부르고 싶을 정도로 영문학의 자취를 더듬으며 걸을 수 있어서였다. 대학시절 영문학을 전공했기에 길을 따라 주변 지역을 살피며 걸으면, 일석이조의 기쁨을 누릴 수 있을 것 같았다. 그만큼 영문학도들에게 추천해 주고 싶은 도보 여행길이다. 호수 지구에서 윌리엄 워즈워스의 수선화와 무지개를 보고, 헤더꽃으로 뒤덮인 광활한 황야지대에서는 샬럿 브론테의 황야를 노래하는 시(詩)와 에밀리 브론테의 폭풍의 언덕을 느끼고 볼 수 있다.

세 번째 이유는 시작과 끝이 뚜렷한 길이라는 점이다. 한국인의 정서상 기왕이면 시작과 끝이 뚜렷하고 분명한 것에 끌리기에, 영국 서해(아일랜드해)에서 시작해 동해(북해)에서 끝나는 뚜렷함이 있는 이 길은 그래서 매력적이다. 물론, 다른 길들도 이유 있는 시작과 끝이 있지만 이 길은 지도상으로만 봐도 끝맺음이 뚜렷한 한국인의 정서에 딱 맞는 도보 여행길로 보였다.

이 길은 영국 내 대부분의 다른 길과 또 다른 특징을 가졌다. 바로 이 도보 여행길을 계획 및 고안해 낸 사람이 있다는 점이다. 이런 사적 이유 때문에 국가 지정 도보 여행길 범주에서 제외된 것일지도 모르겠다. 어쨌든, 이 길을 계획한 주인공은 알프레드 웨인라이트(Alfred Wainwright, 1907-1991)라는 인물이다. 그는 이 길에서 아주 멀지도, 그렇다고 아주 가깝지도 않은 랭커셔(Lancashire)주 블랙번(Blackburn) 사람으로 고지초원도보여행가(fellwalker), 도보여행안내서작가, 삽화가 그리고 유명 TV방송인이었다. 그는 1931년 루스 홀든(Ruth Holden)과 결혼, 아들 피터(Peter)를 두었다. 그가 고향 블랙번에 있으며 처음으로 호수 지구인, 레이크 디스트릭트를 방문했던 때는 1930년이었다. 그리고 그로부터 10년 후, 호수 지구에 가까운 켄달(Kendal)로 직장을 옮긴 후에는 그는 주말마다 호숫가를 걸을 수 있었다.

아들까지 두었지만 아내 루스와의 불화로 가정에서는 안정을 찾지 못했던 그는 집에 있기보다는 호숫가와 고지 초원을 걸으며 마음의 평온을 찾았던 것 같다. 그리고 1950년대에 들어오면서부터 틈틈이 호수 지구, 레이크 디스트릭트의 도보여행안내서를 썼다. 그 이후 1960년대에 들어와서는 여행안내서 집필을 호수 지구에 국한하지 않고 주변 다른 지방까지로 넓혔다.

그리고 1967년 직장에서 은퇴했는데, 은퇴 3주 전 부인 루스는 그의 부정을 의심한 끝에 결국 결별을 고했다. 1970년 정식 이혼하고 같은 해에 이혼녀 베티 맥날리(Betty McNally, 1922-2008)와 재혼했다. 베티는 그의 도보 여행 길에 동행하기도 했다.

드디어 1973년, 그는 'A Coast to Coast Walk(해안에서 해안까지의 길)'를 출판했다. 여기에 있는 길이 원래의 코스트 투 코스트길이고 길은 그 후 수차례 수정 및 보완되어 오늘날에 이르렀다. 국가가 지정한 길은 아닐지라도 이미 공인되고 허용된 길을 이용하고 있는데, 이제는 영국에서 가장 인기 있는 장거리 도보여행길 중 하나로 자리 매김하고 있다. 국가 지정(국가 관리) 도보 여행 길(National Trail)의 지위에 있지는 않지만, 웨인라이트 협회에 따르면 2004년 한 전문가 집단의 조사에서 세계에서 두 번째로 좋은 길에 선정되기도 했다.

1991년 1월 20일 일요일, 알프레드 웨인라이트는 세상을 떠났다. 베티와 재혼한 때는 63세였고 그녀에게 10년은 행복하게 살게 해 주겠다며 장담했던 세월의 두 배가 넘은 21년을 베티 곁에서 살고 떠났다. 생전에 그는 레이크 디스트릭트(호수지구)의 헤이스택스(Haystacks) 주변을 매우 좋아해서 그곳에 자주 갔다고 한다. 그는 저서에서 헤이스택스의 이노미네이트 탄호수 옆에서 영원히 쉬고 싶다고 쓰면서, 다음과 같은 말을 덧붙였다.

"친애하는 독자여, 수년 후 헤이스택스를 지날 때 당신의 신발에 흙먼지가 끼었거든, 그것을 소중히 다루어 주십시오. 혹시나 그것이 나일지도 모르니."

웨인라이트가 세상을 떠난 두 달 후, 베티와 그의 오랜 친구 퍼시 더프(Percy Duff)는 그의 유골재를 헤이스택스의 이노미네이트 탄호숫가에 뿌렸다. 그의 마지막 소원이 이루어진 것이다. 'Haystacks' 또는 'Hay Stacks'로 쓰이는 헤이스택스의 가장 높은 곳은 해발고도 570m다. 해발고도 520m 지점에는 이노미네이트 탄(Innominate Tarn) 호수가 있는데 뜻은 '이름 없는 호수'다. 이곳은 에너데일 브리지에서 로스웨이트 사이 대체길인 산길에 있어 마음만 먹으면 걷는 도중 그의 마지막 안식처를 지나면서 신발에 흙먼지를 묻힐 수 있다.

이 길은 'Coast to Coast Walk', 'Coast to Coast Path', 'Wainwright's Coast to Coast Path', 'CtoC', 'CTC', 'C2C' 등으로 부른다. 나는 대부분 '코스트 투 코스트길'과 'CTC길'로 쓸 것이다. 경우에 따라서 '길'을 빼고, 또 '웨인라이트(의)'를 앞 혹은 뒤에 붙여서 부르기도 할 것이다. 공식적인 길이 아니어서인지 몰라도 총 길이는 통일되지 않고 자료마다 약간씩 다르다. 적지 않은 대체길도 있으니 정확한 숫자는 의미가 크지 않을 수도 있을 것이다. 나는 웨인라이트가 최초의 안내서에서 언급한 190마일(304km)을 취하고 싶다.

나는 2018년 8월 10일 아일랜드해(서해) 세인트 비스(St Bees)에서 출발하여 8월 28일 북해(동해) 로빈 후즈 베이(Robin Hood's Bay)에 도착하였다. 총 19일이 소요되었는데, 그라스미어에서 두 밤을 보내며 하루를 그곳에서 쉬었고 그 외에는 날마다 걸었다. 도보 여행을 포함하여 자유 여행 시에 숙소를 미리 예약한다는 것이 내 취향은 아니지만, 이 지방 여행 성수기인 8월은 사전 숙소 예약 없이 여행하는 것이 무리라는 결론을 얻고 마지막 이틀을 제외하고는 서울에서부터 인터넷 혹은 전자우편을 통하여 미리 예약했다. 마지막 이틀도 걸으면서 사전 예약을 하여 숙소를 찾아 헤매는 수고를 사전에 차단했다.

걷는 시기는 성수기인 8월을 택했다. 이는 기후 면에서 북부 잉글랜드를 도보 여행하기에 가장 좋은 때이기 때문이다. 특히 관통해야 하는 황야 지대의 '헤더꽃 절정기'가 바로 8월이기 때문이기도 했다. 또한 이방인으로 낯선 도보 여행길에, 사람이 많으면 많을수록 더욱 안전할 것이라는 계산도 했다. 이른 봄이었다면 숙소를 사전 예약할 필요 없이 천천히, 그리고 여유롭게 여행할 수 있었을 것이다. 하지만 날씨가 추웠을 것이고, 헤더꽃 구경은 꿈도 못 꿨을 것이다. 그리고 인적도 드물어 혼자 떠났다면 외롭고 무서웠을 것이다.

이 책에는 8월 8일에 집을 출발하여 19일간을 걸은 후 9월 3일 집에 도착할 때까지의 여행기를 담았다. 걷기 전 이틀간은 주로 비행기, 기차로 도보 여행 출발지 세인트 비스를 찾아가는 여정으로 결코 간단하지 않은 경험이었고, 걷기 끝나고 난 후의 일정은 하워스의 브론테 자매 박물관과 요크 방문 일정이 있어 의미가 크다고 말하고 싶다. 그 후 8월 31일부터는 단순한 귀국일정으로 〈여행을 마치며〉에 간단히 설명하는 것으로 마무리했다. 그 일정은 다음과 같다.

8월 8일 서울 출발, 와이트헤븐 도착 1박
　　 9일 세인트 비스 도착 1박
　　10일 세인트 비스 출발, CTC 걷기시작
　　28일 로빈 후즈 베이 도착, CTC 걷기종료 / 스카버러 1박
　　29일 하워스의 브론테 자매 박물관 방문 / 리즈 2박
　　30일 요크 관광
　　31일 런던 도착 / 런던 2박
9월 1일 런던 관광
　　 2일 런던 출발
　　 3일 서울 도착

항상 그렇듯 이번 여행 중에도 손글씨 일기를 썼다. 그리고 날짜와 시간이 맞춰진 카메라와 캠코더로 내 나름의 적재적소에서 기록을 위한 사진과 동영상을 찍었다. 여행 후, 먼저 일기를 컴퓨터에 옮기고 나서 사진과 동영상을 일기와 대조 확인해 글로 쓰지 못했던 것을 추가했다. 그러다보니 본래 의도했던 여행기보다는 여행안내서에 가까워졌다. 고민이 되었다. 보통 에세이식 여행기로 다시 수정하느냐 아니면 여행안내서 같은 이대로 두느냐를 고민하다가 이대로 가기로 결정했다. 특히 CTC길을 걷고자 하는 독자에게는 도움이 많이 될 듯 해서였다.

자, 그러면 이제부터 도보 여행기에 관심이 있는 독자 여러분들과 함께 나의 코스트 투 코스트 도보 여행길(둘레길) 여행기 속으로 들어가 본다.

2020년 5월 명일동에서

김병두

지명 표기

영국에서의 지명(地名)은 영국인 조차 철자를 보고서도 정확히 어떻게 발음해야 할지 모르는 경우가 많다. 더구나 우리나라에서는 미국식 영어에 길들어져서 미국식으로 알고있는 경우가 많은데 영국 현지인들의 말에 따르도록 노력했다. 그렇다고 Stone을 본토 발음에 가깝게 한다고 '스토운'이라 하지 않고 이제까지의 우리의 관례를 존중해서 '스톤'으로 하듯이 이제까지의 우리의 관례도 존중했다.

걸은 거리 표기

웨인라이트의 코스트 투 코스트길 거리는 304km(190마일)라 하지만 실제로 걸은 거리는 이보다 훨씬 더 많았다. 더 먼 대체길을 택할 경우도 있었고, 길을 잃고 헤맬 경우도 있었고, 길 가까이에서 숙소를 정하지 못했을 경우에는 CTC길을 이탈하여 한참을 더 걸어 숙소로 찾아가야할 경우도 있었기 때문이다.

물론 예기치 못한 일이 생겨 자동차나 호수의 유람선을 탈 경우도 있었지만 실제 걸은 길은 304km를 훨씬 넘었을 것이다. 그래서 이 304km는 단지 지도상의 물리적인 거리일 뿐 도보여행자가 실제 걷는 거리와는 차이가 있다. 하지만 어쨌든 매일 내가 얼마나 걸었는지를 그날의 일기 앞에 간단하게 기록해 두었다. 탈것을 탄 거리와 길을 잃어 헤맨 거리는 제외 했지만 목적이 있어 불가피하게 CTC길을 이탈하여 걸은 거리는 포함했다. 이것은 대략적인 숫자일 뿐이기에

터무니없지는 않지만, 정확하지는 않을 수 있다. 안내서에 각 마을, 도시간의 거리가 표시되어 있어 참조했고, 없을 경우에는 지도를 보고 짐작하기도 했다.

💰 사용한 비용

여행에는 돈이 든다. 영국은 물가가 비싸다. 비용 면에서는 각자 취향, 경제력, 생활 방식에 따라서 천차만별일 수밖에 없다. 날마다 일기 말미에 그날 지불한 금액을 사항별로 각각 적었다. 내 생활 방식은 삼시세끼 외에 약간의 간식만 필요할 뿐이라 단조롭다. 영국의 펍(pub)문화에 관심이 많고 술을 즐긴다면, 기념품을 사는 취미가 있다면 비용은 더 필요할 것이다. CTC길을 걷는 동안의 비용 총액 산정은 생략했다. 내가 걸었던 19일간은 보통보다 훨씬 길기 때문에 총액은 일반화에 있어서 큰 의미가 없다. 보통 12일, 15일을 걸어 끝낸다. 내가 나이가 있고, 또 주변을 좀 더 세밀히 관찰하고 사진과 동영상을 많이 찍으면서 가려고 일부러 길게 잡은 일정이었다. 내가 쓴 하루하루의 비용을 눈여겨보면, 각자 예측된 비용을 짐작할 수 있을 것이다. 참고로 원화(₩)로 지불된 숙박(호텔 등)비는 국내 단골 카드사의 할인가격이라서 시가와 다소 차이가 있을 수 있다.

⚠ 유의해야 할 사항

여행에는 위험도 따른다. CTC길에서는 체력만 따라준다면 큰 위험은 없다고 본다. 그러나 사전준비가 철저하지 못하다면 힘들 수도 있다. 먼저 미리 숙소를 예약하면 동선이 예측 가능하기에 안전 면에서 유리할 것이다. 어떤 곳은 1년 전에 예약해야 하는 곳도 있다. 길을 벗어난 B&B에서는 승용차 픽업 서비스를 해주는 곳도 있다.

이곳은 스페인 산티아고 순례길과는 달리 많은 곳이 평지가 아니었다. 처음 며칠간을 무거운 배낭을 메고 걸었는데 굴곡이 심한 호수 지구라서 생각보다 힘이 들었다. 처음부터 배낭을 짐 운반 업체에게 맡기는 것이 좋다. 업체는 현지에서도, 한국에서도 미리 인터넷이나 이메일로 접촉이 가능하다.

또한 지도를 볼 때 단순히 거리만 보지 말고 등고선도 보고 갈 길을 예측하는 것도 중요하다. 대체적으로 대체길은 더 아름답지만 더 험하고 더 높다. 나는 안내서 지도와 스마트폰 구글 위성 지도를 이용했는데 GPS를 지참한 사람도 있었다. 안전한 길이라고는 하지만 구조 헬기가 뜨는 사고가 있다고도 하니 매사 안전에 조심해야 한다.

⊞ 문 표기

이번 도보 여행 중에 보고 듣고 겪은 것이 적지 않았다. 가장 인상적인 것 중에서 하나를 꼽으라면 단연 돌담이나 울타리를 통과하여 지나가야하는 문이다. 목초지에서 가축을 통제하는데 필요한 것이 울타리고, 돌담이고 그 문이다. 이런 울타리 문, 돌담 문을 수백 개를 통과해야 했다. 가축 특히 양과 소를 가두어 통제하고 사람은 다닐 수 있게 하는 문인데 '가축은 가능한 한 어렵게, 사람은 가능한 한 쉽게' 통과할 수 있는 문이어야 한다. 그 얼개는 제법 다양해서 아마 수백, 수천 년을 이어오면서 개발된 나름의 축적된 삶의 지혜가 녹아든 문으로 여겨진다. 그 다양성 때문에 어떻게 불러야 할지 의문스럽기도 한 문이다. 우리나라에서 없는 모양이 대부분이고 공인된 명칭은 아니더라도 편의상 이곳에서만 미리 정의해 둔다.

1. 울타리문과 돌담문

울타리와 돌담에 있는 문인데 우리나라에서 흔히 볼 수 있는 평범한 문도 있고, 좀 더 복잡한 문도 있다. 일례로 한 사람만 겨우 통과할 수 있고 출입구는 둘인데 문짝에 해당하는 것은 하나로인 문은, 혹시라도 하나의 문이 열려있다 하더라도 좁은 공간의 문짝이 다른 또 하나의 문에 걸리기 때문에 가축의 지능으로는 문을 통과하기 힘들게 만들어 놓은 것이다. 영국인들은 이를 'kissing gate'라 한다. 옹색하게나마 이중입구문, 회전문 등 여러 가지 우리말로 바꿀 수도 있겠으나 여기서는 평범한 문이든 복잡한 구조의 문이든 그냥 모두다 울타리문 또는 돌담문으로 통일한다.

2. 사다리문

울타리와 돌담에 사다리를 설치하여 사람만이 넘어갈 수 있게 하는 시설물이다. 'ladder stile'이라 한다.

3. 디딤대 문

문이라고 부르기조차 옹색한 울타리와 돌담을 넘을 때 이용되는 시설물이다. 울타리나 돌담을 넘을 때 딛고 넘을 수 있는 디딤대를 말한다. 디딤대는 하나 이상의 디딤대일 경우도 있다. 또 디딤대를 딛고 넘을 때 몸의 균형을 위해 잡고 넘을 수 있도록 긴 말뚝을 옆에 박아 놓은 경우도 있다. 'step stile'이라 한다.

4. 쪽문

우리나라에도 있는 문이다. 큰문 옆에 만들어 놓은 작은문. 보통 큰문의 일부분으로써 큰문에 붙어 있지만, 큰문과 몇 미터 분리되어 있는 경우도 있다. 'side gate'라 한다.

5. 틈새문

사람이 지나가도록 만들어 놓은 좁은 돌담 틈새 통로. 드물게는 관목 등 생나무 울타리에도 있다. 좁기 때문에 지참물건, 특히 카메라 등이 돌담에 부딪치지 않게 조심해야 한다. 배낭이 크면 메던 배낭을 벗고 지나가야 한다. 디딤대문에서와 같은 용도의 긴 말뚝을 옆에 박아 놓은 경우도 있다. 'squeeze stile'이라 한다.

6. 특징이 결합된 문

상기 문들의 하나 이상의 특징이 결합된 문이 있는데, 이 경우는 아주 많지는 않으니 그때그때 편한 대로 부르겠다. 예로 디딤대틈새문, 디딤대틈새쪽문 등이 있다.

🛏 숙박시설

여행에서 숙박은 너무나 중요한 부분이다. CTC길에서 익숙하게 접할 수 있는 시설로 유스 호스텔이 있다. 이것 포함하여 숙박시설을 설명해 본다.

1. B&B

'Bed and Breakfast'를 뜻하며 글자 그대로 잠자리와 조식을 제공한다. 호텔과는 달리 가정집 같은 주택으로 가족적이다. 영국인 가정집 분위기를 약간이지만 느껴볼 수 있다.

2. YHA 유스 호스텔

현지에서는 'YHA Grasmere'라는 식으로 쓰는데 이 책에서는 'YHA 그라스미어 유스 호스텔'로 번역했다. YHA는 'Youth Hostel Association'의 약자다. 이곳은 세계유스호스텔연맹 산하 잉글랜드/웨일스 유스 호스텔 이름으로 하는 합숙소 시설이다. 한 방에 네다섯 개의 2층 침대가 있다. 조식이 도시의 좋은 호텔 수준인 곳도 있다. 모든 것이 대체로 깨끗하고 위생적이다. 합숙소이기에 저렴하다. 퇴실 전에 베개를 포함하여 사용했던 침구 덮개를 모두 벗겨 놓는 것을 잊지 말아야 한다. 식사는 숙박비에 포함되어 있지 않다.

3. 로지(Lodge)

B&B와 유스 호스텔 만큼 일반화 되지 않은 명칭으로 보인다. 로지라는 곳을 두세 곳 이용했는데 규모가 작은 호텔 같은 곳이며 여러 면에서 호텔과 B&B의 중간 형태였다. B&B처럼 숙박비에 조식이 포함되어 있고, 추가로 돈을 내면 석식을 제공하고 B&B에는 없는 접수대와 접수인이 있고, 펍이나 바를 운영했다. 그러고 보면 호텔, B&B 그리고 로지가 두부모 자르듯 확실히 구분되지 않고 약간씩 겹쳐있다는 느낌을 받았다.

🍸 카페(cafe), 펍(pub), 바(bar)

주류(酒類)에서는 구분이 있는 모양이나 세 곳 모두 간단한 먹거리를 공통으로 팔고 있다. 술과 무관한 나는 아직도 세 곳을 구분할 눈썰미가 없어 그때그때 편리한 대로 불렀다. 예를 들어 펍이라고 했는데 펍이 아니고 카페나 바일 수도 있다는 점 미리 양해를 구한다.

🖥 본문 내 소개된 작품

제목에서 언급한 대로 '문학을 따라' 걸으면서 유명 시(詩)와 노래를 번역하여 일부나마 함께 소개했다. 번역은 나의 능력의 한계로 문학적 표현보다는 '직역'에 의존했음을 밝힌다. 원작에 혹시나 누가 되지 않을까 걱정이 된다. 미비한 점이 있더라도 너그럽게 양해해 주기를 미리 부탁드린다.

Walk across the Northern England

워즈워스의 호수(湖水)와 브론테 자매의 황야(荒野)를 향하여 출발하다

인천공항 → 런던 히스로 → 맨체스터 → 칼라일 → 와이트헤븐

집사람이 조용히 깨워서 일어난 시간은 새벽 5시경. 이때부터 근 1시간을 꾸물대며 마지막으로 짐을 꾸린 후 집을 출발했다. 아내는 잔소리를 한다. "팔뚝이 저렇게 가르다란 사람이……." 항상 비실대는 노인이 또 장거리 걷기를 한다고 하니, 걱정하는 잔소리였다.

어제 영국항공(British Airway)에 전화하여 미리 알아둔 탑승객이 가지고 탈 수 있는 짐에 대한 정보에 근거하여 배낭과 작은 봇짐을 만들어 각각 메고 들었다. 공항리무진버스에서는 이전에는 항상 오른쪽에 앉아서 한강을 바라보며 갔는데 오늘은 우연히 왼쪽 창측에 앉고 눈을 감았다. 잠을 자겠다는 것은 아니었고(애초 내 체질상 그렇게 쉽게 잠에 들지 않는다) 최고로 몸을 편안하게 해서 쉬고 가겠다는 마음이었다.

감았던 눈을 한참 만에 떠보니, 여전히 한강변이었지만 차창 밖에는 아파트 건물들이 나왔다. 아파트 벽에는 영어로 'HEIGHTS'라 쓰여 있었다. 익숙한 아파트 이름이었으나, 벽에 영어로 쓰여 있는 것은 처음 보았다. 분명 에밀리 브론테(Emily Bronte)의 소설 《Wuthering Heights(폭풍의 언덕)》에서 따온 이름 일 것이다. 소설 제목인 '폭풍의 언덕'의 그 언덕이 'HEIGHTS' 아닌

가? 비극적 사랑이 연상되어 아파트 이름으로는 썩 내키지 않는 이름이지만 한국인의 영어 사랑은 이런 것쯤은 극복하고야 만다는 것쯤은 나도 알고 있다. 어쨌든 이 우연은 내가 지금 '폭풍의 언덕', 즉, '워더링 하이츠(Wuthering Heights)'로 가고 있음을 일깨워 주고 있는 것 같았다. 때문에 이 우연은 아파트 벽을 마치 길안내 간판으로 보이게 했다.

초원의 빛의 시인 워즈워스의 고장 레이크 디스트릭트(Lake District, 호수 지구)에 이어 이 소설의 배경이 되는 요크셔지방으로 요크셔 데일스(Yorkshire Dales, 요크셔 골짜기)와 노스 요크 무어스(North York Moors, 북 요크 황야)로 지금 떠나고 있는 것이다! 여행은 항상 가슴을 설레게 하지만 이때 이순간은 더욱 더 설레었다.

공항에 도착한 후 수속을 위해 이동했다. 철재 등산용 지팡이(스틱) 두 개가 배낭에 들어 있는데, 수속 창구직원에게 기내 반입이 괜찮겠냐고 물으니 확답을 주지 않았다. 두 철재 지팡이를 비롯하여 모든 물건이 들어있는 배낭을 부치지 않고 직접 기내로 가지고 들어가야 하는 이유는 만약의 경우를 생각해서다. 혹시나 짐을 제때 찾지 못하는 경우가 생긴다면 계속해서 여행을 진행하는데 큰 차질이 생기기 때문이다. 게다가 내일부터 거의 모든 숙소가 해약 불가능한 조건으로 미리 예약되어 있었다. 과거에 승객 중에서 내가 짐을 가장 늦게 찾았던 경우는 있었지만 당일 날 못 찾은 적은 없었다. 하지만 1970년대 중동 어느 공항에서 동료 중 한 사람이 큰 가방을 1주일 후에야 찾은 것을 본 적이 있었다. 그사이 그의 가방은 세계 일주는 못했어도 여러 나라를 정처 없이 돌아다녔다고 했다. 그 가방 주인은 1주일 동안 여분의 속옷과 양말이 없어 구차하게 살았다. 우리는 "주인이 못한 세계 일주를 짐이 대신 해 준다."와 같은 농담으로 그를 위로 했었다. 당시에는 해외 여행 자유화 전이라 그런 농담이 통했던 시절이었다. 게다가 내가 영국에 장기 체류를 했던 2008년, 히스로 공항 터미널 5가 완성되어 가동 되었는데 문제가 발생하여 여행객 중 일부는 3개월이 지나도 짐을 못 찾았던 일도 있었다. 이때의 대혼란은 유명한 일이다. 그렇기에 이번같이 계획대로 움직여야 하는 여행에서는 만일을 위해 가능하면 모든 짐을 가지고 타야했다.

검색대는 순조롭게 통과했는데, 통과 후 유독 나에게만 검색직원이 다가와서 탑승권을 달라고 했다. 탑승권 두 장을 주니 그것을 가지고 컴퓨터 모니터 쪽으로 가서 뭔가 작업 후 돌아와 돌려주었다. 그래서 그에게 왜 그러느냐? 무슨 문제라도 있느냐고 물었다. 그는 일정한 간격을 두고 무작위로 한 사람씩 선택하여 화약성분인지 마약성분인지를 검사한다고 했다. 이렇게 무작위로 선택된 것은 이때가 처음은 아니었다. 오래전 남미여행 때는 리우데자네이루 공항에서 무작위로 선택되어 사무실까지 불려간 적도 있었다. 이런 것 말고 의미 있는 몇 번째의 승객으로 세계일주여행권이나 평생탑승권같은 것에나 선택되어 보았으면……. 그래 혹시 이번에는 또 모르잖아? 라고 기대하며, 런던 히스로나 맨체스터 공항을 기대하며 비행기를 탔다.

좌석은 앞 비즈니스 석과 가까운 곳으로, 창측은 나, 가운데는 초로의 부인, 복도 쪽은 그녀의 젊은 딸이었다. 가끔은 승무원이 부부와 딸로 구성된 가족 여행으로 보는 것도 같았다. 비행기가 중간 쯤 갔을 때 개인 등을 켜고 이런저런 작업을 하려고 하는데 내 좌석 개인 등이 고장이다. 승무원을 불러 상의하니 지금 당장 고칠 수는 없고 다른 좌석으로 바꿔주겠다고 했는데, 내가 원하는 좋은 좌석은 아니었다. 결국 이웃 모녀에게 부탁하여 복도 쪽의 딸 좌석과 바꾸었다. 이것도 내 팔자려니 하고 생각하면 고민할 필요가 없다. 가끔은 다른 사람들 것은 다 멀쩡한데 내 것만 유독 하자있는 경우가 종종 있다. 통계학이나 확률로도 설명이 안되는 것이니 팔자라는 말이 맞다. 사실 분명 내가 다른 사람들 보다 운이 좋은 경우도 있었을 것이다. 이때는 당연지사로 느끼고 운이 나쁠 때만 "왜 나만 그래?"식으로 생각할 것이라는 점도 분명 알만큼 나는 현명하다고 자부하면서 내 팔자를 수용하고 사는 편이다.

런던 히스로공항에는 예정시간보다 10분 쯤 일찍 도착했다. 히스로 공항에서의 환승은 전쟁이었다. 다음 비행기 출발 시간은 정해져 있는데 길은 잘 몰랐고, 영국 공항 공무원들은 온순하고 정직하지만 그다지 빠르지는 않았기 때문이다. 나뿐만 아니라 여러 사람들이 혹시나 비행기를 놓치면 어찌하나 노심초사했다. 내가 만난 입국심사관은 젊은 남자로 이것저것을 물었다. 약간의 호기심 어린 눈빛이 느껴졌다.

입국심사관　맨체스터에는 왜 갑니까?

나　해안에서 해안(Coast to Coast) 길을 걷기 위해서입니다.

입국심사관　숙소는요?

나　세인트 비스(St Bees)에 있는 호텔입니다. 그리고 25일간 호텔, 기숙사형 숙소, 그리고 B&B에 거의 예약이 되어 있습니다.

입국심사관　전에 영국에는 와 본 적이 있습니까?

나　(당당하게) 아주 많이 와 보았습니다.

입국심사관　(도장 꽝!)

입국 허가 도장(입국사증)을 안 찍어줄 리가 없겠지! 그런데 그 후가 문제였다. 전광판에서 내 비행기를 못 찾았기에 불안했다. 환승 전용 짐 검사대는 혼란스럽기 그지없었다. 내 몸과 배낭은 무사히 통과했는데 괴나리봇짐이 아직 통과를 못했다. 그곳에 든 선크림, 치약, 로션 비행기에서 먹다 남은 튜브고 추장이 문제였다. 검사 전에 줄을 서고 있는데 남자 직원이 투명 비닐 주머니를 한 손에 들고 대부분이 영국인들인 환승객을 향하여 엄청 빠른 어투로 뭔가를 말했던 것을 기억하고 이제야 그의 말의 의도를 짐작했다. 아마 크든 작든 튜브에 담긴 모든 것을 이 봉지에 넣으라는 말이었을 것인데, 규정에 맞는 부피의 튜브 용기 물건을 가지고 있는 나는 해당되지 않을 것이라고 지레짐작하고 그의 말을 아예 듣지 않았다.

미리 분리하여 넣어 주었더라면 일이 빨랐을 것이다. 시간은 없는데 검사도 차례가 있어 엑스레이에 잡힌 가방을 담은 바구니가 순서대로 놓여 있는데 내 것을 재검사하려면 상당히 기다려야 했다. 기다리는 사이에 다시 항공기 일정 전광게시판에 가 보았지만, 내가 탈 비행기 BA1396은 보이지 않았다. 다시 와서 조금 기다리니 중년 여자직원이 내 괴나리봇짐을 뒤져 튜브용기에 담긴 모든 것을 꺼내서 비닐봉지 한곳에 담아 컴퓨터와 기계장치 앞으로 갔다. 선크림 등이 담긴 비닐봉지를 그 기계장치 앞에 튀밥 튀는 기계에 망태를 붙여대듯 갖다 붙여 대는데 혹시 이상한 성분이 있다면 검출되는 모양이다. 아무 이상이 없자 그녀는 나름 서둘러 주었다. 다 끝내고 급히 전광게시판 앞으로 다시 가보니 드디어 BA1396이 나타났다. 계류장 출구는 A8이었다.

맨체스터 공항에 내려 안내소에 가서 칼라일(Carlisle)로 가는 방법을 물었더니 버스나 기차를 타라면서 역에 가는 인쇄된 다음과 같은 길안내 쪽지를 주었다. 하루에도 수백 번 같은 대답을 해야 하니 아예 이런 쪽지를 만들었을 것이다. 백번 현명한 방법이라고 생각했다.

· 밖으로 나가시오(Go Outside).

· 왼쪽으로 가시오(Turn Left).

· 터미널 1 표시를 따라 가시오(Follow the Sign for Terminal 1).

· 승강기를 타고 7층에서 내리시오(Take the lift to level 7).

· 역 표시를 따라가시오(Follow the Sign for the Station).

기차를 탔다. 갑작스럽지만 이제까지 계획했던 것을 충동적으로 변경했다. '와이트헤븐(Whitehaven)까지 갈 수만 있다면 가버리자'라는 생각이 든 탓이다. 처음에는 칼라일까지 간다고 매표소 직원에게 말하다가 오늘 와이트헤븐까지는 갈 수 있겠느냐고 물으니 칼라일에서 40분을 기다려 갈아타면 된다고 했다. 그래서 바로 "와이트헤븐까지 가는 표를 주세요."라고 말하고 말았다. 가격은 61.80파운드로 만만치 않았다. 하지만 손쉽게 와이트헤븐까지, 그러니까 출발 당일날에 세인트 비스(St Bees)의 지적까지 오게되었다. 기차는 한가했고 내가 걸을 호수 지구(Lake District)를 차창 밖으로 볼 수 있어서 좋았다. 칼라일까지는 2시간 15분 소요되었고, 약 30분을 기다린 후 환승했다. 칼라일에서 와이트헤븐까지는 1시간 5분이 소요되었다. 대신 칼라일에서는 이번에도 경유만 했지 1박을 하지 못했다. 글자와 발음이 다른 이 고도(古都)에서 하룻밤을 자고도 싶었는데…….

와이트헤븐에는 10시경에 도착했다. 늦게 도착한 탓인지 숙소를 구하기가 너무 힘들었다. 인구가 2만 3~4천 정도였음에도 10시가 넘어서인지 거리엔 사람이 별로 없었다. 그래도 사람을 찾아 묻고 물으며 호텔이나 B&B를 찾아보았다. 다들 친절했지만 밤이라 숙박 시설을 찾기는 매우 힘들었다. 꼭꼭 숨어있는 리드 하우스(Read House) B&B를 겨우 찾아 쇠로된 옛날식 문 두드리개인 문

고리 같은 것을 마구 두드리니 호리호리한 초로의 부인이 나왔는데 방이 없다고 했다. 나는 '서해에서 동해까지 걷는 도보여행자(Coast to Coast Walker)'인데 정말로 방이 없느냐고 되물으니 이제는 미소를 띠고 들어오라했다. 사실 내일은 방이 없으나 오늘은 방이 있다면서 주로 어디를 걸으며 언제 걷느냐고 물어서 앞으로의 일정을 대충 설명해 주었다. 화장실과 샤워장을 같이 쓰고, 가격은 30파운드인데 괜찮겠냐고 물었다. 이 판국에 가격 따질 때가 아니었다. 물론, 전용 화장실과 샤워장이 없는데도 30파운드면 결코 싼 가격은 아니다.

돈을 미리 달라기에 주고 열쇠를 받고 급히 밖으로 나와 허기를 달래기로 했다. 케밥 등 여러 가지를 하는 음식점에 가서 닭을 시켰는데 예상치 못한 피자가 나왔다. 닭고기가 들어가는 피자였는데 배가 고파서인지 의외로 맛이 좋았다. 피자값 5.50파운드를 5파운드 지폐와 1파운드짜리 동전으로 지불하니, 동전이 옛것이라면서 거부했다. 그는 은행에 가서 동전을 신권 동전으로 바꾸라고 말했다. 불과 2년 전에 쓰다 남은 건데……. 영국답지 않았다.

방으로 돌아와 남은 피자 두 조각을 먹으니 더 이상 먹고 싶지 않았다. 방은 2층으로 작은데 침대 두 개, 세면대, 무슨 연유인지 모르게 작동을 거부하는 TV, 커피포트, 컵, 봉지커피 등과 옷장이 있었다. 창문이 둘, 그런데 흐린 불빛으로 밤에 보아서 그런지 새 시트가 아닌 것으로 의심되어 시트와 베개 씌우개를 뒤집어 끼웠다. 샤워를 하고 나니 자정이 훨씬 넘은 시간이었다. 물리적으로 24시간보다 훨씬 긴 8월 8일 하루를 이렇게 마감했다.

사용한 비용

1,350원 공항버스 / 8,500원 조식 / £61.80 기차 / £1.80 물 / £30.00 B&B / £5.50 피자

조너선
스위프트가
사생아라고요?

와이트헤븐(기차) → 세인트 비스

눈을 뜨니 4시 45분, 잠을 푹 자서 피로가 다 풀렸다. 멀리서 갈매기 울음소리가 간간히 들려 와, 이곳이 항구 도시라는 것을 알려 줬다. 날이 점점 밝아지면서 차 소리도 점점 많아졌다.

　이 도보 여행을 준비하면서 안내서로 유일하게 읽은 책은 영국인 마틴 웨인라이트의 《The Coast to Coast Walk》였다. (저자 마틴 웨인라이트는 CTC길의 창시자 알프레드 웨인라이트와 혈연적으로 무관하다.) 그동안 이 책을 읽으면서 한글로 간단히 요약 및 정리를 했는데 이 '한글 요약'이 들어있는 USB만 챙겨왔지 깜빡 잊고 인쇄는 해 오지 않은 것이다. (한국 내에서야 USB만 있으면 쉽게 주변에서 인쇄물을 뽑아 낼 수 있지만 영국에서는 여행자가 쉽게 컴퓨터에 접근 할 수도 없을 뿐더러 접근했다하더라도 한국에서 '한컴' 등의 우리 체계에서 만든 자료를 이곳에서 제대로 토해 내지 못할 것은 자명했다. 문제는 이런 자명한 문제를 간과했다는 것이다.) 이런 난감한 상황을 해결하기 위해 결국 작은딸에게 카톡으로 내 컴퓨터에서 찾아 사진을 찍어 카톡으로 보내 달라는 부탁을 하여 아쉬운 대로 해결은 했다. (하지만 결국은 험하고 궂은 날씨에 스마트폰에서 글을 찍은 사진을 찾아 읽는 것보다는 원본 책을 꺼내 보는 것이 더 수월하여 작은딸의 이날 노력은 결과적으로는 헛수고가 되고 말았다.)

아침 식사는 깔끔하고 좋았다. 영국식 조식(English Breakfast)이었다. 달걀 프라이 하나, 햄 두 개, 베이컨이라는 짭짤한 고기 말린 것, 삶은 콩, 방울토마토 몇 개, 커피, 오렌지 주스, 토스트 두 조각. 그리고 과일이 없어서 나중에 과일을 부탁하니 귤 하나에 푸른 포도를 주었다. 찬 우유도 있었는데 시리얼용일 것이다. 토스트 두 조각과 먹다 남은 귤 반쪽과 역시 남은 포도는 간식이나 점심으로 챙겼다. B&B의 주인은 어젯밤에는 할머니로 보였는데 아침에 보니 중년 여자로 보였다. 아마 방이 없다고 내칠 때는 매서운 할머니로, 좋은 아침식사를 줄 때는 따뜻한 중년으로 보였을지도 모른다. 나는 외롭고 고독한 여행자였으니까.

10시가 되기 전에 무거운 배낭을 메고 B&B를 나와 관광안내소를 찾았는데, 만나는 사람마다 각자 의견이 달랐다. '이 사람은 이리가라 저 사람은 저리가라'라는 식이었다. 코프랜드(Copeland)라는 관공소 산하 단체인 듯한 장소를 갔는데 친절했지만 내가 알고자하는 것에 대해서는 크게 도움을 받지는 못했다. 묻고자 하는 것은 두 가지였다. 조너선 스위프트(Jonathan Swift)와 관련된 곳이 어디인지, 그리고 세인트 비스를 가는데 기차로 가는 것이 더 나은지 버스로 가는 것이 더 나은지였다. 직원은 조너선 스위프트에 관련해서는 전혀 아는 바가 없었고, 세인트 비스는 기차로 가는 것이 더 좋겠다며 인터넷에서 찾아 시간표를 적어 주었다. 나는 내일 일정으로 CTC길에서 어렸을 적에 즐겨 읽었던 걸리버 여행기의 작가 조너선 스위프트를 생각하며 와이트헤븐을 멀리서나마 바라보는 것으로 만족하려고 했었다. 그런데 계획이 변경되어 이곳에서 하룻밤을 잤으니 그의 자취를 찾아볼 기회가 생겼던 것이다.

그곳을 나와서 길거리에서 큰 봉투를 하나 들고 바삐 걷는 어르신 한 분을 보고 관광안내소가 어디며, 혹시 조너선 스위프트와 관련된 곳을 아는지 물었다. 나이가 있어 그런지 그는 조너선 스위프트와 관련된 집을 알고 있다고 답했다. 순식간에 그 분은 들고 있는 대봉투와 분명히 관련이 있을 볼일을 잊고 졸지에 나의 관광 안내인이 되고 말았다. 그와 같이 언덕을 향하여 걸으면서 나는 그에게 어린 조너선 스위프트가 아일랜드 더블린에서 보모에게 납치되어 이곳으로 와서 살았던 이야기를 했다. 그는 그가 살았던 집이 해변에서 가까운 언덕에 있다면서 주변 관광 안내를 하면서 언덕을 함께 올랐다. 언덕 꼭대기까지 헐떡거리며 다 오른 후 어디가 그가 살았던 곳이냐고 재촉하여 물으니, 그는 하던 이야기를 멈추고 (이제야 생각 난 듯한 표정을 지으며) 올라왔던 길을 다시 한참을 내려와 홀로 서 있는 허름하고 외딴 오래된 석조건물을 둘러싼 울타리에 멈춰 섰다. 그리고 울타리 너머 건물 문을 막 나서고 있는 주인 남자를 불렀다. 그러면서 나에게 이 집이라고 알려 주었다.

나를 안내한 분은 1938년생의 나이 만 79세로, 이름은 키스 코너리(Keith Cornary)라 했다. 집주인은 81세로 이름은 에드워드 캘리 노올스(Edward Caley Knowles)였다. 그는 이 집이 1632년에 지어졌다고 말했다. 그리고 놀라운 이야기를 덧붙였다. 기록으로 알려진 것과 달리, 조너선 스위프트는 아버지가 누구인지 모르는 사생아라는 것이다. 이를 다들 숨겨왔다는 것이다.

이런 흥미로운 이야기를 집주인은 울타리 안에서, 우리는 울타리 밖에서 서서 나누었다. 그는 처음에는 비교적 표준 억양으로 말하다가 자연스레 그의 시선이 코너리 씨로 바뀌며 자연스레 이 지방의 억양으로 바뀌었다. 아마 스코틀랜드와 아일랜드가 가까워 우리가 아는 영어 억양과는 사뭇 다른 영어를 평상시에 구사하고 있는 듯 했다. 스위프트에 대한 다른 이야기가 흥미로워 동영상으로도 녹화기록했다. 알아듣기 어려운 지방억양을 처음의 표준 억양으로 바꿔주기를 부탁했지만, 그때뿐이었다. 나이를 먹으면 동양이나 서양이나 마찬가지로 보였다. 이야기는 곧 그들 자신들의 신상 즉 출생, 고향, 과거 이야기로 점점 변해버려 이야기 주제는 곧 조너선 스위프트에서 그들 자신들의 개인 이야기로 변질되고 말았다. 그들의 신상에 대해서 알아서 뭐하겠는가? 화제의 본류로 가까스로 돌려놓기까지는 적지 않은 어려움이 있었다. 이를 테면 이런 식이었다.

에드워드 (조너선 스위프트가) 여기서 태어났지요. 그의 할머니가…. 아참! (코너리 씨를 보며) 이름이 뭐시당가?

키스 키스 코너리여라우.

에드워드 그럼 토미 코너리를 알겠구먼.

키스 제 삼촌이여라우.

에드워드 아따! 그러면 토미 코너리……

키스 우리 아부지 동상인디 뭐 땀시 아시능가요?

에드워드 그 양반, 구둣방 했제?

키스 아니제! 전쟁에서 돌아와서 처음엔 빵끼칠하다가 목수로……. 울 아부지는 창문 닦이를 했제.

에드워드 맞어……. 대패질…, 목수…….

나 (듣고 있기 답답해서) 조너선 스위프트의 할머니가 뭘 했나요?

에드워드 아참! 할머니가 보모였지요. 그런데 뭐 보모가 납치했다고? 다 헛소리여~

나는 이제까지 조너선 스위프트의 아버지는 목사였고, 아일랜드 더블린에서 태어나 3살 때 보모에 의해 그녀의 고향인 이곳 와이트헤븐으로 납치되어 3년간 이곳에서 보냈다는 것을(그가 성경도 이곳에서 처음 읽었다는 것도) 전설 같은 이야기지만 진실로 믿었었다. 하지만 그게 사실이 아니라고 하니 내심 놀랐다. 그 이야기를 해 준 에드워드는 이야기의 증거를 보여주겠다며 집안으로 들어갔다. 나는 그에 대해 기대가 컸다. 그의 출생의 비밀이 담긴 서류나 물건을 기대한 탓이다. 그러나 그는 출판된 지 얼마되지 않은 듯 보이는 아주 두꺼운, 깔끔한 책 한 권을 가지고 나왔다. 그리고 조너선 스위프트의 출생의 비밀에 관한 쪽이라며 한곳을 펴 보이며 보여 주었다. 책이름은 길었다. 《History, Directory and Gazetteer of Cumberland & Westmorland with Farness & Cartmel》이라는 책이었다. 조너선 스위프트에 관한 것은 와이트헤븐 출신 명사 난에 딱 한 줄로 쓰여 있었다. 바로 'The celebrated Dean Swift was born and received the rudiments of his education in this town'이라는 문장 이었다. 이를 해석하면, '유명인 스위프트 참사회장은 이 마을에서 태어났고 기초 교육도 받았다'인데……. 나는 기대와는 다른 짧은 문장에 실망했다. 설령 장황하게 노올스 씨의 주장을 써놓았다고 하더라도 즉시 믿지는 않았을 것이다. 나는 그에게 이 집을 샀냐고 물었다. 그는 사지 않고 형제로부터 증여받았다고 말했다.

나   관광객들을 위하여 이 집에 팻말을 붙이고 공개하시지 그래요?

에드워드   네. 그러려고 시 의회와 이야기를 했답니다. 그런데 그게 잘 안 되었어요.

그리고 그는 뭔가를 설명했으나, 나는 그의 설명을 정확하게 이해하지 못했다. 하지만 짐작은 할 수 있었다. 그의 이야기와 책 내용이 공인되지 못한, 떠

도는 이야기일 뿐 확인된 것이 아니기 때문일 것이다. 전혀 없는 것도 '있을 듯 말듯 긴가민가한 것'으로 만들어 관광 수입으로 연결시켜 낼 영국인들인데, 이 야기가 조금이라도 신빙성이 있다면 시의회에서 이 고택을 그냥 두지 않았을 것이다. 다시 그들의 이야기가 그들의 신상 이야기로 바뀌어 내 기준에서 영양 가가 떨어질 무렵, 코너리 씨를 부추겨 집주인과 헤어지고 언덕을 내려왔다.

이후, 조너선 스위프트의 집에 대하여 영국 인터넷 포털 사이트를 뒤져 보았다. 그의 집은 이곳에서 몇 안 되는 17세기 구옥으로 공인되어 2등급 등록 건물로 보호받고 있다. 과거에는 여관으로 사용되어 '보올링 그린 하우스(Bowling Green House)' 등의 여러 이름으로 부르다가 지금은 '조너선 스위프트의 집(Jonathan Swift's House)'으로 부른다. 하지만 이는 단지 명칭이지 실제 조너선 스위프트가 살았다고 공인된 것은 아니다. 집이 당국에 의해 보호받은 이유도 옛 건물이기 때문이다.

어린 조너선 스위프트가 바람 치는 이 언덕보다는 시내에서 살았을 것이라는 견해도 있다. 집주인 노올스 씨에 대한 이야기도 비교적 자세하게 소개되어 있다. 그는 꽤 알려진 인물인 듯 하다. 가난한 집에 태어나 탄광, 상선에서 일했고, 키프러스 분쟁 때는 지원군 장교로 파견되었고, 이 지역 국회의원 후보로 극우 소수당인 영국독립당(UKIP) 소속으로 두 번이나 출마했다. 1972년 공안부가 헬기까지 타고 들이닥쳐 동료 철도노동자를 협박 폭행한 혐의로 그를 체포해 재판 후 9개월 형에 2년 집행유예 선고를 받기도 했다. 34년 후인 2006년에 재심에서 기존판결이 무효라는 판결을 받아냈다. 그는 나에게 뿐만 아니라 전기작가, 언론 등에 조너선 스위프트가 이집에서 사생아로 태어났다고 주장한다.

키스 코너리 씨가 떠나고 해변가에 있는 등대박물관(Beacon Museum)에 들렀다. 하지만 시간도 많지 않았고, 더구나 5.25파운드의 입장료를 내야 해서 입장하지 않고 기차역으로 향했다. 기차로 세인트 비스(St Bees)까지는 굴을 통과하여 10분도 채 걸리지 않았다. 기차역에서 내려 20여분 해안 쪽으로 걸어 12시 50분경에 예약된 시코트 호텔(Seacote Hotel)에 도착했다.

오후에 할 일은 두 가지였다. 하나는 해안가를 돌아보는 것이고, 또 하나는 이 마을 이름의 기원이 되는 세인트 베가(St Bega)의 조각상에 가 보는 것이다. 날씨가 맑아 해변에는 영국의 여느 해변과 같이 가족끼리, 연인끼리, 친구끼리 나와 오후를 즐기고 있었다. 주변 잔디와 해변을 둘러보고 특히 CTC길의 출발점으로 알고 있는 건조물 웨인라이트의 벽에 가서 미리 둘러보고 글도 읽어 보았다.

끝으로 베가 조각상을 찾는 일이 남았다. 여러 사람에게 물어 어렵게 찾은 베가 조각상은 내가 기차에서 내렸던 세인트 비스역 부근에 있었다. 기차역 주변 차도 바로 옆에 있는데 해안가에서도 한참을 가야하는 거리였다. 조각상

은 생나무 울타리로 둘러싸여 있는 자그마한 정원에 있다. 들어가는 철문에는 'BECK EDGE GARDEN'이라 쓰여 있다. 조각 세인트 베가는 바다 반대쪽으로 두 손을 받쳐 들고 있고 옆에는 바구니 돛단배 조각이 있다. 조각은 소박했다. 제작일은 2000년 9월 16일, 조각가가 콜린 텔퍼(Colin Telfer)라는 것과 베가 전설이 새겨져 있다. 내용은 다음과 같다.

세인트 비스(St Bees)는 세인트 베가(St Bega)에서 변형된 것이다. 그녀는 AD 600년에서 900년 사이의 인물로 아일랜드 공주였으며 노르웨이 왕자와의 정략 결혼을 피해서 도망하여 잉글랜드 북서 해안에 상륙하여 주변 사람들을 보살피며 은둔 생활을 했다. 그녀는 어디론가 떠날 때 그녀의 팔찌를 남겼다. 그녀의 실존 여부가 확실하지는 않았지만 마을 이름은 그녀의 이름을 따랐다. 처음에는 커비 베콕(Kirkby Becoc)이었다가 나중에는 세인트 비스(St Bees)가 되었다. 1120년 이후에 이곳에 세워진 수도원의 수도승들은 그녀가 남긴 것

으로 믿고 있었던 문제의 팔찌를 보관해 오며 또한 그녀에 대한 이야기를 해 왔다. 반지는 수도원이 해체된 1539년까지 이곳 수도원에 있었다. (이는 헨리 8세의 수도원 해체 조치를 말한 듯 하다.) 1539년 이후 세월 따라 그녀에 대한 전설은 변형되고 커져 갔다. 전설 중 가장 유명한 것을 소개하면, 베가는 수녀 원을 짓고 싶어 했다. 그녀는 건물 부지를 얻기 위하여 에그리몬트(Egremont) 영주에게 가서 부탁을 했는데 영주는 비웃으며 내일 눈 덮인 만큼의 땅을 주겠 다고 약속 아닌 약속을 했다. 그때는 오늘 같은 한여름이었다. 그러나 기적이 일어나 눈이 왔다. 그녀는 수녀원을 세울 수 있었고 주변에 마을이 생겼으며 그 후, 이 마을은 세인트 비스가 되었다는 것이다.

정원과 조각상을 살펴보고 있는데 조금 전에 이곳의 위치를 친절하게 상 세히 알려준 아주머니가 운동을 끝내고 집에 돌아가는 중에 정원으로 다가왔 다. 우리는 잠시 세인트 베가에 대하여 이야기했고 그녀는 내게 여행 목적과

숙소는 정했냐고 물었다. 저녁 먹을 음식점이나 음식에 대하여 묻지 못한 것이 후회되었다. 아마 근처 맛집을 소개해 줄 수는 있었을 터인데 말이다. 여행시, 특히 영국 여행 시에 불편한 것 중 하나는 음식점 찾기와 음식 고르기가 아닌가? 돌아와서 호텔에 있는 식당에서 저녁 식사를 했다. 음식 이름은 씨코트 닭고기 요리인데 베이컨, 체다치즈, 마늘, 버섯을 함께 버무려 저민 닭고기와 샐러드와 감자튀김으로 가격은 12파운드였다. 만만찮은 가격이었지만, 내일부터 강행군을 해야 하니 잘 먹어 둬야 했다. 하지만 반 정도만 겨우 먹고 나왔다. 너무 느끼했다. 영국에서는 특히 더 꼼꼼하게 읽어보며 가격이 높으면 좀 더 좋을 거라는 선입견 때문에 차림표에서 비교적 비싼 음식을 주문하기 마련인데 오늘도 실패했다. 음식 문제는 영국 여행에서의 애로사항 중 하나이기도 하다.

사용한 비용

£0.65 물 / £2.30 기차 / £12.00 석식 / £1.00 물 / ₩76,164 호텔(6월 26일 결제)

드디어 북해(北海)와
로빈 후즈 베이를
향하여!

세인트 비스 → 크리터 → D 브레들리 B&B (19km)

5시 40분경 기상했다. 이른 기상 시간이었지만 충분히 잤다. 호텔 식사는 시골 호텔치고는 나쁘지 않았다. 특이한 음식으로 크럼핏(crumpet)이 있고, 검은 푸딩, 빵 튀김이 있었다. 크럼핏은 처음 먹어본 것인데, 먹다만 것 말고도 하나 더 챙겼다. 아침 식사 중에 창밖에는 제법 비가 많이 와서 걱정이었는데 다행히 출발 할 때는 날씨가 맑게 갰다.

8시 35분에 호텔을 출발했다. 먼저 해변으로 가서 잘생긴 조약돌 두 개를 집어 챙겼다. 좀 큼직한 것으로 가져가고 싶었으나 돌 무게를 생각해야 했다. (처음부터 짐 운반 업체의 도움을 받았더라면 더 큰 것을 집어 들었을 것이다.) 하나는 관습대로 로빈 후즈 베이(Robin Hood's Bay)에 도착하여 그곳에 가져다 놓을 것이며 나머지 하나는 집에 가져갈 것이다.

이제 출발 지점인 'Start of Coast to Coast Walk'라고 써진 석조물, 웨인라이트의 벽(Wainwright's Wall)에 가서 내 나름의 출발 의식으로 출발 직전의 사진을 찍었다. 날씨가 굳고 너무 일러 주변에 사람이 별로 없었다. 홀로 개를 데리고 산책하는 세 사람에게 각각 차례로 부탁해 보았으나 개를 핑계로 모두 사진 찍어주기를 거부했다. 어린 자녀들과 산보 나온 젊은 엄마를 만나 부탁했더니 드디어 들어 주었다. 이름이 샬럿(Charlotte)이라 했다. 호텔에서 가져온

브론테(Bronte)라고 써진 손바닥만한 봉지에 든 비스킷 류의 과자를 샬럿에게 주었다. 브론테 세 자매 중 큰 언니인 샬럿이 떠올랐다.

이제 걷기만 하면 된다. 걷기의 시작 시간, 즉 웨인라이트의 벽을 출발한 시간은 정확히 오전 9시 1분이었다. 이제 역사적인 장도(壯途)가 시작된 것이다.

나 말고도 이 시간에 한두 사람은 출발할 것이라고 생각했는데 생각과 달리 나 혼자였다. 나는 혼자 주변에 철조망으로 된 울타리가 있는 언덕 오르막길을 올랐다. 언덕을 오르자마자 방금 떠나온 세인트 비스를 사진으로 남겼다. 어제와는 달리 잿빛 하늘과 잿빛 바다였다.

20분 쯤 걸으니 울타리문이 나왔고 다시 10~15분쯤 더 가니 다시 울타리문을 지날 수 있었다. 왼쪽 해안 쪽에는 벽돌과 콘크리트로 된 옛 해안경비초소가 있다. 앞과 양옆으로 세 개의 철판이 붙어 있고, 초소의 유래 및 전망된 곳의 이름을 밝혀 놓고 있다. 정면의 철판에는 앞의 만섬(Isle of Man)과 세 곳의

명칭, 그리고 다음과 같은 설명이 쓰여 있다.

'해상 30마일 거리의 서쪽 만섬 방향 전망'
이곳 옛 벽돌건축물은 1938년에 세워진 것으로 해안경비초소의 유적이고, 2차
대전 동안은 상시 경비보초가 이곳에서 근무했다. 유적의 돌은 1840년대 토지
인클로저(Enclosure) 때에 쓰다 남은 것들도 포함되어 있다. 당신은 지금 이 지
방에서 톨린(Tolin)이라고 부르는 남쪽 머리 부분에서 가장 높은 160피트(80m)
위에 있다. 절벽은 약 200만 년 된 붉은 사암(砂巖)으로 되어 있다.

정면 오른쪽 철판에는 북쪽 세인트 비스 등대와 스코틀랜드 해안선 방향
의 전망을 그림과 글로 표시해 놓았고, 정면 왼쪽 철판에는 남쪽과 동쪽의 레
이크 디스트릭트 국립공원 방향의 전망을 그림과 글로 표시해 놓았다.

다시 걷는데 왼쪽에서는 아일랜드해(Irish Sea)와 낭떠러지 절벽을, 오른쪽

에서는 목초지를 볼 수 있었다. 울타리문 다섯 개를 지나니, 작은 계곡 아래로 난 길이 다시 올라가는 모양으로 이어진 것을 볼 수 있었다.

계곡 사이의 바다 쪽에서는 자갈 해변으로 아일랜드해의 파도가 밀려 들어오는 모습을 볼 수 있었다. 이는 플직 베이(Fleswick Bay) 만(灣)인데, 너무 멀져 가던 길을 멈추고 바다 쪽으로 한참을 걸어가 자갈 해변까지 다가갔다. 그곳은 붉은 사암절벽 아래의 해변이었다. 이곳에서 사진을 찍고 있을 때, 그제서야 배낭을 맨 한 남자가 CTC길 위에 나타났다. 하지만 거리가 멀어 손을 흔들어 인사를 대신했다. 이때가 10시 20분경이었으니, 출발 석조물인 웨인라이트의 벽에서 1시간 20분이 지난 때였다. 아주 천천히 나아갔으니 그때까지 걸은 거리는 아주 짧았다.

해변에서 다시 CTC길로 복귀하여 계곡 길 오르막을 올라 새로운 울타리문을 통과하여 다시 전망이 좋은 곳으로 나왔다. 작은 바위에 DSLR 카메라를 자동 셔터로 해 놓고 나를 찍으며 쉬고 있을 때 제법 여러 사람들이 지나갔다. 이곳은 영국조류보호협회(RSPB: Royal Society for the Protection of Birds)로부터 조류보호지역으로 지정되었다고는 하나 기억할 만한 조류는 나에게는 발견되지 않았다. 가끔은 산책으로 반대 방향에서 오는 사람들도 있었다. 카메라에 집중하고 꾸물거리는데 한 동양인이 한국말로 인사를 했다. 한국인이었다. 내 모자를 보고 한국인임을 알았다고 말했다. 모자에 한글이나 한국표시는 없다하더라도 뭔가 한국적인 것이 있었다는 것이다. 그와 함께 하얀 세인트 비스 등대(St Bees Lighthouse) 앞을 지나 버캄 채석장(Birkham's Quarry)까지 같이 이야기하며 걸었다. (주변 간판에는 St Bees Quarry라는 문구는 있으나 Birkham's Quarry라는 문구는 없다. 일부 안내서와 인터넷에서는 이곳이 Birkham's Quarry, 혹은 Birkhams Quarry라고 되어 있다.)

그렇게 채석장에 도착한 시간은 11시 55분경이었다. 내가 CTC 단독 도보 여행자라면 그는 옛 직장 증권회사 상관, 본인, 직장후배 이렇게 세 사람으로 구성된 CTC 단체 도보 여행자 중 한 사람이었다. 앞에 좀 떨어져서 옛 직장 상관이 가고, 중간에 나와 그가 걷고 또 좀 떨어져 그의 옛 직장 후배가 걸었다. 그들은 나와는 달리 처음부터 현지 짐 운반 업체에게 무거운 배낭 운반을 의뢰하였기에 모두가 홀가분한 상태로 걷고 있었다. 그는 1951년생으로 나와는 거의 동시대에 대학을 다녔으며 회사 생활을 했던 공통점이 있어, 우리는 지루함이 없이 대화하며 채석장까지 걸을 수 있었다. 그에게 부탁하여 내 사진을 찍기도 했다.

과거 다녔던 회사이야기, 여행이야기를 주로하며 채석장까지 왔고, 그곳에서 사진도 찍고 좀 쉰 후 그들은 먼저 떠났다. 나는 좀 더 쉰 후 나중에 출발하였다. 무거운 배낭을 맨 나와 간편한 그들과는 걷는 속도와 방식이 다를 수

밖에 없었다. 더구나 나는 사진과 동영상을 많이 찍으며 가는 특징이 있어 함께 걸을 수는 없었다. (편의상 앞으로 이들 3인을 증권삼총사라 한다.) 채석장 앞 언덕에는 내 키보다 더 큰 남루한 목재 이정표가 세 방향을 가리키고 있다. 왔던 길인 세인트 비스방향, 계속 북쪽으로 나 있는 (그제 일박했던) 와이트헤 븐 방향, 그리고 가야할 샌이스 방향의 세 방향이다. 세인트 비스 쪽과 샌이스 쪽은 'Coast to Coast'를 표시해 놔서 절대로 헷갈릴 일은 없었다. 이 언덕에서 멀리 어제 떠나 왔던 와이트헤븐이 보였다. 처음 계획은 그곳을 이곳에서 멀리 사진만 찍고 지나가는 것이었는데, 하룻밤을 자게 되고 조너선 스위프트의 집 까지 보고 현지인들의 이야기까지 듣게 되어서 결과적으로는 잘된 것으로 생 각했다.

12시 5분경, 처음으로 바닷가 길을 벗어나 오른쪽 내륙방향으로 걷기 시작 했다. 15~20분쯤 걸으면 샌이스(Sandwith로 표기하지만 발음은 Sanith)에 도착하는데 세인트 비스에서 8km가 되는, 출발 후 첫 마을이라는데 의미가 있었다. 여기까지 오는데 도보 여행자는 시골 길에서 딱 한 사람만 내 앞으로 지나갔다. 점심 때가 됨을 느껴 적당한 곳을 찾는데 마을 외곽 길모퉁이에 '개와 자고새(Dog & Partridge)'라는 펍(pub)을 발견하고 접근했다. 그때 펍 문 오른쪽에 있는 파라솔 밑에서 옥외 탁자에 앉아 있는 '증권삼총사'를 다시 만났다. 그들은 음식을 시켜놓고 기다리던 참이었다. 나도 적당한 음식을 주문하려고 바로 들어가려다가 변덕이 생겨 문 앞에서 맘을 바꿔 돌아섰다. 식당 바로 앞 길 건너 공원 좌석에 배낭을 내려놓고 호텔에서 먹다 말고 가져 온 트럼핏과 어제 석식에서 남은 감자칩, 거기에 비상식량 등을 점심으로 먹었다.

채석장에서 그들의 사진을 찍어줄 때 스마트폰보다는 성능 좋은 내 DSLR 카메라로 찍고 나중에 이메일로 보내주겠다는 나의 호의에 그들 중 연장자이며 옛 상관인 대장이 거부하며 굳이 그들 중 한 사람의 스마트폰으로 찍도록 해서 나를 무안하게 했기 때문에 소심한 내가 본능적으로 그들을 피하기 위해 주문 음식 대신에 비상식량으로 때웠는지도 모르겠다.

1시경 증권삼총사보다 먼저 출발했다. 혼자서 걸으며 두세 갈래 길에서 머뭇거리기라도 하면 지나가는 자동차 운전자나 근처 주택 주인 영감이 나와 말없이 팔로 갈 길을 알려주는 정겨움도 경험했다. 전형적인 잉글랜드 시골길이었다. 밭과 밭 사이, 들과 들 사이를 걷고 자동차 길을 건너기도 했다. 농가와 창고 건물 주변을 지나기도 했다. 날씨는 맑고 공기는 깨끗했다. CTC길 안내 방향 표지판은 빈약하고 오래 되었으며 충분하지 못했다. 시골길에서 나 말고는 도보 여행자는 신기하게도 없었다. 농부도 보이질 않았다.

출발한지 50분쯤 지나 무거운 짐이 없는 증권삼총사에게 따라잡혀 무어

로우(Moor Row)를 지나 클리터(Cleator)까지 같이 걸었다. 그들은 클리터에서 호텔로 가고 나는 계속 더 가야 했다. 일행이 되어 같이 걸으면 길을 찾아야 하는 수고를 덜게 되어 속도가 빨라진다. 그리고 지루하지 않다. 단점은 주변을 충분히 관찰하지 못하며 사진과 동영상에 주변을 많이 담지 못한다는 점이다. 그들과는 클리터 시내 큰길가 대문자로 크게 써 붙인 클리터 패밀리 스토어(Cleator FAMILY STORE) 앞에서 3시 25분경에 헤어져, 바로 앞 큰길에서 오른쪽으로 나있는 CTC길을 찾아서 갔다. 지금까지 걸어 온 세인트 비스(St Bees), 무어 로우, 클리터는 비교적 평평한 평지의 목초지나 농지를 가로지르는 길이었고 멀리서도 보이는 쉽게 찾아서 갈 수 있는 마을이었다면, 이어서 가야 할 곳은 인적이 없는 숲과 산을 가로지르며 넘어야 했다. 사실 이곳을 걷기 전까지는 쉽게 2~3km만 더 가면 될 것으로 생각했었다. 하지만 웬걸, 산을 하나 넘어야 했다. 안내서에 나타나 있는 등고선을 눈여겨 보지 않았던 것이다.

클리터 패밀리 스토어 앞에서부터 20여 분을 길안내 팻말을 보며 걸어 도착한 곳은 제법 큰 철재울타리문이었다. 큰 트럭이 지나갈 수 있는 비포장도로를 자물쇠로 잠근 철재 울타리문이 가로막고 있었고 문에는 자동차를 문 앞에 주차하지 말라는 주의 팻말이 여럿 붙어 있었다. 문을 꼭 닫으라는 팻말도 붙어 있었다. 사람은 왼쪽에 붙어있는 작은 목재쪽문을 이용하여 출입이 가능했다. 이 길은 소나무 조림지로, 목재를 운반하기 위한 길이다. 가파른 이 길이 맞는지 긴가민가하면서 15분쯤 걸으니, 길은 두 갈래로 갈라졌다. 그곳에는 커다란 흰 팻말에 낙서 같은 대문자 손 글씨로 'COAST TO COAST'가 써 있었고, 화살표로 방향을 표시해 놓아서 안심하고 그 방향 길로 5분을 더 걸었다. 이내 숲길은 끝나고 철조망이 가로막았다. 이제 우리나라에서는 결코 볼 수 없는, 철

조망 울타리를 넘어가는 독특한 문이 기다리고 있었다. 앞서 언급한 대로 문 같지 않은 문이라고 한 디딤대문이다.

조심히 디딤대문을 넘어 목초지의 또 다른 산길과 만났다. 주변에 인적 대신 양들만 드문드문 풀을 뜯는 목초지 산길을 거의 직선으로 올랐다. 길이 명확하지 않을 경우도 있어 정말 CTC 웨인라이트길을 올바로 걷고 있는지 의심이 생겼다. 이러다가 길을 잃지나 않을까 조바심을 느껴, 오던 길로 되돌아가서 탈것을 타고 예약된 숙소로 갈까 잠시 고민을 했다. 하지만 20여 분을 걸으니 정상으로 보이는 곳의 돌무더기(케른, cairn)까지 도착했다. 이곳을 덴트(Dent)라고 부르는데, 해발고도 353m 정상이다.

이곳에서 배낭을 내려놓고 잠시 숨을 돌렸다. 이때 돌무더기 사이에서 다듬어진 돌에 붙어 있는 코팅된 종이를 발견했다. 종이에는 남자 얼굴 사진과 이름이 크게 써 있었고, 좀 더 작은 글씨로 뭔가 쓰여 있었다. 2017년 2월 13일

에 15세에 사망한 커웬 가빈(Curwen Gavin)이라는 소년을 기리며 그를 그리워하는 두 부모와 형제의 이름으로 쓴 글이었다. 이 장소에서의 망자와 가졌던 애틋한 추억을 말하는 글이었다.

　여기에서 다시 20여 분을 걸어 내리막길을 내려와 울타리문을 나와 이제 가파른 내리막을 내려가니 중년 남자가 개 두 마리와 함께 다가왔다. 그에게 CTC길을 물으니 내게 설명하다가, 내가 잘 알아듣지 못함을 인지하고 개를 재촉하며 나를 직접 안내해 줬다. 그는 철망울타리가 세워진 곳의 양철을 덧댄 목재 울타리문과 목재 사다리문이 몇 미터 사이를 두고 설치된 곳까지 안내해 주었다.

　배낭을 메고 사다리를 타고 울타리를 넘어가기보다는 좀 더 편한 평범한 지상 울타리문을 열고 들어가 계속 걸었다. 내리막길이었는데 너무나 가팔라 관절이 아플지경이었다. 그 경사 길을 한참 내려와 스마트폰 상의 구글 위성지도와 나침판 앱, 그리고 종이책 안내서를 번갈아 보며 어느 길로 가야할지를

찾았다. 이제 작은 개울이 있는 평지이니 고통스럽지는 않았지만, 갈 길은 아직 멀었다.

갑자기 허기가 져 준비해 온 견과류, 초콜릿 등의 비상식량을 까먹으며 몸을 달랬다. 그렇게 하여 꼭꼭 숨어있는(?) D 브레들리(Bradley's Riding Centre & Bed and Breakfast)에 드디어 도착했다. 'D'는 뭘 의미하는지 알 수 없지만 보통 'D Bradley'라 부른다. 행정상 구역으로는 클리터에 속해있으나, 실제 위치는 에너데일 브리지에 더 가까이 있다. 6시 40분에 도착했으니 세인트 비스를 출발해서 총 9시간 40분이 소요되었고, 클리터에서는 3시간 이상을 걸은 것이다. 천천히 이것저것 살펴보고, 사진과 동영상으로 찍을 것을 다 찍어 가면서 걸었으니 시간이 오래걸릴 수밖에 없었다. 더구나 무거운 배낭까지 등에 메었으니….

그곳에 들어가니 미국 국적의 한인 청년 림과 정년퇴직한 초로의 오스트리아인 허버트(Herbert)가 와 있었다. (우리는 그를 영어식으로 허버트라 했지만 독일어로는 헤르베르트일 것이다.) 여자 주인은 커피와 과자를 내놓고 환영했다. 예약금 지불 없이 이메일 메시지로 한 예약은 기숙사형(합숙소형) 방이었지만, 1인용 방이 있냐고 물었다. 있기는 한데 오늘밤 기숙사형 방에 나 말고 다른 사람은 없는데 구태여 돈을 더 주고 1인용 방으로 갈 필요가 있겠느냐며 반문했다. 그래서 그냥 공동 방으로 가 짐을 풀었다. 방은 2층 침대 5개가 들어가 있으니 10인용 기숙사형 방이었다. 화장실과 샤워장을 같이 썼다. 이를 이곳 사람들은 보통 'bunkhouse'라 하는데 우리말로 하면 합숙소다. 우리나라에서는 보통 도미토리(dormitory)라고 칭한다. 오늘은 그런 기숙사형 방을 나 혼자 넉넉히 편하게 쓰게 된 것이다. 먼저와 있는 사람들은 애초부터 이방 손님이 아니고 독방 손님이었다.

　주방 옆 거실 탁자에 앉아 주인아주머니, 허버트, 림 그리고 나까지 넷이 잠시 이야기를 나누었다. 허버트는 사람들과 이야기 나누기를 좋아하는 것 같았다. 그리고 여러 방면에 관심이 많았다. 나는 저녁식사 문제가 관심 거리였다. 이곳에서는 석식은 제공되지 않지만 배달이 가능하다며 주인아주머니는 몇 장의 코팅된 주변 음식점의 차림표를 갖다 주었다. 두 남자들은 식사를 이미 해결한 상태였다. 나는 장거리 행군으로 배가 고팠지만, 식당의 차림표를 꼼꼼히 읽어봐도 먹고 싶은 음식은 하나도 보이지 않았다. 피자, 토스트, 피시앤칩스 등등……. 내가 고심하는 것을 관찰한 허버트가 자기 차로 에너데일 브리지(Ennerdale Bridge) 시내에 가서 먹으면 어떻겠느냐고 제안했다. 자신은 식사를 끝냈지만, 나를 자신의 차에 태워 시내 식당까지 데려다 줄 수 있다고 해서 얼씨구 좋다하고 그에게 신세를 졌다. 뭘 먹을까 망설이니, 그가 먹어보았던 것을 추천했다. 대구 프라이에 수프와 빵을 시켰더니 좋았다고 하여 그렇게 시켜 먹었다. 역시 나쁘지 않았다.

사용한 비용

£30.00 B&B / £14.45 석식 / £1.00 물

레드 파이크
산봉우리에서
헤매다

D 브레들리 B&B(승용차) → 에너데일 워터 호수 → 버터미어 (걸은 거리 17km)

새벽 처음 잠에서 깨어나 시간을 보니 5시 15분이었다. 다섯 시간을 중간에 깨지 않고 숙면한 것이다. 그 후에도 계속 더 잠을 잤다. 두툼한 이불은 속에 뭐가들어 있는지 보온성이 좋았다. (오늘 이후 투숙했던 호텔 포함 어떤 숙소의 침구보다 더 보온성이 좋았다. 나중에 이불 속에 뭐가 들어 있는지를 같은 도보여행자에게 물어보니 특별한 자연 양모 일거라는 기대와는 달리 인조(人造)일거라고 했다.)

  8시가 되니 주인아주머니가 조식을 알렸다. 조금 꾸물거린 후에 식당에 가니 이미 허버트와 한국계 미국인 림이 발음부터 세련된 영어로 담소하며 식사를 하고 있었다. 시리얼을 찬 우유에 타서 먹는 것과 영국식 조식은 그들에게는 익숙한 음식일지 모르지만 나에게는 밥과 국만은 못한 아침 식사였다. 양쪽에서 들리는 그들의 빠르고 유창한 영어를 자주 알아듣지 못해 약간 주눅이 들었다. 림은 네 살 때 미국으로 이민을 가서 영어가 모국어인 셈이고 한국어는 어눌했다. 나는 영어를 전공했고 이 알량한 영어로 정년퇴직까지 밥 벌어 먹었는데도 회화에서는 아직도 헤매는 것이 경이롭기까지(?) 할 정도이니 한심하다고나 할까.

회사의 실무적 영어나 영문학적 영어는 글로 많이 알지는 모르겠으나 듣고 말하는 일상생활영어는 여전히 공부하고 노력해야 할 숙제임을 이 아침에 새삼 느낀 것이다.

허버트는 나에게 매우 친절했고, 림은 한국인의 정서를 그래도 가지고 있어 최소한 겉으로는 나에게 겸손했다. 그는 L.A.에서 멀지 않은 곳에서 변호사로 일하고 있다고 했다. 내가 소식가로 그 많은 음식을 다 먹지 못하고 남기며 아까워하니 허버트가 내 마음을 꿰뚫어 보고 지금 식사 다 한 것이냐고 물었다. 그렇다고 하니 벌떡 자리에서 일어나 내접시를 가지고 부엌으로 들어갔다 나왔다. 조금 있으니 주인아주머니가 그 음식을 싸서 나에게 건넸다. 점심으로 나머지 음식을 싸준 것이다. 허버트는 이곳 장기투숙 손님이어서 주인아주머니는 기꺼이 그의 부탁을 들어주는 입장일 것이다.

사실 나는 이 점심보다 더 중요한 부탁을 허버트에게 할까 말까 고민하고 있던 차였다. 오늘 산을 하나 꼬박 넘어 CTC길을 이탈하여 버터미어(Buttermere)까지 가야했다. 어떻게 하든 힘을 비축해야 하는데, 허버트에게 차로 에너데일 브리지까지 데려다 주기를 부탁할까 고민 중에 있었다. 그러면 30분

내지 한 시간 정도의 거리는 절약되고 9kg의 배낭을 메고 산을 넘을 때 소요될 힘을 그만큼은 절약할 수 있지 않겠나 하는 생각이었다. 허버트의 인성으로 보아서 거절은 하지 않을 것 같았다. 사실 고민은 과연 조금이라도 탈것을 이용하는 것에 내 스스로의 거부감 때문이었다. 스페인 산티아고 순례길에서도 한 번도 탈것을 이용하지 않았던 자랑스런 경력이 있기도 해서였다.

고민 고민하다가 결국 부탁을 했다. 그는 에너데일 브리지 시내를 더 가서 에너데일 워터(Ennerdale Water) 호수 입구까지 바래다 주겠다고 하였다. 나중에 그는 어느 여자 도보 여행자에게 들었다면서 정식 CTC 웨인라이트길인 오른쪽 길보다는 왼쪽 길이 덜 위험하고 훨씬 더 걷기가 수월하다며 더구나 왼쪽을 택하면 좀 더 멀리 데려다줄 수 있다며 왼쪽을 권했다. 약간 생각하다가 정식 길인 오른쪽을 택했다. '알프레드 웨인라이트가 어디 못 갈 곳을 선택했겠는가?'라는 생각과 그 길이 정식 길이기 때문이기도 해서다.

10시 6분에 허버트 차를 타고 출발했다. 차 속에서 허버트는 어제 식당에서의 일을 말했다. 내가 엄청 빨리 식사를 끝내는 것에 놀랐다고 했다. 내 생각으로는 그는 내가 보통 유럽인들처럼 천천히 식사하는 것으로 생각했고, 그러면서 시간을 가지고 같이 대화 나누기를 기대했으나 식사를 전광석화처럼 하고 "갑시다!"라고 말하고 일어섰기에 의외였고 심심한데 일찍 방에 들어가 자야 했던 것 같다. 그의 의도를 알았더라면 많이는 못 마시지만 맥주도 홀짝거리며 한두 시간은 더 있었을 것이다. 이런 이야기를 하며 5분을 달리니 먼저 출발한 림을 따라잡았다. 에너데일 워터 호수 입구에 10시 13분에 도착했다. 자동차로 7분 거리이니 생각보다는 가까운 거리였다.

이 호수는 레이크 디스트릭트(Lake District, 호수 지구) 국립공원에서 가

장 서쪽에 있는 빙하기에 생성된 호수다. 최대깊이 45m, 넓이 700~1,500m, 면적 3km^2, 150년 이상을 식수로 이용해 왔고 현재는 와이트헤븐과 웨스트 컴브리아 주민 80,000명에게 식수를 공급하고 있다.

허버트와 같이 주차장에 있는 호수에 대한 설명 팻말을 살펴보고 사진을 찍으며 10분을 보낸 후 그는 떠났다. 나는 주차장에서 길로 접어드는 울타리문을 지나 넓은 숲길을 1분쯤 걸으니 여전히 길 양편에는 숲인데 큰길을 두 자갈길로 분리해 놓았다. 왼쪽 길은 보행자, 오른쪽 길은 바퀴의자(wheelchair), 유모차, 승마인이 이용하라는 것이다. 여기서 5분 이상을 걸으니 호수가 나왔다. 또 다시 5분을 걸으니 돌담이 있었고 돌담문을 통과하여 호숫가 길에 접어들었다. 왼쪽은 바로 호수였고 오른쪽은 제법 가파른 산으로, 보라색 꽃이 핀 키작은 나무들, 벌이 붕붕대는 소리, 산에서 호수로 날아 들어오는 오리 한 마리 등 주변 모든 것이 내 귀와 눈을 끌었다.

이렇게 혼자 20~30분을 걸었다. 어느새 중년 부부가 나를 따라 잡았다. 그

들은 데이비드(David)와 로즈(Rose)다. 로즈로부터 이 보랏빛 꽃의 식물이 헤더라는 것을 알게 되었다. 《폭풍의 언덕》에 나오는 그 '헤더꽃'이라고 했다. 그럼 히스는 뭐냐고 물으니 히스는 좀 더 높은 산악지대에 있다고 했다. (사실 이번 CTC길에서 히스에 대하여 정확히 아는 영국인은 없었다. 꽃이 아니고 어느 특정 지형을 말한다고도 했다.) 처음 그들은 나의 국적을 궁금해 했다. 어느 나라 사람 같냐고 색안경과 모자를 벗어 보이며 물었지만 중국, 일본을 비롯 온갖 나라를 말하는 중에도 한국은 나오지 않았다. 결국 내가 한국인임을 스스로 밝힐 수밖에 없었다. 요즘 들어서 도시의 젊은층 사이에서는 한류에 영향을 받고 있다고는 하나, 영국인 그것도 지방의 대다수는 우리의 태권도보다는 여전히 일본의 가라테에 더 친숙함을 느낄 정도로 아직은 한국을 잘 모르는 듯 보였다. 앞으로는 변하겠지만……

허버트의 말대로 가는 여정 중간엔 아주 험한 길도 나왔다. 아주 짧은 구간이었지만, 길 같지 않은 험한 절벽 바위길이 호수에 바싹 붙어 있기도 했다. 로즈는 이 좁은 길을 가기 위하여 거추장스런 두 개의 지팡이를 앞으로 던져 놓았는데, 앞길이 가파르니 길을 벗어나 밑으로 굴러 내려가 호숫가 바짝 아래로 떨어졌다. 먼저 길을 빠져나온 남편 데이비드가 쫓아가서 주워와야 하는 그림이 정상일진데 그는 무신경했다. 로즈는 좁은 바위 사이 길을 빠져나온 후 몸소 내려가 주워왔다. 나는 이 장면이 신기했다. 여기서 끝내야 했는데, 로즈에게 조용히 물었다. 남자인 남편이 내려가서 주워 와야 하는데 왜 당신이 내려가서 주워 왔느냐고 물으니, 그녀는 큰 동요 없이 자기는 별 불만이 없다는 식이었다.

가던 중에 다른 영국인 중년 남녀 두 사람을 만났을 뿐 시종일관 우리 세 사람뿐이었다. 큰 돌길을 잠시 걷고 자갈길도 한참을 걸었다. 왼쪽 호수는 잔잔했고 남녀 한 쌍이 각각 개인 카누를 타고 부지런히 양쪽이 붙어있는 일자형(一子形) 노를 좌우로 열심히 저어 우리와 반대편으로 갔다.

중간에 한 번 쉬며 간식을 먹었다. 데이비드는 업무상 서울에 한 번 왔는데 방문했던 회사 사무실에서 보았던 것을 이야기했다. 퇴근 시간이 되었는데도 상관이 퇴근을 하지 않으니 직원들이 집에 가지를 않더라는 것이다. 나는 한국에 대한 이런 편견을 올바르게 잡아주어야 했다. 당신은 그 상관을 업무상 만나러 왔고, 외국에서 손님이 와서 무슨 일이 생길지 모르는데 당신이 가기 전에는 직원들이 퇴근할 수가 없었을 것이라고 내 생각을 말했다. 평소와는 다른 특별한 날이었을 거라고도 덧붙였다. 더불어 나는 여러 외국 회사, 특히 미국 회사와 일을 많이 해 보았는데 그들도 상관 눈치를 보며 퇴근을 일찍 하지 않는 경우도 사람도 경험했다며 설명해 주었다.

1시 30분경에 호수 끝자락에 도착하고, 다시 목초지를 10분쯤 걸으니 돌 담에 돌담문이 나왔다. 여기서 다시 5분을 걸으니 다시 돌담과 돌담문을 만났 다. 여기서 다시 5분쯤 걸으면 리자 강(River Liza)이 있다. 그곳의 시멘트다리 를 건너면 왼쪽 길은 호수 북쪽 길로, 오른쪽 길은 웨인라이트 CTC길로 접어 든다. 데이비드와 로즈는 호수 북쪽 길인 왼쪽 길로 가고 나는 오른쪽 길로 접 어들어 헤어졌다. 이때의 시간은 1시 55분이었다.

이제 혼자가 되었다. 길은 자동차가 갈 수 있을 만큼 넓었다. 20분쯤 걸으 니 YHA 에너데일(Youth Hostel Association Ennerdale) 유스 호스텔이 나왔 다. 침상이 25개뿐인 이곳에 투숙하려면 꽤 일찍 예약을 해야 한다. 3개월 전 에 시도를 했는데 불가능 했다. 다시 이곳에서 한참을 더 가야하는 곳의 YHA 블랙 세일(Black Sail) 유스 호스텔에도 내 침상은 없었다. 차차선책으로 선택 한 곳은 버터미어 호숫가에 있는 버터미어 마을에 위치한 YHA 버터미어(But-termere) 유스 호스텔이었다.

버터미어(Buttermere)는 호수 이름이다. 미어(mere)가 옛 영어로 호수를 뜻하니 직역하면 버터 호수다. 에너데일 호수는 'Ennerdale Water'이지만 버터미어에는 이름 자체에 호수라는 말이 들어있으니 구태여 수(水)가 다시 붙지 않는다. 참고로 '탄(tarn)'은 작은 호수인데 특히 빙하기에 형성된 것을 말한다. 버터미어(버터 호수)라는 명칭이 먼저 생겨나고 후에 주변에 생성된 마을 이름은 호수 이름에서 유래한 것이다. 길이 2,010m, 넓이 400m, 깊이 23m, 수면은 해발 100m다.

웨인라이트 CTC길은 주로(主路)만 있는 것이 아니라 대체길(alternative route)도 있다. 대체길은 좀 더 볼거리가 많지만, 반면 더 험할 수밖에 없다. 오늘의 숙소는 그 대체길로 가야 했다. 집에서부터 구글 위성 지도와 안내서를 번갈아 보면서 나름대로 연구해 온 터라 쉽게 길을 찾을 것으로 기대했었다. 그러나 현실은 사뭇 달랐다. YHA 에너데일 유스 호스텔을 지나 몇 분 더 가서, 왼쪽으로 난 샛길을 찾아 산을 오르는 길을 가면된다. 길은 755m 높이의 레드 파이크(Red Pike) 봉우리에서 오른쪽으로 방향을 틀어 잉글랜드에서 11번째 높고 이곳에서는 가장 높다는 807m 높이의 하이 스타일(High Stile)로 이어진다. 그러나 오늘은 레드 파이크 봉우리에서 오른쪽 하이 스타일 쪽으로 가지 않고, (CTC 대체길마저 벗어나) 가던 길을 계속 가서 산넘어 버터미어 호수 끝자락의 버터미어 마을에 있는 YHA 버터미어 유스 호스텔에 가야 했다. 이곳에서 하룻밤을 자고 내일 아침에 다시 오늘 왔던 길을 반대로 걸어 산봉우리 레드 파이크에 와서 오늘 못 갔던 대체길을 따라 가기로 계획 했었다. 이 길은 웨인라이트가 가장 좋아했다는 헤이 스택스(Hay Stacks)와 그의 유골재가 뿌려진 이노미네이트 탄(Innominate Tarn) 호숫가를 지나는 길인데 '그의 유골재일지도 모르는 먼지 흙'을 내 등산화에 묻히며 지나가는 것이 원안(原案)이었다. 그러나 이 원안은 처음부터 삐걱거렸다.

YHA 에너데일 유스 호스텔에서 8분을 걸었더니 보통보다는 약간 업그레이드 된 커다란 울타리문을 만났다. 그곳에서부터 한참을 걸어도 왼쪽 샛길이 보이질 않았다. 스마트폰 구글 지도를 보니 샛길 입구를 지나친 것을 발견했다. 구글 위성 지도에서는 샛길이 너무나도 선명하게 나타나있어 곧장 찾을 줄 알았다. 울타리문에서 약 20분을 걸은 후에야 다시 되돌아 걸었고, 샛길로 생각되는 비슷한 길에 접어들었지만 구글 지도로 확인해 보아도 내 위치는 결코 샛길 위가 아니었다. 걷고 확인하길 반복하다, 더 이상 시간을 허비할 수 없어서 YHA 에너데일 유스 호스텔까지 들어가 길을 묻기로 했다. 사람을 불러보았지만, 이상하게도 대답하는 사람은 아무도 없었다. 주차장에 차가 여러 대 있었음에도 그랬다. 이곳 관리자들에게 물으면 확실할 터인데 운이 없었다. 실망하고 그곳을 나오는데 다행히 가족인 듯한 사람들 너덧 명이 개를 데리고 들어왔다. 사정을 말하니 그들 중 젊은 남자가 그들은 산꼭대기까지 갔다가 내려왔다며 샛길은 목재울타리문 왼쪽에 붙은 철재쪽문을 열고 나가라고 했다. 쪽문을 기억하지 못해서 머뭇거리니 가보면 있다며 그는 시계를 보며 빨리 서두르지 않으면 안 된다며 걱정해 주었다. 즉시 뛰다시피 울타리문에 와보니 정말 왼쪽에 철재쪽문이 있었다. 이문을 통과한 시간은 3시 18분. 약 1시간을 헤맨 것이다. 구글 위성 지도에서의 나의 위치가 이제야 선명하게 레드 파이크 봉우리로 가는 샛길위에 나타나 있었다. 휴, 빨리 서둘러야 했다. 덤불 속에 숨어있는 샛길이 구글 위성 지도에서는 어떻게 그리도 선명하게 나타났는지는 아직도 그 이유를 모르겠다.

  실개천을 건너고 고사리과 식물의 덤불 사이의 길을 20분쯤 걸으니 울타리문을 만났다. 문 아래는 물로 질퍽하여 돌을 딛고 울타리문을 열고 들어가계속 걸었다. 고사리과 식물이 많은 덤불 사이의 길을 걷고 있는데 내려오는 대학생으로 보이는 청년을 만났다. 길을 물으니 주변 큰 산의 봉우리를 가리

키며 그것을 기준으로 삼을 것을 주지시키고 길을 잃지 않도록 설명해 주었다. 봉우리까지는 얼마나 걸리느냐고 물으니 한 시간도 채 안 걸릴 것으로 쉽게 답했으나 그는 나의 나이와 등뒤의 9kg의 배낭을 감안하지 않는 듯 했다. 나무가 없으니 시야는 트여있고 중간 중간에 돌무더기(케른, cairn)를 만들어 놔서 그것을 따라 오르지만 어느 것이 길이고 어느 것이 봉우리인지 아무런 표시도 팻말도 없었다.

이제 5시가 가까워지니 겁이 났다. 주변에 양 울음소리만 들렸고 나는 혼자였다. 어두워지기 전에 길을 찾아 아래로 내려가야 한다. 나무가 없으니 시야는 트였지만 산과 산이 겹쳐있어 어디로 가야 내려가는 길인지, 그리고 돌아가는 길이 아니고 올바르고 짧은 길인지 알 수 없었다. 갑자기 영국인 모험가 베어 그릴스(Bear Grylls)가 생각났다. 그러면서 설마 이곳에서 하룻밤을 지새지는 않겠지, 늦더라도 내려갈 수 있겠지 하며 마음을 굳게 가지려 했다. 하지만 그럼에도 불안할 수밖에 없었다. 수시로 구글 지도를 보며 현 위치를 파악해 보는데, 지도상으로는 지척인 산 아래 버터미어 호수 옆 버터미어 마을에 위치한 'YHA 버터미어 유스 호스텔'은 나의 투숙일자 '2019.8.11.'을 분홍색으로 보여주고 있어 마치 내가 무사히 빨리 오기를 재촉하는 듯 했다.

한참을 헤매는데 다행스럽게도 저 먼 곳에서 인기척이 났다. 이내 멀리 남자 세 명이 보였다. 그들에게 손을 흔들며 소리를 질렀다. 5시 10분쯤에 만난 세 명의 남자는 영국 청년들이었다. 그들도 나도 통성명할 여유는 없었다. 다행인 것은, 그들도 내가 가야하는 버터미어 마을로 가는 길을 찾고 있었다는 것이다. 우리 네 사람은 이리저리 지도를 보며 연구에 연구를 거듭한 끝에 블리베리 탄(Bleaberry Tarn) 호수 쪽의 가파른 흙과 자갈의 절벽길을 택했다. 나는

탁월한 선택이라고 그들을 칭찬했다. 나중에는 속에 든 DSLR 고가 카메라가 걱정되어 그만두었지만, 베어 그릴스가 그랬듯이 나는 무거운 배낭을 벗어 아래로 굴릴 수 있어서 좋았다. 지칠 대로 지쳐있어 (옷이 엉망이 되더라도) 미끄럼을 탈 수 있는 곳에서는 미끄럼을 타고 내려왔다. 가는 중간 힘에 부쳐 비상식량인 사탕과 초콜릿을 까서 한입에 넣고 먹어 소진된 힘을 보충했다. 절벽 길을 내려가면 넓적돌(석판)을 깐 길로 이어지고 그 길로 한 참 가니 블리베리 탄 호수에 이르렀다.

블리베리 탄 호수에 도착한 것은 6시 35분경이었다. 하지만 동네까지는 아직도 멀었다. 호수를 지나 한참을 걷는데 아뿔싸! 갑자기 욕지기가 났다. 아까 입속으로 구겨 넣은 초콜릿과 사탕이 원인인 듯 했다. 기억을 더듬어 보니, 특히 사탕이 주범으로 보였다. 집 냉장고에 있던 것을 가져왔는데, 내가 오래 전에 냉장고에 넣어 두었던 것이었기 때문이다. 영국 청년들은 내게 산 위의 산소가 희박해서 그렇다고 말했다. 오른쪽은 버터미어 호수가 숲을 사이에 두고 있었고, 왼쪽은 산이었다. 우선 그들을 앞으로 보내고 보이지 않는 곳에서 토하기 위해 몇 번을 시도했으나 아무것도 나오지 않았다. 헛구역질만 계속 올라왔다. 곧 어두워질 듯 했지만 그들은 인내심 있게 나를 기다려줬다. 겨우 몸을 추슬러 걷는데, 이번에는 비가 오기 시작했다. 다행인 것은 동네 가까이 도착했다는 점이다.

우리는 비옷으로 모두 갈아입었고, 나의 욕지기도 어느 정도 가라앉았다. 그사이 일행과 뒤늦게 통성명을 했다. 이후 그들은 야영지로 가고, 나는 마을을 지나 한참을 걸어 외곽에 위치한 YHA 버터미어 유스 호스텔에 도착했다. 시간은 8시 22분이었다. 배정된 방은 2층 침대 6개가 있는, 총 12인이 쉴 수 있는 방이었다. 나는 그중 한 침대의 2층을 골랐다. 다행이 모든 것이 깨끗했다. 샤워만 하고 저녁식사는 생략하기로 했다. 속은 가라앉은 상태였지만 그래도 굶는 것이 최선이라고 생각했다. 또, 이상하게 배도 고프지 않았다.

사용한 비용
£38.25 조식포함 숙박

서사시의 브레카! '가가 가'일까?

버터미어 → 호니스터 슬레이트 마인 → 보로데일 (10.5km)

유리 창문을 통해, 어제 힘들게 내려온 안개 낀 산이 보였다. 밤사이 산에 비가 내려서인지 거의 꼭대기에서부터 직선으로 아래로 흐른 가파른 개울물이 먼 데도 선명하게 안개 속에서 보였다. 산 너머에는 보이지는 않지만 레드 파이크 봉우리와 하이 스타일 봉우리가 도사리고 있을 것이다.

원래의 계획대로라면, 오늘 저 험한 산을 다시 올라 산등선을 타고 웨인라이트의 CTC 대체길을 따라 저 두 봉우리를 거쳐 가야했다. 그리고 웨인라이트가 유달리 좋아했고, 그가 흙이 되어 영원히 잠자고 있는 헤이스택스와 이노미네이트 탄 호수를 지나야했다. 그러나 오늘은 무거운 배낭을 메고, 도저히 저 산을 오를 자신이 없었다. 대신, 자동차 길인 호니스터 파스(Honister Pass) 길을 걸어서 보로데일까지 가기로 마음을 먹었다. 오늘밤은 YHA 보로데일 유스 호스텔에 예약이 되어 있어 그곳까지는 가야했다.

YHA 버터미어 유스 호스텔 뷔페식 조식은 도시의 좋은 호텔 수준만큼 훌륭했다. 소식가이니 양심의 가책 없이 요구르트와 사과 하나를 재킷 주머니에 집어넣었다. 더구나 아침식사는 어제 일로 아주 조심스럽게 매우 소량 먹은 터였다. 퇴실 절차를 밟으면서 접수대 직원에게 어제 산에서 만난 친구들을 찾기

위해 야영지는 여기서 얼마나 먼지 물었다. 직원은 그에 대해 그리 멀지 않은 곳이라 답변했다.

더불어 호니스터 파스길을 걸어 쉽게 YHA 보로데일 유스 호스텔까지 갈 수 있는지도 물어 가능하다는 것을 확인했다. 접수대에서 열쇠 반납을 하며 퇴실절차를 마치고 나오니 같은 방의 룸메이트였던 호리호리하고 왜소한 청년이 다가오더니 대뜸 5파운드짜리 지폐 한 장과 1파운드짜리 새 동전을 내놓으면서 내 구 동전 6파운드를 자신의 새 돈으로 바꿔주겠다고 했다. 조금전에 접수창구에서 내 등 뒤로 내가 물을 살 때 직원이 내 동전을 거부한 것과 1파운드짜리 옛 동전 6개가 양말짝 속에 들어있는 것을 본 것이다. 그의 제안을 고맙다고 하면서 받아들였다. 그의 이름은 마이클(Michael)이었고 나는 그의 이메일 주소를 받았다(이런 류의 호의는 앞으로 영국 다른 곳에서도 경험하게 된다).

야영지의 텐트에서 그들의 이름을 불러보았으나 대답이 없었다. 옆 텐트 야영자는 철수하면서 그들은 지금 마을 카페에서 아침식사 중일 것이라면서 카페가 달랑 두 개뿐이니 쉽게 찾을 것이라고 말했다. 사실은 두 개가 아니라

너덧 개나 되었고 마지막 카페에도 보이지 않아서 이번에는 그냥 나오기가 멋쩍어서 종업원에게 친구들을 찾는데 없어서 그냥 간다고 말하니, 그녀는 웃으며 손가락으로 위를 가리켰다.

"당신 친구들이 저기 있지 않습니까?"

2층을 보니 정말 그들의 뒷모습이 보였다. 그들은 또 다른 사람 세 명과 함께 식사 중이었다. 나는 기뻐 급히 계단을 올라 그들에게 인사를 건넸다.

"Hi eveyone, long time no see! Even one second is too long between good friends!(오랜만입니다, 여러분! 친한 친구지간에는 1초도 오랜만이지요!)"라고 인사하며 자초지종을 이야기했다. 그들의 이메일 주소를 부탁하고, 호니스터 파스길에 대하여 조언을 들었다.

카페에서 나와 어제 밤 숙박한 YHA 버터미어 유스 호스텔 앞으로 나있는 호니스터 파스길을 걷기 시작했다. 이때의 시간은 11시 24분이었다. 이 길은 승용차도, 자전거도 심지어 시외버스도 다니는 길이다. 어제 산에서 겪었던 공포감은 추호도 있을 수 없는 길이다. 혹시 내가 쓰러지더라도 누군가 구해줄 수 있는 안심이 되는 도로다.

버터미어 호수 중간 쯤에서는 마침 매년 열리는 수영과 마라톤이 합해진 경기를 보게 되었다. 이름하여 브레카 버터미어 수영경주(Breca Buttermere SwimRun)라는 대회였다. 처음 음료수와 과일을 놓고 참가 선수들을 격려하는 곳을 지나는데, 그곳에서 경기 설명을 듣고 사진도 찍었다.

경기는 달리기 38km와 수영 6km로 오늘 8시 30분 출발지점 모커킨

(Mockerkin)의 팽스 브라우(Fangs Brow) → 로우스워터(Loweswater) → 크럼 머크 워터(Crummock Water) 호수 → 버터미어 호수 → 더웬트 워터(Derwent Water) 호수 → 케직(Keswick)의 더웬트 힐(Hill)이 끝이다. 이 마라톤의 특징은 두 사람, 이를테면 친구지간, 부부지간, 연인지간 등의 2인 1조로 같이 달리며 같이 수영을 한다는 점이다. 이런 경주를 '브레카 수영경주 대회'라고 하는 모양이다. 바다가 있고 빙하호수가 발달되어 있는 뉴질랜드와 영국에서 유행한 대회인 듯 했다. 영국에서는 브레카 버터미어 대회 외에도 몇 개가 더 있고, 뉴질랜드에는 브레카 와나카(Breca Wanaka)가 있다. 호수뿐만 아니라 바다에서도 수영을 하는 대회가 있다고 한다. 여기서 브레카(Breca)는 무슨 뜻일까? 확실하지는 않지만 짐작해볼 수 있는 단서는 있다. 바로 영문학의 최초 서사시 베어울프(Beowulf)에 등장하는 수영을 잘하는 '브레카'다. 바로 이 브레카에서 대회 이름을 따온 것이 아닐까? 이 서사시는 빙하 호수와 친한 이곳에서 가까운 북구의 영웅인 베어울프가 등장하고, 그의 친구 브레카는 수영의 천재로 묘사된다. 혹시 나의 추리가 틀릴 수도 있겠으나 '가가 가'일 것이라고 말해도, 즉 서사시 속의 브레카 '가'가 브레카 버터미어 수영경주 명칭에서의 브레카 '가'일 것이라고 말해도 크게 비난 받을 일은 아닐 듯싶다.

수시로 두 사람씩 뛰어오는 대회 참가자들을 보며, 천천히 걸어 20여 분을 가니, 응원하던 두 남녀가 호수에서 뭍으로 나오는 경기 참가자들을 독려하고 있었다. 그중 조시라는 남자는 커다란 응원판을 들고 있었다. 아직 도착하지 않은 참가번호가 136번인 J+J(이를테면 James+Jane, John+Janet 등의 지인일 것이다)를 응원하려고 서 있었고, 타스라는 여자는 남자친구를 응원하러 나와 있다고 했다. 그들은 그들의 동료가 오기 전까지는 다른 이들의 경기를 응원하고

있었다.

　나는 그들과 함께 수영을 끝내고 뭍으로 올라오는 참가자들을 구경하며 카메라와 캠코더에 담았다. 구경이 아무리 즐겁더라도 여기서 마냥 구경할 수는 없는 일. 10분쯤 후에는 이곳을 떠나 몇 분을 더 가니 경기자들의 입수 지점이 나왔다. 버터미어 호수에서는 갈지 자 형태로 먼저 두 코스를 수영하고, 마지막으로 호수의 끝자락인 이곳에서 눈짐작으로도 몇백 미터는 되어 보이는 거리를 한 번 더 수영한다고 했다.

　선수들은 여기서 입수해서 조시와 타스가 응원하는 곳까지 수영해야 했다. 이곳에서도 경기를 한참 구경할 수 있었다. 호수 건너편으로 멀리 CTC 웨인라이트 대체길인 레드 파이크 봉우리와 하이 스타일 봉우리와 접해있는 산들이 병풍처럼 둘러싸 있었고 골짜기 사이로 하얀 개울 물줄기가 보였다. CTC 대체길로 가지 않은 후회 같은 것은 없었다. 어제오늘만은 나에게 버거운 길이었음을 인정해서다. 때문에 오늘은 비교적 평평한 길을 걸어야했다. 물론, 웨인라이트의 혼이 깃들었을 헤이스택스와 이노미네이트 탄 호수를 보지 못한 아

쉬움은 남았다.

　이후 여정인 호니스터 파스 길은 B5289 도로와 겹친다. 어디가 시작이
고 끝인지 나에게는 불분명하지만, 버터미어 어디에선가 시작되고* 시톨러
(Seatoller) 주변 어느 부분에서 끝나는 듯 보인다. 호수 끝자락에는 건물이 있
었는데, 카페나 바인가 했으나 그냥 빈 건물이었다. 자동차로 이동하는 사람들
에게 물어보니 점심을 먹을 수 있는 곳은 고개 꼭대기에 있고 그전에는 없다고
답했다. 게이츠가스데일 벡(Gatesgarthdale Beck) 개울을 따라 나있는 가파른

---

* 　버터미어 남쪽끝 게이츠가스 팜(Gatesgarth Farm)에서 시작한다는 자료가 있으나 구글 지도에서는 그 전부터 호
　니스터 파스길로 표기되어 있다.

골짜기 길을 따라 오르는 길은 경사가 있어 쉽지 않았다.

쉬다가다를 반복하며, 계곡길 고개 꼭대기의 CTC길과 만나는 호니스터 슬레이트 마인(Honister Slate Mine), 호니스터 석판 채석장에 이른 시간은 2시 30분경이었다. 이곳은 17세기 중엽부터 석판을 채석했고 1986년에 패쇄했다가 1997년에 재가동하였고 지금은 지하 채석장에서만이 제한적으로 석판을 채석하고 있다. 뿐만 아니라 지하 채석장은 관광 코스가 되었고, 더불어 이 길을 오가는 사람들에게는 휴게소 역할도 담당하고 있다. 나는 이곳에서 수프와 빵으로 점심을 먹었다. 이렇게 요기하며 휴식을 취했고, 다시 출발한 시간은 3시 40분경이었다.

CTC길은 호니스터 슬레이트 마인에서 호니스터 파스(B5289)길과 만나 같이 가다가 가까운 거리로 벗어나기를 반복하면서 시톨러까지 이어졌다. 그러나 오늘만큼은 오로지 호니스터 파스 길만을 걷기로 결심했다. 이후로는 계속 내리막길이 이어졌고 자동차도 제법 있었다. 영국인들은 자동차 경적을 좀처럼 울리지 않았다. 나는 길이 넓지 않아 자동차를 조심하며 걸었다.

시톨러(Seatoller)에 4시 25분경 도착했다. 계속 B5289 도로로 40분을 더 걸어 5시 5분에 YHA 보로데일(YHA Borrowdale) 유스 호스텔에 도착하여 16번 방의 열쇠를 받았다. 2층 침대 4개로 총 8개의 침대가 있는 방이었다. 방에 들어가자마자 나이든 영국인 둘의 환영의 미소를 볼 수 있었다. 반면 아래 침대에 걸터앉은, 안경 쓴 동양인 청년은 책을 보다말고 고개 들어 나를 보더니, 황급히 시선을 책으로 돌렸다. 혹시 한국인 학생이 아닐까 했지만, 나중 들어보니 중국인이라고 했다. 샤워와 빨래를 한 이후, 건조실에 빨래를 넣었다. 어제 빨아 덜 마른 것은 미리 넣었다. 저녁식사는 미리 신청하니 8시에 먹으러 오라고 했다. 고른 음식은 닭고기와 버섯 파이 그리고 감자칩과 채소였다(Chicken & Mushroom Pie with chips & Veg, £7.95). 그리고 과일 샐러드(Fruit Salad, £3.95)를 주문했다. 언어는 두 가지로 해석될 때가 있다. 이 음식은 사실은 '닭고기와 버섯'으로 만든 파이였는데, '버섯파이와 닭고기'로 이해한 것이다. 닭고기가 나오지 않아 음식이 다른 사람 것과 바뀐 것 아니냐고 물으니, 주문한 것이 맞다고 했다. 빵처럼 생긴 것을 가리키며 닭고기 버섯파이라고 하는 것이다. 또 왜 주문한 과일 샐러드는 안 나오느냐고 조르니 좀 기다리라고 한 뒤 상추와 토마토 버무린 것을 건넸다. 이것이 3.95파운드짜리 샐러드라니……. 기가 막혔지만 어쩔 수 없었다. 포만감이 들 때까지 남김없이 식사를 끝냈다. 그런데 이제야 여러 과일을 깍두기처럼 조각내 섞은 것을 접시 가득히 가져다주었다. 이 게 진짜 내가 주문했던 과일 샐러드였던 것이다. 이미 배가 불러서 겨우 반쯤만 먹고 아깝게 남겼다. 소통이 잘 안되어 생긴 불상사였다.

이곳 YHA 보로데일 유스 호스텔은 젊은 남자 둘이 접수 안내를 맡고 있었다. 9kg의 배낭을 계속 메고 가기 어렵다고 판단해, 이제라도 짐 운반 업체에게 맡기고 싶어 그들과 상의했다. 업체 선정 후 계약을 하는 데에 그들의 도움을 받고 싶었기에 내 사정을 이야기한 것이다. 그 둘 중 한 명이 주변에 꽂혀 있는 명함 하나를 던져주었다. 명함에 있는 곳에 연락해 해결하라는 의미였다. 몸이 너무나 피곤했기에 일단 명함만 받고 의논을 멈췄다.

사용한 비용

£1.50 물 / £4.50 점심 / £27.25 숙박(조식포함) / £11.90 석식

다르타냥,
안개속에서 그린업 엣지
산마루를 넘다

보로데일 → 그린업 엣지 산마루 → 그라스미어 (11km)

같은 방 여행객인 롭(Rob)은 나를 위해 어디에선가 플라스틱 통을 구해 가져다주었다. 조식 때 먹다 남은 빵 등 점심거리를 담을 수 있는 용기였다. 나보다 나이가 적은 그는 조금 촐랑거리는 스타일이었다. 그는 영국인의 이미지와 다르게, 항상 미소를 띠며 내게 말을 걸어왔다. 그리고 무언가를 물으면 알려주려 열심이었다. 나는 그와 함께 즐거운 아침식사를 했다.

그에게 길가에 있는 야생의 검은딸기를 먹어도 되는지, 산 개울물에 손발을 담그거나 마셔도 되는지 물었더니 다 괜찮다고 했다. 나는 서둘러 그보다 먼저 식사를 끝냈다. 무거운 배낭을 메고 가야했기에 다른 사람들 보다 느릴 것이고, 어두울 때까지 목적지에 도착하지 못하면 어쩌나 하는 걱정도 들어 되도록 빨리 출발하려고 서둘렀다. 건물 밖으로 나와 출발 직전에 배낭을 메려고 하는데, 뜻밖에도 세인트 비스 출발 첫날 만났던 증권삼총사를 또 만났다. 그들도 간밤을 이곳에서 묵은 것이다. 첫날 나에게 했던 그들 말대로라면 그들은 나와 다시는 만나지 말았어야 한다. 내 기억으로는 그제(11일)에는 여기 보로데일에서 지척인 로스웨이트(Rosthwaite)까지 간다고 했으니 오늘 아침은 패터데일(Patterdale) 쯤에서 출발해야 맞다. 날짜 변경이 불가능한 숙소 예약일을 감안하여 나에게 이야기했을 터인데……. 고개가 갸우뚱할 일이었지만, 반

76

가웠고 그들과 같이하면 여러모로 안심이 되니 동행하기로 했다. 에너데일에서 버터미어로 넘어올 때의 레드 파이크 봉우리에서의 고생스럽고 위험했던 경험이 나를 조금은 의존적으로 변하게 한 것이다. 분명히 겁이 많아졌다.

말은 정답고 아름답게 오갔으나, 결국 그들의 도움을 받지는 못했다. 무거운 배낭을 메고 있었기에 그들과 나는 이미 속도에서 차이가 날 수밖에 없었다. 처음부터 그들과 같이 하지 말았어야 했다. 증권삼총사에게는 '다르타냥'을 받아들일 조금의 여유도 없었던 것 같다.

숙소에서는 그들의 시간에 맞추어 9시 30분경에 출발했다. CTC 웨인라이트 주 길은 로스웨이트까지 가서 헤이즐 뱅크(호텔) 부근에서 스톤웨이트 벡(Stonewaite Beck) 개울을 따라 그린업 엣지(Greenup Edge) 산마루 쪽으로 나 있다. 그러나 우리는 로스웨이트까지 가지 않고 삼각형의 한 변이 되는 지름길을 택하여 스톤웨이트 마을 쪽으로 걷기로 했다. 5분 정도 걸으니 어제 걸었던 호니스터 파스길의 연장도로인 B5289 도로를 만났고, 도로를 건너 10분을 걸

으니, 스톤웨이트 다리를 만났다. 다리 밑으로는 제법 큰 스톤웨이트 벡 개울물이 흘렀다. 이곳은 해발고도 100~150m인데, 고도가 높아질수록 점점 작아지는 개울의 물줄기를 따라 길과 개울이 서로 휘감겨 있는 길을 걸어 산위를 향하여 걸어야 했다. 스톤웨이트 다리를 건너니 길안내 목재팻말이 우리를 기다리고 있었다. 공공 승마길이라며 세 방향을 안내하고 있는데, 우리는 당연히 6과 1/2마일의 그린업 엣지 산마루를 경유한 그라스미어(Grasmere) 방향으로 걸었다.

길이 가팔라지기 전까지 양쪽 혹은 한 쪽에 돌담이 있었고 몇 개의 돌담문을 거쳤다. 삼총사는 저만큼 앞을, 정식이 못된 총사 후보 다르타냥은 그들을 뒤 쫓았다. 날씨는 흐리고 습했고, 앞과 옆의 산은 중턱까지 안개로 뒤덮여 있었다. 개울물 소리가 크게 들렸다. 길은 험하고 위험했다. 돌길 위에서 뒤로 한 번 미끄러 넘어졌으나 배낭이 나를 살렸다. 앞으로도 한 번 넘어졌는데 무릎이 한번 까졌을 뿐이었다. 넘어지며 왼팔죽지를 다친 것인지, 팔을 돌릴 때 약간 아팠다. 그래도 심하게 안 다친 것이 천만다행이었다. 수시로 작은 개울의 물줄기를 건너야 했고 늪지대가 이곳저곳에 있어 잘 딛고 가야했다.

10시 15분쯤 비가 오기 시작했다. 비는 그쳤다 왔다를 반복했다. 조금 더 가니 여자 둘과 남자 한 사람 팀이 쉬고 있었다. 여자 중 한 사람이 유독 더디어 그들은 천천히 가고 있는 듯했다. (나중 알게 된 남자 이름이 짐이라 편의상 짐 팀이라 한다.) 이들 짐 팀이 쉬고 있는 곳에서 증권삼총사도 먼저 도착해서 쉬고 있었고 뒤이어 나도 도착하여 배낭을 내려놓고 휴식을 취했다. 증권삼총사 중 리더인 70대 초반의 남자는 키도 크고 호리호리한 멋쟁이로 빨간 재킷이 잘 어울리는 사나이였다. 방금 도착한 나는 그들에게 여기서 좀 더 쉬고 가자

고하니 이 멋쟁이 대장은 아무런 말없이 자기 시계를 봤다. 이때 나는 그들과 같이할 수 없다는 것을 본능적으로 느꼈다. 그들의 입장에서 보면 나는 그들의 예정된 계획에 없는 부담으로 그들의 행로를 방해하는 존재였다.

　같이 앉은 자리에서 일어나 다시 걷기 시작했다. 나는 자연스레 뒤처졌다. 듬성듬성 제법 소리가 요란한 폭포도 만났다. 개울물이 급격히 경사진 곳을 만나면 요란한 폭포수로 변하기 마련이다. 나는 이미 짙은 주황색 우의를 배낭위로 걸쳐 입은 상태였다. 그리고 지팡이 두 개를 짚고 조심스레 증권삼총사의 뒤를 열심히 뒤쫓아 걸었다. 뒤에 처져 뒤따라오는 짐 팀 외에는 같은 방향으로 가는 사람은 없었고 우리 반대 방향에서 오는 서너 명의 초로의 호주 남녀 팀만을 보았다. 자주 개울물을 건넜는데, 물살이 센 개울을 건널 때엔 이미 개울을 건넌 증권삼총사 3인이 멀리서나마 나를 바라봐 주기는 했다. 그들도 내가 걱정스러웠을 것이다. 다시 한 참 길을 가니, 앞에 보이던 그들의 모습이 산

고개 너머로 사라졌다. 나는 그들의 뒤를 따라 바삐 꼭대기에 도착했으나, 안개로 앞이 보이지 않았다. 아마 이곳은 해발고도 600m 그린업 엣지(Greenup Edge) 산마루일 것이다.

　이제 나는 혼자가 되었다. 길이 어디인지, 눈앞의 길은 옳은 길인지 알 수 없었다. 아무도 안 보이니 "야호!"를 연발했으나 돌아오는 대답은 없었다. 안개가 없었다면 먼저 간 사람들을 멀리서라도 보고 따라갔을 것인데, 안개가 문제였다. 그러면 이곳에서 짐 팀이 올 때까지 기다렸다가 같이 가면 될 문제였다. 그들은 이번이 두 번째라고 하니 길을 찾는데 어려움이 없을 것이다. 한참을 기다려도 짐 팀은 아직 오지 않아서 앞에 제일 선명한 길로 200m 쯤 가서 뒤돌아보니 이때 안개 속에서 그린업 엣지를 막 넘어오는 덩치 큰 남자가 혼자 올라와 내 쪽으로 걸어왔다. 다가오는 그에게 이 길이 맞는지 물으니 '맞다'고 했다. 이내 나는 그와 같이 동행하기로 하고 같이 걸었다. (하지만 나는 두 번째라는 짐 팀을 기다렸어야 했다.)

　헨드릭이라는 이 네덜란드 남자는 매우 친절하고 붙임성이 있고 잠시였지만 정이 있는 친구였다. 가면서 그래도 미심쩍어 자꾸 뒤를 돌아보았으나 여전히 따라오는 사람은 없었다. 게다가 스마트폰 구글 위성 지도 상으로도 길에서 벗어나 있었다. 헨드릭은 자신의 종이 지도와 내 구글 위성 지도로 연구를 하더니 길을 수정하기 시작했다. 그러면서 그의 오른쪽 다리가 늪에 깊숙이 빠져서 두사람 모두 화들짝 놀라기도 했다. 다행히도 쉽게 빠져나왔지만 안개 속이라 더욱 위험했다. 잠시 헤매고 있는데 영국인 남녀 한 쌍이 나타났고 주변에 돌무더기(케른, cairn)가 짙은 안개 속에 나타났다. 드디어 옳은 길을 찾은 것이다.

　헨드릭과 나, 그리고 영국인 남녀 한 쌍의 네 명은 안개 속에서 한참 걸었다. 이내 증권삼총사도 안개 속에서 나타났다. 그들은 점심을 먹느라 시간을 지체했다고 했다. 나의 야호 소리를 들어서 한 번 대답을 했는데 내 쪽에서 더 이상 야호가 없었고, 그들도 안개 속에서 신경쓸 겨를이 없었다고 했다.

이제 남은 길은 내리막이다. 여전한 안개 속에서 헨드릭, 나, 증권삼총사 3인. 영국인 두 남녀는 함께 내려오기 시작했다. 내려오는 사이 안개는 가셨다. 우리 모두는 파 이지데일 길(Far Easedale Gill) 개울이 있는 CTC 주 길을 따라 1시간 쯤 걸어 어느 전망이 있는 팻말 근처에서 모두는 멈춰 휴식을 취했다. 이때는 오후 1시쯤이었다. 아래로는 앞으로 가야 할 CTC길 쪽의 시야가 확 트인 곳이었다. 나는 아직 점심을 먹지 못해서 이곳에서 싸온 점심을 먹었다. 증권삼총사와 영국인 남녀는 먼저 내려가고 헨드릭만 나를 배려하느라 좀 더 있어주다가 이내 그마저 내려갔다.

이윽고 나는 산등성이 오던 길 쪽 멀리, 짐 팀이 오는 것을 발견했다. 그들이 올 때까지 기다리며 그들과 같이 가기로 마음먹었다. 느린 여동생과 보조를 맞춰야하는 팀이었다. 여자가 먼저 자기는 샤런, 남자친구는 짐, 짐 여동생은 케이티라고 소개하고 나의 이름을 물었다. 나는 B.D.고 Big Daddy(대장아빠)의 약자라 생각하면 결코 잊을 일이 없을거라고 말해 주었다.

이제 그들과 그라스미어까지 한 팀이 되어 같이 걷기 시작했다. 시간은 1시 30분경이었고, 해발고도는 250m 이하였다.

좀 더 아래쪽의 개울 이름은 이지데일 벡(Easedale Beck)* 개울인데, 아까 지난 파 이지데일 길 개울보다는 산 아래 쪽이니 당연히 넓고 깊었다. 샤런은

---

* 벡(beck)과 길(gill)은 북잉글랜드 말로 계곡이나 개울을 뜻한다.

몸이 비대해도 짐과 자주 산행을 하여 행군에 익숙했으나 케이티는 느렸다. 그들은 버밍험 출신인데, 산이 없는 그곳 사람들은 잉글랜드 북부지역을 좋아하고 있음이 분명했다. 쉴 때, 짐은 큰 컵으로 개울물을 떠다가 여자친구 샤런에게 가져다 주었다. 나보고도 맛을 보라고 권해서 마셔보니 맛이 너무 좋았다. 그렇지 않아도 아침에 롭(Rob)이 자기들은 개울물을 먹는다고 해서 꼭 맛보고 싶었던 터였다. 이렇게 물맛을 볼 줄이야! 짐 덕분이었다.

도중 몇 번 개울을 건넜다. 물살은 세지만 깊이와 넓이가 위험하지는 않았다. 그렇지만 개울을 발이나 바지에 물을 적시지 않고 건너려면 기술과 요령이 필요하고 무엇보다도 운동신경이 발달해 있어야 한다. 멀리뛰기로 훌쩍 뛰어넘을 수 있다면 가장 좋다. 그렇지 못하면 개울 가운데에 있는 돌이나 흙무더기를 밟고 뛰어 건너야 한다. 건너뛰다가, 혹은 돌이나 흙무더기를 밟고 건너가 운이 나쁘면 물에 빠지는 일이 종종 있었다. 때문에 먼저 어느 곳으로 건너야하느냐를 고심했다. 나와 짐, 샤런 세 사람은 잘 건넜다. 그러나 문제는 케이티였다. 케이티를 안전하게 건너게 하는 것이 우리들 모두의 숙제였다.

길을 걸으며 내가 출연해서 영국 웨일스를 소개한 KBS TV '세상은 넓다.'

프로를 스마트폰에서 재생하여 보여 주기도 했다. 또 그들을 지루하지 않도록
하기 위해 한국의 돼지, 닭, 개는 어떻게 말하고 짖고 우는지도 알려주었다. 네
사람이 서로 가깝게 걸을 때 내가 말을 꺼낸다.

나　영국 돼지는 어떻게 말하나요?

짐　오인크-오인크(oink-oink)! 한국 돼지는요?

나　한국 돼지는 영어를 몰라요. 영어를 모르는 한국 돼지는…… (걸으면서 모
　　두가 귀를 쫑긋 세운다. 나는 뜸을 들인후) '꿀꿀꿀' 하지요.

짐 팀　와하하하하! (그들은 한국 돼지 흉내를 각자 내 보지만 한국 네이티브 돼
　　지 소리와는 거리가 멀었다.)

케이티　그럼 닭소리는요?

이렇게 한국 닭, 개, 고양이 등의 소리를 알려줬다. 그들은 모두 꼬끼오, 멍
멍 등의 소리를 흉내 내보고 나에게 평가를 받았다. 그리고 영국 개와 돼지를
한국에 유학 보내서 한국말을 읽혀야 한다는 등의 농담을 주고받으며 즐거워
했다. 이렇게 그들에게 외국인들과의 소통이 얼마나 즐거운지를 나름대로 알
려주었다는 생각이 들어서 더욱 즐거웠다.

평지에 내려올수록 하늘이 맑아졌다. 4시경에 목재다리에 도착했다. 이제
는 다리가 없으면 건널 수 없을 만큼 개울이 넓어졌다. 평지에 거의 다 온 것이
다. 다리를 건너 풀과 바위 위에 앉아 마지막 휴식을 취했다. 짐은 그의 스마트
폰을 샤런에게 건네면서 나와의 사진을 찍고 싶어 했다. 나는 이미 그들의 전
체사진, 동영상, 그들과 같이한 내 사진을 캠코더와 사진기에 담아 놓은 터였

다. 짐의 이메일 주소를 받아놓았으니 나중에 사진을 주고받으면 된다.

다리 건너 마지막 휴식 후 30분쯤 걸어 돌담문을 만났다. 그라스미어 마을에 거의 올 때쯤에는 날씨는 완전히 갰다. 짐 팀은 마을 입구에 있는 예약된 호텔에 들어갔고, 나는 한참을 찾았지만 누군가 친절히 안내해 줘 YHA 그라스미어(Grasmere) 유스 호스텔에 도착했다. 이때는 5시 20분경이었다. 아침 9시 30분쯤에 출발했으니, 거의 8시간이 걸렸다. 도착한 유스 호스텔 접수처 여직원은 친절했지만 그녀의 웅변조 영어는 간혹 알아들을 수 없었다. 저녁식사는 토마토 소스를 곁들인 고기완자와 마늘빵, 후식으로 잼바른 스펀지 빵과 커스터드 소스(Meatballs with tomato sauce and garlic bread, jam sponge and custard)였는데 썩 괜찮았다. 9.50파운드(14,000원)나 했으니…….

내일 하루를 그라스미어에서 쉬기로 했지만 걱정이 태산이다. 일단 여직원 애쉴링(Aisling)에게 부탁해서 짐 운반 업체를 접촉해 이용하는 것이 좋을 것 같았다. 만약 그것이 불가능한 경우, 짐을 대폭 줄이는 것도 고려해야 한다. 이대로 계속 갈 수는 없었기에 모레부터는 무엇이든 수를 내지 않으면 안된다.

사용한 비용

£1.50 물 / £60.00 숙박(2일) / £12.50 조식(2일) / £ 9.95 석식(1일) / £1.00 세제

시인 위즈워스의
마을
그라스미어

그라스미어

서두르지 않고 여유 있게 잠자리에서 일어났다고 생각했지만, 시간을 보니 6시 48분이었다. 오늘 하루는 걷지 않기로 하니 꼭 공휴일 같았다. 아침 식사 후 즉시 애쉴링을 찾고 내 사정을 설명했다. '며칠간 무거운 배낭을 메고 산을 오르며 걸으니 죽을 지경이다. 내 전화는 영국 통신체계에 있지 않아서 사용이 불편하다. 당신이 나를 도와주었으면 한다. 짐 운반 업체에 전화하여 숙소마다 날마다 짐을 운반해 주도록 해주면 고맙겠다. 그리고 영국에서는 전화비가 비싸다는데, 전화비를 내겠다.'라고 말했다. 이렇게 사정을 이야기하니 그녀는 전화비는 비싸지 않다며 흔쾌히 연결해 줄 수 있다고 말했다. 하지만 최종 결정은 내가 해야 하고 신용카드 번호를 비롯하여 나에 대한 개인적인 상세한 정보를 알려 줘야한다고 했다. YHA 보로데일 유스 호스텔의 투박한 젊은 남자 직원들과는 달리 적극적으로 도와주겠다는 의지를 보여줘 고마웠다.

　그녀는 한참 동안 전화통화를 하더니 그쪽에서 흔쾌히 하겠다고 했고(안 할 이유가 없지 않은가?) 비용을 날마다 지불하는 방법, 한꺼번에 미리 지불하는 방법을 이야기했다. 싼 것이 어떤 것이냐고 물으니 한꺼번에 미리 하는 것이 싸다고 답했다. 가격은 £8.50에 12회를 곱한 £102.00였다. 나는 앞으로 예약된 숙소와 날짜를 정리한 것을 주었고, 그녀는 숙소 이름과 날짜를 그쪽에 불러 주었다. 그 업체는 숙소명만 가지고도 주소, 전화번호 등 모든 정보를 정리했고, 오후에는 그들이 작성한 주소, 전화번호, 이메일 등이 정리된 목록을 보내왔다. 나는 그것을 재점검한 후 애쉴링을 통해 다시 보냈다. 이렇게 일사천리로 두 번 정도 서로 점검한 후 확인했다는 답변을 주니, 신용카드에서 102파운드가 빠져나갔다. 그녀는 내일 아침 출근해서 최종본을 인쇄해서 주겠다고 말했다. 이제 무거운 짐을 지고 걷지 않아도 된다. 드디어 무거운 짐의 공포감에서 해방된 것이다!

그라스미어 마을 이름은 그라스미어(Grasmere) 호수에서 유래했다. 버터미어에서와 마찬가지로 그라스미어라는 호수가 먼저 이름 지어졌고 그 이름을 따서 그라스미어 마을 이름이 생겼다. 나는 그라스미어 마을, 그냥 그라스미어라고 불렀다. 이곳에서 하루를 더 지내려 한 것은 이제 하루 정도는 몸을 쉬게해야겠다는 생각 때문이다. 또, 이곳에서 낭만파 시인 윌리엄 워즈워스(William Wordsworth)가 살았던 도브 코티지(Dove Cottage 비둘기 오두막)를 보기 위함이었다. 그라스미어 마을에서 A591도로를 따라 남쪽으로 내려가면(아마 버스로는 20~30분 정도면 갈 수 있을 듯 하다) 윌리엄 워즈워스가 임종 때까지 살았던(1813~1850) 또 다른 집 라이달 마운트(Rydal Mount)도 만날 수 있다. 지금은 박물관으로 운영되고 있는 바로 이 라이달(Rydal)을 가보고 싶었기 때문이었다. 하지만 라이달까지는 가지 못했다. 무리하면 갈 수는 있겠지만, 몸에 무리를 주고 싶지는 않았다. 앞으로도 계속 걸어야 했기 때문이다.

아침 식사 후 천천히 나갈 준비를 했다. 비가 올 것 같아서 호스텔 직원에게 큰 우산을 빌려 들고 그라스미어 관광을 나섰다. (비는 약간만 뿌렸을 뿐 한 번도 우산을 사용 하지는 않았다.)

처음으로는 생강과자빵집(Gingerbread Shop)에 갔다. 그곳은 줄이 길게 서 있어 문전성시였다. 마당으로 들어가는 입구에는 크게 인물사진과 함께 '사라 넬슨의 유명한 그라스미어 원조 생강과자빵'이라고 써진 간판을 거의 어른 두 배정도의 높이의 기둥위에 올려놓았고, 대문 들어가기 직전에는 다음과 같이 쓰인 입간판도 세워 관광객을 부르고 있었다. '이곳은 맛있는 그라스미어 생강과자빵을 만들어 파는 세계 유일의 장소랍니다. 안으로 들어오세요!'

나도 줄을 섰다. 조금씩 움직이며 기다리는 동안 줄은 건물로 들어서고 건물로 들어선 후에도 벽에는 사라 넬슨과 생강과자빵에 대한 글로 도배가 되어 있었다.

벽에는 사라 넬슨과 그녀가 만든 생강과자빵의 역사도 찾아볼 수 있었다. 그녀는 1815년 보우네스 온 윈더미어(Bowness-on-Windermere)의 가난한 집 안에서 태어나 어린 시절부터 남의 집 하녀로 고생하며 일했다. 그리고 농장 노동자 윌프레드 넬슨(Wilfred Nelson)를 만나 사랑에 빠져 결혼하여 딸을 둘

낳고 그라스미어에 집을 얻어 정착했다. 이때 남편 월프레드는 농장 노동자로 일을 하고, 사라는 세탁일과 남의 집 부엌일을 했다. 그녀가 만든 과자와 빵과 자는 주인집 마리 파커 귀부인과 귀부인의 친구들의 입맛을 사로잡았다. 특히 생강과자빵은 인기가 있어 마을사람들, 양반귀족들 그리고 마을 여관에 머문 여행자들에게 팔리기 시작하였다. 1854년 처치 코티지(Church Cottage)의 세인트 오스왈드 교구 교회(St. Oswald's Parish Church) 근처로 이사하고 사라는 계속 과자빵을 구워 팔았다. 1880년 남편 월프레드가 세상을 떠났다. 그 후 배다른 자매 앤 캠프(Anne Kemp)가 그녀를 도왔지만, 앤도 1884년 세상을 떠났다. 그 후부터 사라 넬슨은 생애 마지막 20년간을 누구 도움도 없이 혼자서 과자빵을 만들어 팔았다. 당시 그녀는 생강과자빵을 한 조각씩 포장하여 팔았는데, 포장지에는 '사라 넬슨이 만든 훌륭한 그라스미어 생강과자빵'이라고 표시했다. 1880년대는 빅토리아 여왕시대로 세인트 오스왈드 교회에 있는 시인 워즈위스의 무덤을 방문하는 여행객들로 붐볐고 지근거리인 윈더미어까지 철도가 놓여있어 관광객들은 대부분 유명한 사라 넬슨의 제과점에 들러 생강과자빵을 샀다. 그리고 이후 1904년, 사라 넬슨은 과로로 쓰러져 다시는 일어나지 못했다. 임종까지의 몇 달 동안 그녀를 간호했던 사람은 미혼의 조카딸 아그네스 저먼스(Agnes Germans)였다. 사후에는 이 조카딸이 반세기동안 가게를 운영했다.

그 후 데이지 홋슨 부인(Mrs. Daisy Hotson)이 제과점을 인수하고 잭과 메리 윌슨(Jack and Mary Wilson) 부부와 공동경영 했다. 후에 잭의 조카 제럴드 윌슨(Gerald Wilson)과 그의 아네 마가렛(Magaret)이 인수했고 오늘날에는 그들의 딸 조안(Joanne)이 운영하고 있다.

건물 내 좁은 복도에 들어서서 양편 벽의 글과 사진을 보고 사진도 찍으며 움직이는 사이 줄은 점점 줄어 판매대에 이르렀다. 판매대 위에는 환영이라는 문구가 7개 국어로 써 있는데, 유감스럽게도 한국어는 없다. 그 와중에 유럽어들과 나란히 있는 유일한 비(非)로마자인 일본어가 돋보였다. 아직은 한국인보다는 일본인들이 많이 찾는다는 의미일 것이다. 판매대 안에는 몇 명의 종업원들이 분주히 고객을 맞아 움직였다. 가장 작은 것으로 생강과자빵 6조각이 포장되어있는 것을 3.50파운드에 샀는데, 비닐봉지에 묵직하게 사서 가지고 나오는 사람들이 많았다. 인터넷에서 나중에 확인해보니 생강과자빵 외에도 캔디, 초콜릿, 심지어 팝콘까지 여러 가지 다양한 종류가 있다. 맛을 보니 생강맛이 들어있는 좀 단단한 비스킷 종류였다. 이 과자빵은 위에서 언급한 평범하지만 잔잔한 이야기를 가지고 있다. 이른바 '스토리'가 있기에 유명한 것이다. 그리고 특히 영국인들 입맛에도 딱 맞을 것이다.

이후 그곳을 나와 바로 옆에 있는 워즈워스 수선화 정원(Wordsworth Daffodil Garden)에 들어갔다. 그라스미어는 시인 워즈워스의 마을이라고 할 만큼 그에 관한 장소가 많다. 이곳도 그중 하나다. 2003년에 개장했고, 그라스미어 교구 목사의 아이디어로 교회 유지보수를 위한 기금을 마련하기 위하여 조성한 공원이다. 일정한 금액을 내어 공원에 야생 수선화를 심어 가꾸는 일에 후원을 하면 원하는 이름을 새긴 석판을 공원길 바닥에 깔아주고, 교회에서 발행한 책자에 이름을 올려주는 등의 혜택을 줬다고 한다. 이 사업은 성공적이었고, 그 결과로 이름이 새겨진 약 3000개의 석판이 깔렸다. 그리고 셀 수 없는 수의 야생 수선화가 지금도 자라고 있다. 주변의 야생 수선화와 발밑에 놓여있는 출신지와 함께 쓰인 이름을 살펴보며 가끔 나타나는 워즈워스의 시 수선화의 구

절을 음미하며 걸어보았다. 이는 그라스미어에서만이 누릴 수 있는 격조 있는
문학 체험일 것이다.

I wandered lonely as a cloud

That floats on high o'er vales and hills,

When all at once I saw a crowd,

A host, of golden daffodils;

Beside the lake, beneath the trees,

Fluttering and dancing in the breeze.

산골짜기 하늘 높이 흘러가는

한 조각의 구름처럼,

외로이 홀로 떠돌다가,

별안간 나는 금빛 찬란한

수많은 수선화를 보았어요.
호숫가 나무밑에서 산들바람에
살랑살랑 춤추며 흩날렸지요.

이는 윌리엄 워즈워스가 1815년 쓴 시 수선화의 첫 부분이다. 시에 나오는 호수는 얼스터 호수인데, 이곳에서 그리 멀지 않은 곳에 있다. 이 시는 워즈워스가 이 호숫가에서 보았던 수선화를 보고 영감을 얻어 쓴 것으로 알려져 있다. (얼스터 호수는 CTC길에서 벗어나 있다. 그러나 나는 이틀 후인 16일에 우연한 일로 유람선을 타고 이 호수를 건너게 된다.)

수선화 공원을 방문한 후, 카페에 들러 점심을 먹고 도브 코티지(Dove Cottage)로 향했다. 그라스미어 거리에는 관광객으로 붐볐다. 온통 관광객뿐이었다. 대부분이 영국인들이지만 중국인 단체 관광객도 적지 않아 보였다. 목적지인 도브 코티지는 마을 중심에서 조금 떨어져 있다. 걸어서 15분쯤 걸어 큰길 A591 건너에 있는 마을에 가야했다. 오후 1시 45분에 도착하여 바로 관람

표를 샀고, 2시부터 도브 코티지 내부를 설명해 주는 안내인이 인솔하는 무리에 합류할 수 있었다. 도브 코티지로 들어가는 대문 오른쪽 울타리 위에 설치된 간판에 큼직하게 'Dove Cottage'라 쓰여 있고, 밑에 작은 글씨로 '시인 윌리엄 워즈워스의 영감(靈感)을 주는 집'이라는 글이 있다. 그 아래 더 작은 비스듬한 체의 글씨로 '인간이 찾아낸 가장 사랑스런 장소(The Loveliest spot that man hath ever found)'라는 중세단어가 섞인 글귀가 있다. 이는 워즈워스의 시 작별(A Farewell)의 첫 구절에 나오는 시구다. 시인의 집 앞에서 시구를 빼 놓을 수 없을 것이다.

이 집은 17세기 초에 건립된 300년 된 석조 2층 건물이다. 이곳에서 윌리엄 워즈워스와 여동생 도로시 워즈워스는 1799년 12월부터 1808년 5월까지 살았다. 그는 1802년 메리(Mary)와 결혼해 식구가 늘었고, 그 후 4년 동안 이곳에서 세 자녀가 태어났다. 1808년 좀 더 넓은 집을 찾아서 라이달(Rydal)로 떠날 때까지 8년 5개월 동안 살았던 집이다. 워즈워스 家가 도브 코티지를 떠난 후, 수필가며 비평가인 토마스 드 퀸시(Thomas de Quincey)가 이곳에서 10

년을 살기도 했다. 그후 1990년에 워즈워스 신탁(Wordsworth Trust)이 매입했
고 1991년부터 박물관으로 대중에게 개방하였다. 현재는 '1등급 역사보존건
물'로 지정되어 법적으로 보호되고 있고 워즈워스 시대로부터 거의 변함이 없
는 건물로 알려져 있다. 이곳은 매년 70,000명 정도의 관광객이 방문할 정도로
사랑받는 곳이다. 승용차로 온다면 A591도로를 따라오면 되고, 남쪽으로 9마
일 거리에 있는 윈더미어(Windermere)까지 기차를 타고 와서 기차역 부근에
서 수시로 있는 555번 버스를 이용하면 된다. 599번 버스도 있는데 손님이 많
은 부활절부터 10월까지만 다닌다.

　　도브 코티지 건물로 들어서니 곧바로 안내 직원이 반겼다. 관광객 숫자는
13명, 대부분 나이든 영국인들이었다. 안내인은 어두운 이방 저 방을 돌며 자
세히 설명했는데 외국인인 내가 이해하기 힘들 정도로 말이 빨랐다. 플래시 사
진과 동영상 촬영은 금지다.

　　집에 들어서면 1층 응접실을 만날 수 있다. 워즈워스 家가 살았을 때는 식

당과 부엌이었을 것이다. 필통 같은 곳에 버드나무 이쑤시개가 비치되어 있었는데, 도로시 물건이다. 옆방 부엌에는 커피 가는 기구와 커피포트가 있었다. 이웃침실에서 안내인은 철제 물건을 들고 양초 제조법을 설명해 주었다. 당시 양초값이 비쌌기때문에 양초를 제조해서 쓰기도 했고 양초에 세금이 부과되어 양초값이 비쌌다고 설명했다*. 1층의 마지막 방에는 식품저장실(Buttery)이 있다.

층계를 따라 2층으로 올라갔을 때에도 여전히 어두웠다. 올라와 처음 들어간 거실은 윌리엄의 집필실이라고 했다. 목재 바닥에는 그의 의자가 있었는데, 관광객이 앉지 못하도록 줄이 쳐 있었다. 창문이 있는데, 지금 창문 밖으로는 주택들이 보이지만 당시에는 전망이 좋았을 것이다. 방을 나와 옆방으로 갔다. 이 방은 위층 침실로 원래는 윌리엄의 침실이었다가, 나중에 도로시의 침실이 되었다. 세면대 위에는 윌리엄의 여행용 가방이 놓여 있었다. 벽난로 위에는 빅토리아 여왕의 계관시인이 된 1843년에 그가 수여 받은 왕실 보증서가 있었다.

이어서 간 손님방은 주로 가족 손님들이 묵었던 방이다. 벽에는 당대 교류했던 시인 로버트 사우디(Robert Southey), 사무엘 테일러 콜리지(Samuel Taylor Coleridge)의 초상화가 걸려있었다. 캐비닛 안에는 윌리엄의 안경 등 기타 개인 물건들이 있었다. 이어서 신문지 방으로 이어지는데 모든 벽이 신문지로 온통 도배되어 있어 그렇게 불렸다. 도로시가 '이 방을 온통 신문지로 도배했다.'라는 기록을 남겨서 1970년대에 이 방을 워즈워스 시대에 발행된 신문지로 다시 도배하였다. 물론 당시 신문 원본이 아니라 복사본일 테지만. 2시 30분

---

* 나중에 그 원인을 알아보았는데 당시 창세(Window Tax)때문에 창문 내는 것을 꺼려 건물에 충분히 창을 내지 않았고 그 때문에 도브 코티지 방도 지금까지도 어둡다는 것을 알았다. 창세를 피해 창을 내지 않았으니 그 여파로 양초 수요가 많아졌고 정부는 양초에까지 세금을 부과하게 되어 양초가 비쌌던 것이다.

경에 안내해설자의 인사를 받으며 뒷문으로 나왔다. 약 30분이 소요된 것이다.

건물의 뒷문은 도브 코티지 정원(Dove Cottage Garden)으로 통했다. 정원에는 간단한 정원 약도와 정원을 설명하는 간판이 있었다. 이 설명문에 따르면, 이 정원은 워즈워스 오누이, 윌리엄과 도로시가 만들었던 정원이고, 채소와 과일나무를 가꾸고 야생 식물과 야생화를 옮겨 심었다고 한다. 그리고 그라스미어 계곡에서 볼 수 있는 모든 것을 채운 가정용 축소판 산(山)을 만들었다. 이 정원은 도브 코티지에서 워즈워스 家 생활의 중심이었고 두 오누이 시인에게 주는 영감의 원천이었다.

다시 약간 경사진 길로 오르면 원두막이 있고 그곳에서 아래를 바라보면 도브 코티지 전체가 아래로 보였다. 그뿐만 아니라 마을 멀리 산도 보여 전망이 좋았다. 아래로 내려가는 돌계단이 있는데 줄로 막아놓고 팻말을 세워 놓았다. 팻말의 고지 내용은 다음과 같았다 '워즈워스의 계단 – 이 역사적인 계단은 위험합니다. 사용하지 마세요.' 짐작하건대 워즈워스 家 사람들이 늘 걸었던 계단일 것이다. 원래 있었던 이 계단은 기념으로 보존하고 대신 우리가 걷고 있는 새 길을 만들었을 것이다. 이렇게 정원을 약 10분간 살펴본 후 내려와 도브 코티지 옆에 있는 워즈워스 박물관으로 향했다.

　워즈워스 박물관에는 워즈워스의 호수지구(Lake District)에서의 삶뿐만 아니라 옥스퍼드 대학시절, 프랑스 여행 등에 대한 정보가 비교적 자세히 기술되어 있었으며, 동시대 다른 시인들에 대한 것도 있었다. 도브 코티지에서는 언급이 없었던 그의 프랑스 여인 아네트 발롱(Annette Vallon, 1766-1841)과 그들 사이의 딸 캐럴라인에 관한 정보도 있었다. 프랑스 내 격동의 시기였던 1791년에 그는 아네트를 만났다. 당시 영국 정부와 프랑스 공화정부 사이는 정치적으로 험악했다. 워즈워스의 귀국으로 그들은 헤어지게 된다. 그는 여건이 되면 아네트와 딸을 영국으로 불러들여 결혼할 작정이었다. 하지만 1793년 2월, 전쟁이 선포되었다. 그래도 그들은 편지를 교환했는데, 프랑스 경찰에 의하여 압수된 아네트의 사랑의 편지가 여전히 남아 있다. 1802년 아미앵 평화조약(Treaty of Amiens) 후 다시 프랑스를 도로시와 함께 방문하여 모녀를 만났지만 이때는 이미 도로시 친구 메리 허친슨(Mary Hutchinson)과 약혼한 사이였다. 박물관에는 아네트 발롱건 외 나의 눈길을 끄는 것이 두 개 더 있었다. 하나는 전시된 워즈워스의 궁정복장이고, 다른 하나는 당시 영국 사회를 흔들어 놓았던 한 사건에 대한 것이다. 차례로 소개한다.

　전시물 중에는 윌리엄 워즈워스의 궁중 예복, 시계와 조끼, 비단우산, 지팡이, 버클, 양말, 파나마 밀짚모자, 목도리, 딸 도라(Dora)것으로 보이는 지갑, 워즈워스 것으로 추정되는 격자무늬 어깨걸이, 아들 존(John)의 권총 두 자루가 한 군데 모아 전시되어 있었다. 그중 궁중 예복에 관한 설명이 내 눈길을 끌었다. '짙은 보라색 궁중예복은 원래는 시인 사무엘 로저스(Samuel Rogers) 것인데, 계관시인임명식에서 빅토리아여왕 알현 때 워즈워스와 테니슨(Tennyson)이 입었다. 1856년 로저스가 세상을 떠난 후에 워즈워스 家는 이 옷을 선물로 받았고 후에 캠브리지대 피츠윌리엄 박물관(Fitzwilliam Museum)에 기증했고, 현재는 워즈워스 신탁에 장기 대여 상태로 전시되어 있다.' 여왕 알현 시에 따로 궁중예복을 입어야 하는 것, 예복을 빌려 입을 정도로 귀하고 비싼 것, 서로 빌려 입고 또 간직하고, 선물하는 것이 나에게 흥미로운 새로운 정보가 되었다.

두 번째로 내 눈길을 끌었던 것은 좀 더 긴 설명이 필요하다. 이는 당대 유명했던 사건으로 인구에 회자된 것이지만 그러나 이 아름다운 호수지구의 호반시인 워즈워스 박물관에는 그다지 어울리지 않은 사건이다. 그렇기에 이곳에 소개되어 있다는 게 의외였다. 먼저, 벽에 다섯 사람의 대문자로 쓰인 이름과 초상화, 생몰년 그리고 인물 설명과 따옴표 속의 의미심장한 문구가 있었다.

– 퍼시 비쉬 셸리(PERCY BYSSHE SHELLEY, 1792–1822)
유부남 시인 퍼시 비쉬는 2년 전에 메리와 도망쳤다. 바이런과는 달리 그는 아직 유명하지 않았다. 그렇지만 바이런은 그와 함께하는 것을 즐겼다.
– 메리 올스톤크래프트 고드윈(MARY WOLLSTONECRAFT GODWIN, 1797–1851)
18세인 메리는 퍼시 비쉬의 혼외 동거녀로 별장에 왔다. 퍼시 비쉬와의 사이에는 이미 두 아이가 있다.
– 존 윌리엄 폴리도리(JOHN WILLIAM POLIDORI, 1795–1821)
바이런의 주치의. 바이런의 회고록을 쓰기로 비밀 계약했다. 이것 대신 처음으로 흡혈귀(vampire) 소설로 유명해진다.

- 조지 고든 바이런 경(LORD GEORGE GORDON BYRON, 1788-1824)

"알고보면 미치광이고, 사악하고, 위험한 인물"이라고 캐럴라인 램 여사가 그를 일컬었다고 한다. 유명한 시인으로써 수치스러운 이혼 후 영국을 도망치듯 떠났다.

- 클레어 클레어몬트(CLAIRE CLAIRMONT, 1798-1879)

메리의 의붓자매. 원래 이름은 제인(Jane). 메리와 퍼시 비쉬 셸리와 같이 살았다. 그녀는 그들에게 제네바까지 바이런을 추적하자고 부추겼고, 곧 바이런의 아기를 임신한다.

"'우리 각자 귀신이야기를 쓰도록 하자'라고 로드 바이런이 말했고, 모두가 그의 제안에 따랐다."

나는 벽에 이들의 이름과 초상화, 그리고 현란한 인물설명이 함께 있는 것을 보고 위즈워스도 이들과 무슨 연관이 있나 궁금했다. 하지만 그는 이 사건과는 관련이 없었다. 대신 워즈워스의 친구 콜리지의 시가 이 사건에 등장했다. 사진 옆에는 '어느 어둡고 폭풍우치는 밤(A dark and stormy night)'이라는 제목을 붙여 사건을 짧게 설명하고 있었다.

2014년에 BBC2에서 다큐드라마 형식으로 〈프랑켄슈타인과 흡혈귀: 어느 어둡고 폭풍우 치는 밤(Frankenstein and the Vampyre: A Dark and Stormy Night)〉이라는 제목으로 이 사건을 방영했다. 이 다큐드라마, 위키피디아(Wikipedia), 박물관 벽에 붙어있는 글을 토대로 이 사건을 여기에 소개한다.

1815년 4월 10일, 인도네시아의 탐보라 산(Mount Tambora)에서 인간이 역사를 기록하기 시작한 이래 가장 큰 화산폭발이 있었다. 주변에서 약 71,000명이 사망했고, 대기를 뒤덮은 화산재의 영향으로 그 후 몇 년 동안 온 지구인들이 질병과 기근으로 받은 고통의 원인이 되었다.

다음 해인 1816년을 유럽에서는 흔히 여름이 없는 해(year without a summer)라고 일컬었는데, 이 해 초여름 스위스 제네바 호숫가에 있는 별장 빌라 디오다티(Villa Diodati)에서는 방탕하기로 이름난 당대 유명했던 시인 바이런(Byron)과 그의 주치의며 작가 지망생인 폴리도리가 거주했다. 이곳에는 이 두 사람 외에 세 사람이 더 있었다. 바이런을 뒤쫓아온 클레어 클레어몬트라는 스토커급 극성 팬과 그녀의 꼬드김에 덩달아 같이 오게 된 의붓언니 메리 고드윈과 메리의 애인 23세의 유부남 시인 퍼시 셸리가 있었다. 이들의 부도덕한 행실은 이미 영국내에 널리 알려져 있었고 그에 따른 따가운 시선과 불편한 생활에서 도피하고자 이곳에 온 것도 사실이었다. 이 다섯사람들이 빌라 디오다티에서 조용히 지내지도 않았지만, 주변 사람들도 추문에 추문을 꼬리달고 있은

이들을 가만 두지도 않았다. 당연히 이들의 색다른 생활이 금세 소문이 났고 주변 호기심 많은 사람들이 생산한 소문을 런던신문들은 받아 퍼트렸고 영국인들은 그것을 믿었다.

때는 바야흐로 '여름이 없는 해'의 '어둠의 여름'이 시작되었다. 당시에는 이런현상을 아무도 예측하지 못했다. 제네바 전체가 물에 잠겼고 호숫물은 계속 불어나고 있었다. 한낮인데도 너무 어두워 빌라 디오다티의 주인공 5인은 초를 켜고 지내기가 다반사였고 이 무시무시한 폭풍우를 피하기 위하여 실내에서 같이 많은 시간을 함께 보냈다. 혈기왕성한 젊은이 다섯 명, 그것도 방탕기에서는 두 번째라면 서러워할 젊은이들이 매일 24시간을 같이 있게 되었을 때 일어날 수 있는 일은 다 일어났다. 당연한 수순이지만 마침내 바이런은 영국에서와는 달리 클레어의 유혹을 뿌리칠 수는 없었다. 그러나 바이런은 그녀를 침대 파트너로만 여겼지 공개 장소에서는 무시했다. 그래도 다행인 것은 그들의 문학적 재능을 억누르지는 못했다. 각자가 가지고 있는 문학적 재능과 능력들이 합쳐져서 시너지 효과가 발생하여 결과적으로 독특한 문학세미나 같은 분위기가 되기도 했다.

드디어 이 워즈워스 박물관 벽에 붙어있는 설명글에서 말하는 '어느 어둡고 폭풍우 치는밤(A dark and stormy night)'이 왔다. 운명적인 6월 16일 밤 다섯 남녀는 저택 한자리에 모였다. 그들은 아침까지 함께 했다. 폭풍우가 거세지고 바이런은 이제 귀신이야기를 시작할때가 되었다면서 독일의 공포괴기담을 번역수록하여 만든 괴담집(怪談集) 판타스마고리아(Phantasmagoria, Fantasmagoria)의 프랑스어판을 읽기 시작하였다. 소름끼치는 영혼, 검을 휘두르는 귀신, 이승을 떠도는 죽은 신부들에 관한 이야기 였다. 순간 모두가 조용해진 틈을 타서 낭송을 끝낸 바이런은 이번에는 도전으로 각자가 무서운 이야기

2.
A dark and stormy night

It started with a challenge one dark June night in 1816,
known as the Year Without a Summer after volcanic
eruptions in Indonesia had affected climates across the
world. At Lord Byron's summer rental, the Villa Diodati
on Lake Geneva, a group of like-minded young people
were reading ghost stories written in the newly
fashionable European style. To add to the atmosphere,
they were also discussing the "principles of life": what
makes a body come alive as a creature or a person?
Mary records: "'We will each write a ghost story,' said
Lord Byron; and his proposition was acceded to".

를 쓰자고 제안했고, 그들은 각자 무서운 이야기를 쓰기 시작했다.

메리는 자기의 능력과 부담감을 동시에 이 작품에 혼신을 다해 쏟아 부었다. 당대 유명인 바이런에게 인정받고 싶었다. 바이런은 시종일관 다른 사람들을 독려했고, 이번에는 콜리지(Coleridge)의 장편 서사시 크리스타벨(Christabel)을 낭송하며 다른 이들을 부추기고 자극했다. 그는 일부러 가장 무서운 부분을 골라 읽기 시작했다. 이 부분은 레이디 제랄딘(Lady Geraldine)이 사실 괴물이었다는 것이 들어나는 순간이었는데, 이때 공포에 쌓여 별안간 셸리가 비명을 지르며 방을 뛰쳐나가 기절을 하는 소란도 있었다.

바이런이 의도하지는 않았겠지만 그가 뿌린 씨앗으로 빌라 디오다티 별장은 문학사에 길이 남게 되었다. 이런 일이 있고난 후 며칠간은 메리와 폴리도리는 계속 글을 썼다. 메리는 별장에서의 공포스런 느낌, 과거 그녀 아기의 죽음 등 가슴 아픈 경험에 따른 영감과 상상력 등에서 새로운 소설을 탄생시켰는데 바로 '프랑켄슈타인(Frankenstein)'이었다.

메리가 이 소설을 써내려가는 도중에 또 다른 사건이 일어났다. 이 다섯 남녀를 한자리에 모이게 했던 클레어가 이제는 반대로 모두를 영원히 헤어지게 만드는 비밀 하나를 이야기 하였다. 바이런의 아기를 임신했다는 것이다. 이런 연유로 인하여 제네바에서 약 3개월을 지낸 후인 8월 말 클레어는 셸리와 메리 커플과 함께 영국으로 떠났다. 바이런은 그 후 자기 아기라고 인정하지도 않았고, 클레어의 애원하는 편지에도 불구하고 바이런의 입장에서는 둘의 관계는 이미 끝난 상태였다. 메리는 영국으로 돌아와서 귀중한 초고에 살을 붙였다. (같은 해 셸리의 부인 해리엇의 자살 직후인 12월 30일에 퍼시 셸리와 정식 결혼하고 메리 셸리(Mary Shelley)가 된다.) 그사이 아직 제네바 호숫가 저택에 바이런과 같이 있었던 폴리도리는 뱀파이어(Vampyre, 흡혈귀)를 썼다. 이 흡혈귀는 방탕한 바이런을 모델로 그의 많은 부분이 녹아들어 있었다. 여름이 지나고 바이런은 폴리도리를 해고했고 10월 초 스위스생활을 정리하고 이탈리아로 떠났다.

1818년 메리는 프랑켄슈타인을 발표했다. 1년 뒤 1819년 이번에는 폴리도리가 뱀파이어를 출판하였다. 이 두 소설이 괴담을 짓기에 완벽했던 어느 날 밤 폭풍우가 일어났던 우울한 밤 제네바 호숫가의 별장저택 빌라 디오다티에 서였다는 것이 세상에 알려져 더욱 유명해졌다.

그럼 그 후 이 다섯 사람들의 운명은 어떻게 되었을까? 살펴보면, 존 폴리도리는 1821년 스물여섯이 되기 직전 사망했다. 도박으로 진 큰 빚을 감당할 수 없어 청산가리를 먹고 자살한 것으로 추정되었다. 퍼시 셸리는 그 이듬해 이탈리아의 스페치아만에서 갑작스런 폭풍우로 익사했다. 서른도 채 되지 않은 나이였다. 그리고 2년 후인 1824년 서른여섯 살의 바이런은 오스만 제국에 맞선 그리스의 독립전쟁에 참전했다가 말라리아로 목숨을 잃었다. 호사가들은 남자들의 요절도, 두 괴기 소설이 여전히 대중의 사랑을 받고 꾸준히 읽히는 것도 모두다 그 아찔했던 여름이 없었던 어느 여름밤에 이들 남녀들의 인생에 저주가 걸렸기 때문이라고 말했다.

클레어는 바이런을 못 잊어 평생 혼자 살았다. 프랑켄슈타인 덕분에 메리는 작가로 데뷔했다. 제네바 호숫가에서 보낸 그 여름으로부터 25년 후 빌라 디오다티 별장을 다시 방문해 지난 세월을 회상하며 제네바 호숫가 사건 이후 그녀의 인생은 비현실적인 환상으로 가득했다는 말을 남겼다고 알려졌다.

한 시대를 풍미했던 문학인들의 결코 행복할 수 없었던 어지러운 삶을 생각하면서 박물관을 나와, 숙소로 돌아오는 길에 운동 용품을 파는 곳에 들러 작은 배낭 하나를 샀다. 선물 기념품점에 들러 내일 가져갈 물과 애쉴링에게 줄 선물로 초콜릿 하나를 샀다.

우리 방에는 8개의 침대 중 3개만 사용되었고, 오늘은 투숙자가 한 명이 더 추가되었다. 주말이면 붐빈다고 오래 투숙하고 있는 부자 팀 중 아들이 말했다. 저녁 식사는 닭고기 버섯파이와 크림을 곁들인 케이크(Chicken & Mushroom Pie and Cake with Cream)로 했다. 어제 미트볼 보다는 못했다.

이제는 CTC길의 높은 지대에 대한 공포감이 적어졌다. 며칠 동안 9kg의 무게를 메고 시간에 쫓기는 산악지대 질주가 너무도 힘들었기 때문이다. 두 번이나 넘어지기까지 했으니……. 내일부터는 얼마나 편하겠는가? 그래도 조심은 해야 한다.

사용한 비용

£102.00 짐 운반 업체 / £3.50 생강과자빵 / £5.50 점심 / £8.95 도브 코티지와 워즈워스 박물관 관광 / £16.99 작은 배낭 / £2.49 애쉴링 초콜릿 / £0.70 물 / £9.95 석식

날개를
단 듯
날아갈 것 같다

그라스미어 → 그라이스데일 탄 호수 → 패터데일 (11.2km)

간밤에 중간에 두어 번 깼다. 3시 30분경에 깨어 꽤 오래 잠이 안 들다가 다행히도 잠이 다시 들었다. 그리고 좀 이상한 꿈을 꾸었다. 4년 전 스페인 산티아고 데 콤포스텔라를 가는 순례길에서 알게 된 이른바 순례길 친구들을 보았다. 이번 도보 여행에서 나의 무의식 세계는 산티아고 순례길을 많이 반추하는 모양이다. 잠에서 깬 후 동이 트고 시간이 한참 지난 때까지 이불속에서 꾸물대다가 시간을 보니 7시가 넘어 후다닥 일어났다. 부랴부랴 짐을 싸고 식사를 한 후, 세수까지 바쁘게 움직였다.

출발 전 큰 배낭은 지정된 장소에 가져다 둬야 했다. 애쉴링은 나에게 짐 운반 업체 서파 밴(Sherpa Van)이 보내온 내 일정과 떼어 내 붙일 수 있는 스티커가 조각으로 붙어있는 종이 한 장을 같이 주었다. 앞으로 투숙할 숙소의 상세한 정보와 내가 가는 날마다의 거리까지 적혀있었다. 스티커에 내 이름, 오늘 투숙할 패터데일의 스쿨 하우스(School House) B&B 주소, 전화번호를 적어서 내 배낭에 붙였다.

9시 15분경에 출발했다. 어제 산 작은 배낭에 물, 점심거리, 우의, 카메라 등 오늘 걷는 데 필요한 것만 넣어 메고, 지팡이 두 개를 집고 걸으니 날개를 단 듯 날아갈 것 같았다. 유스 호스텔 정문을 나오는데 정문 앞을 중년 남녀 한 쌍이 지나갔다. CTC길을 걷느냐고 물으니 그렇다고 했다. 내 안내서에는 다시 마을 중심 방향으로 가서 'ㄷ' 자로 돌아 오른쪽으로 가게 되어 있었다. '숙소 앞에서 바로 오른쪽으로 가도 CTC길로 접어들겠구나.'라고 생각하고 있던 터라 그들이 이 길이 맞다며 가기에 나도 그들을 따라가기로 했다. 이들은 부부로 이름은 피터(Peter)와 말린(Marleen)이다. 피터는 네델란드 국적이고 말린은 벨기에 국적으로 소위 국제부부다. 피터는 GPS까지 갖추고 있었다. 그들은 나와 마찬가지로 오늘 패터데일까지 간다고 했다. 내일도 나와 마찬가지로 샤프(Shap)까지 간다고 했다. 처음 걸을 때는 날씨가 그런대로 괜찮아 아주 흐리지만 아직은 비가 오지 않아서 서로 대화하며 걸었다.

돌담문을 지나서 10시경에 개천 위의 목재다리를 건넜다. 눈앞에 보이는 것은 그레이트 텅(Great Tongue, 큰 혀)이라는 산인데 이 산을 가운데 두고 오른 쪽으로 흐르는 개울을 텅 길(Tongue Gill, 혀 개울)이라고 하고 왼쪽으로 흐르는 개울을 리틀 텅 길(Little Tongue Gill, 작은 혀 개울)이라 한다. CTC길은 왼쪽 리틀 텅 길 개울 쪽으로 나있다. 오른쪽 텅 길 개울 쪽도 길이 있는데 대체길이다. 우리는 대체길이 아닌 좀 더 가파른 왼쪽 리틀 텅 길 개울 쪽의 길을 택했다.

주로 남편 피터가 앞에 가고 나와 말린이 뒤따르며 대화하면서 걸었다. 종교 이야기도 했는데 그녀는 기독교인이지만 지금은 요가를 수행한다고 했다. 명상(meditation)이라는 것도 내가 알고 있고 생각한 명상과는 그 의미가 사뭇 달랐다. 내가 생각하고 있는 명상은 사전에 있는 바로 그것이고 그녀가 말하는 명상은 심도 있는 철학과 종교적인 그 어떤 다른 명상인 듯 했다. 말린은 그들

가족에 대해서도 이야기했다. 그들은 각각 자녀가 있는 재혼부부라고 말했다. 피터는 아들만 둘, 말린은 딸만 둘이 있다고 했다. 그중 한 딸만 그들과 같이 산다고 말했다.

평소 벨기에 사람을 만날 기회가 드물었던 차에 마침 그녀가 벨기에 사람이라고 하니 반가웠다. 벨기에 작가 모리스 메테를링크의 《파랑새》에 대해서 사소한 의문점이 있어 그것에 대하여 물어보고 싶었다. 이야기를 꺼내니 그녀는 메테를링크를 알고는 있으나 이름뿐 그의 작품에 대해서는 아는 바가 없다고 했다. 사실 대단한 질문은 아니었다. 주인공의 이름이 벨기에에서는 뭐라고 하는지, 원작자가 의도하는 이름이 뭔지가 궁금했던 것이다. 우리에게는 일본식 찌루찌루, 미찌루, 혹은 영어식 틸틸(Tyltyl), 미틸(Mytyl)로 알려졌는데, 사실 원이름은 이와 다를 것이기 때문이다. 아쉽지만 다음에 벨기에인을 만날 때로 미룰 수밖에 없었다. 그리고 원작이 프랑스어로 되었다니 프랑스인들에게 물어도 될 것이다. 일본식 이름 찌루찌루, 미찌루가 영 내 귀에 거슬렸으니 말

이다. 하긴 더 오래 전에는 영국 수상이었던 처칠을 짜찌루라고 했으니…….

　시간이 지날수록 비가 오락가락하더니 드디어 비가 바람과 함께 계속 내렸다. 젖기 전에 우의를 착용했어야 했는데, 그러지 못하고 좀 젖은 후에야 입었다. 그들의 등산화는 안으로 물이 들어가지 않도록 되어 있었다. 반면 내 등산화는 방수였지만 그것은 외부 재질 정도였다. 물은 금세 틈사이로 스며들어와 이제는 속에서 첨벙 소리가 날 지경이었다. 피터가 GPS로 방향을 잡아가며 가도 본길과 어긋나기도 했다. 이럴 때면 가던 길을 수정하여 바로잡았다. 이렇게 한 시간쯤 걸어 오르고 안개가 짙어진 속으로 들어섰다. 산 아래 보다는 산 위쪽이 안개가 짙었다. 11시 25분경에 여전히 안개 속에서 오늘 여정에서 가장 높은 곳일 듯싶은 해발 600m 쯤의 능선을 지났다.

　날씨가 맑았더라면 지금쯤은 아름다운 그라이스데일 탄(Grisedale Tarn) 호수를 눈앞에 보면서 걸었겠지만, 짙은 안개가 방해를 했다. 조금 더 가니 심

한 비바람과 안개 속으로 호수가 '보였다 안 보였다'를 반복했다. 호수는 바로 옆을 걸을 때에야 온전히 안개 속에서나마 볼 수 있었다. 안개, 비, 바람 속에서 곁눈질로 호수를 느끼며 걸었다. 호수는 해발 538m 높이에 있다.

　그라이스데일 탄 호수가 끝나는 지점에서 우리는 CTC 주(主)길인 그라이스데일 계곡길(Grisedale Valley Route)로 접어들었다. 하지만 날씨가 좋고 모험을 좋아한다면 대체길인 헬벨린과 스트라이딩 엣지 길(Helvellyn & Striding Edge Route) 또는 세인트 선데이 크렉 길(St. Sunday Crag Route)을 택해도 좋다. 우리는 날씨가 나빠 선택의 여지없이 내리막길만 있는 그라이스데일 계곡길(Grisedale Valley Route)을 택했다.

　호수를 막 지나면 오른쪽에는 형제 이별석(兄弟離別石, Brother's Parting Stone)이 있다. 궂은 날씨에 그것을 찾아보고 갈 여유가 없어서 그냥 지나쳐야 했다. 형제 이별석에 전해지는 이야기가 있다. 역시 시인 워즈위스와 얽힌

이야기다. 1800년에 윌리엄 워즈워스는 선장인 친 동생 존(John)과 마지막 작별을 이곳에서 했다. 그 후 1805년에 그의 배 애버가버니 백작호(The Earl of Abergavenny)가 침몰했는데, 이때 존은 배와 운명을 같이 했다. 이 배의 침몰이 당시 영국 사회에 큰 뉴스가 된 것은 두 가지 이유에서였다. 263명이라는 많은 사망자 숫자 때문이 첫 번째였고, 같이 사망한 선장 존(John)이 당대 유명한 시인 윌리엄 워즈워스의 친동생이라는 사실이 두 번째였다. 이 돌에는 워즈워스의 추도시가 새겨졌는데 지금은 닳아 거의 보이지 않는다고 한다. 윌리엄과 도로시의 슬픔은 컸고, 그들이 속해있는 시인 동아리에도 영향을 준 당대 큰 사건이었다.

호수를 지나 계곡 길에 접어들어 20~30분을 걸으니 12시 10분경에 루스웨이트 로지(Ruthwaite Lodge)라는 작은 석조건물에 도착했다. 궂은 날씨를 피해 싸온 점심을 먹으며 휴식을 취할 수 있는 시간과 장소임에도 문은 굳게 잠

겨있었다. 우리는 비바람 그리고 옅은 안개 속에서 가던 길을 계속 갈 수밖에 없었다. 길은 그라이스데일 벡(Grisedale Beck) 개울을 따라 나 있다. 우리와 반대로 걷거나 다른 곳에서 오는 도보 여행자들만 몇 명 보았을 뿐 우리와 같은 방향으로 가는 사람은 거의 보지 못했다. 우리가 일찍 출발한 탓도 있을 것이다. 오르막길은 아니나 궂은 날씨 탓에 걷기가 편하지 못하고 뭘 꺼내 먹기도 힘든 상황이었다. 조금 걸으니 방목되어 있는 소들이 길을 가로질러 흩어져 있었다. 1시 50분경에 목적지 패터데일에 도착하였고, 피터의 이메일 주소를 받고 곧장 헤어졌다. 그들은 2km를 더 가야 했다.

여전히 내리는 빗속에서 내 숙소 스쿨 하우스 B&B에 갔으나 정문 현관문에 4시부터 투숙접수를 한다고 써있고 주인은 없는 것 같은, 영업시간에만 나와서 누군가가 근무하는 건물이라는 인상을 줬다. 다시 빗속에서 동네 중심 쪽으로 나와 화이트 라이온 바(White Lion Bar) (실제는 영미 모두 WHITE를 와이트에 가깝게 발음하나 우리 관례대로 화이트라 표기한다.) 식당에 가서 비에 젖은 우의를 벗어 꾸리고 흠뻑 젖은 등산화를 질퍽거리며 자리를 잡고 점심으로 수프와 빵을 시켜 먹으며 2시간을 기다린 후 다시 4시경에 갔더니 현관문 앞에 나이든 부부 도보 여행객이 먼저 와서 문 열기를 기다리고 있었다. 그들도 나처럼 왔다가 4시에 문을 연다는 고지를 보고 어딘가에서 기다리다 다시 온 것이다. 우리는 이 고지가 붙어있는 현관문이 열리기를 기다리고 있는데 그 문이 아닌, 옆에 있는 차고와 함께 있는 마당 문으로 중년여자가 열고 나오면서 우리를 맞았다. 그럼 안에 사람이 있었다는 말인가? 살짝 속은 기분이 들었으나 금방 잊고 통성명으로 예약을 확인하고 열쇠를 받고 2층 내 방에 들어가보니 내 배낭이 와 있었다. 진작 이렇게 배낭을 맡겼어야 했는데……

이 B&B는 중년부부가 운영하는 곳으로, 그 이름은 린과 그레이엄이다. 주로 아내 린이 운영하는 것으로 보였다. 부부는 작년에 서울 여행을 한 적이 있다면서 반가워했다. 미리 숙식비 38파운드를 현금으로 지불 했다. 인터넷 홈페이지에 신용카드를 받지 않는다고 고지 해 놓은 터였다. 이곳의 특징이라면 거의 모든 것을 손님이 직접 하는 것을 매우 싫어하고 그들이 다 하려고 한다는 것이다. 건조실로 작은 보일러실을 이용하는데 빨래한 내 속옷까지 그녀가 널어 준다는 것이다. 될 수 있는 대로 손님이 시설물에 손을 대는 것을 매우 싫어한다는 인상을 받았다. 손님이 시설물을 만져서 조금이라도 자기들 식이 아닌 다른 식으로 틀어지는 것을 싫어하는 듯 보였다.

7시가 넘어도 비가 계속내리니 그들이 주는 우산을 받고 화이트 라이온 바 음식점에 다시 가서 새끼 양 정강이살(Lamb Shank)로 저녁을 먹었다. 차림표에 '로즈마리와 적포도주즙으로 조리하여 부드럽게 으깬 제철 채소 위에 받쳐드리는 새끼 양 정강이살'이라는 요리가 있어 입맛을 다시며 주문하였다. 가격에 비하여 맛은 별로였지만 영국인들의 언어구사능력은 천부적으로 보였다. 그제도 길에서 새 한 마리만 보았는데, 오늘도 패터데일에 와서야 딱 한 마리만 볼 수 있었다. 벌레도 찾아 볼 수 없는 곳이다.

사용한 비용

£5.95 점심 / £38.00 B&B / £13.95 석식

얼즈워터 호수 위에
워즈워스의
무지개가!

패터데일 → 글렌리딩 선착장(얼즈워터 호수 증기선) → 풀리 브리지 → 샤프 (걸은 거리 16km)

간밤에 두 어 번 깼다. 약속된 시간인 7시 30분경에 식당으로 내려갔다. 아침식사로 영국식 조식(English Breakfast)을 먹었는데, 양은 많았지만 맛은 별로였다. 여주인 린의 솜씨는 별로였다. 그레이엄은 고맙게도 내 등산화 속에 헌 신문지를 넣어 거의 다 말려놓았다. 헌 신문지를 넣으면 신기하게도 습기를 흡수하여 등산화 속이 금방 마른다. 때문에 이 지방 숙박시설의 건조실에는 헌 신문지가 꼭 있다. 식사를 하면서 나 말고 유일한 부부 투숙객은 나의 목적지 로빈 후즈 베이에 산다고 했는데, 나이가 나와 엇비슷해 보였다. 내가 여분으로 가져온 샌달식 신발을 보여주며 오늘 신고 갈 신발로 이것이 낫겠느냐 아니면 등산화가 낫겠느냐고 물으니 그는 좀 젖었더라도 등산화를 신으라고 했다. 산을 오르내리는데 발 복숭아뼈를 보호해야 한다고 말했다. 그의 충고대로 등산화를 신었다.

출발 전에 그레이엄은 한국인 투숙객은 내가 처음이라면서 방명록에 주소와 이름을 적어달라고 해서 흔쾌히 그렇게 했다. 린은 스마트폰에 있는 한국 여행 사진을 보여주며 자랑도 했다. 광화문에 있는 세종대왕동상 사진을 보여줘서 나는 한글을 창제한 임금이라면서 내 스마트폰의 한글 자모판을 보여주며 단순 간단함을 알려 주었다. 린과 그레이엄 이름을 한글로 즉석에서 써서

보여 주기도 했다. 9시경에 그들과 포옹을 하는 등 이별 의식을 약간 요란스럽게 한 후 숙소를 출발했다.

마을 상점에 들러 좀 비싼 작은 에비앙(evian) 물과 볼펜 하나를 샀다. 내 배낭을 운반하는 과정에서 배낭을 얼마나 험하게 다루었는지 짐 속에 있는 볼펜 두 자루 모두 망가져 더 이상 쓸 수가 없었기 때문이다. 짐 운반 업체에서 짐을 어떻게 다루는지 짐작할 수 있는 증거였다.

상점 앞의 자동차길 A592 도로로 나와 묵었던 B&B 방향이 아닌 반대 쪽으로 계속 걸어 조금만 가면 왼쪽 샛길로 접어들어 목조 다리를 건너서 산으로 오르는 길로 가면 샤프(Shap)까지 가는 오늘의 장도가 길게 연결될 터다.

그런데 왼쪽으로 꺾어가는 샛길로 들어가기 조금 전에, 어제 같이 걸었던 피터가 손에 각반을 들고 내 쪽으로 걸어오는 것이 아닌가? 나는 이게 무슨 경우인지 잠시 의아해 했다. 아무리 생각해도 그가 반대로 올 이유는 없었다. 그의 숙소는 큰길로 2km 쯤 더 가서 있었는데, 나와는 반대편에 있었으니 숙소에서 출발하여 왼쪽이 아니라 오른쪽 샛길로 접어들어야 경우에 맞다. 더구나 아내 말린 없이 혼자였다. 혹시 말린에게 무슨일이 생긴 걸까? 나는 급히 그 연유를 물었다. 그의 설명에 따르면 그들은 급히 아침에 계획을 변경해 얼즈워터(Ullswater) 호수의 증기선을 타기로 했단다. 숙소 주인의 추천으로 그렇게 변경했다고 하면서 그렇게 가면 관광 유람선을 타는 재미도 있고 오늘은 7km정도를 덜 걷게 되어 10km만 걸어도 된다고 했다. 그렇게 계획을 바꾸고 얼즈워터 호수 선착장까지 왔는데 그때서야 말린이 각반을 숙소에 놓고 온 것을 알았고 남편 피터가 부랴부랴 뛰어가서 가져오는 길이라는 것이다. 나는 오늘도 그들과 같이 할까 아니면 그냥 내 길을 계속가야 할까를 고민했다. 잠시 망설이니 그는 시간이 촉박하니 빨리 결정을 하라며 재촉했다. 결국 나는 그들과 같이 가기로 결정하였다. 가던 길을 멈추고 되돌아 그와 같이 글렌리딩 선착장(Glenridding Pier)으로 서둘러 갔다. 유람선 출발시간이 거의 되어, 바삐 표를 사고 그들과 함께 승선했다. 배는 9시 49분에 출항했다.

얼즈워터 호수는 길이 14.5km, 폭 1.2km, 최고수심 약 60m로 레이크 디스트릭트에서 두 번째로 큰 호수다. 많은 사람들이 잉글랜드 호수 중에서 가장 아름답다고 한다. 이곳은 워즈워스가 자주 왔던 곳이고 그에게 영감을 많이 준 호수로도 유명하다. 그는 레이크 디스트릭트 여행안내서(A Guide through the District of the Lakes, 줄여서 Guide to the Lakes)를 썼는데 그곳에서 얼즈워터 호수를 다음과 같이 묘사했다. "얼즈워터 호수는 이 지방 모든 호수가 품고 있는 미(美)와 위엄(威嚴)을 가장 행복하게 조합하여 전체를 아우른다."

관광객은 대부분 영국인으로 몇 십 명이 되어 보였다. 피터와 말린은 좌현쪽에 있는 평상에 앉아 호수를 구경했고 나는 그들과 반대의 우현쪽에 앉아 호

수를 구경했다. 그들과 나란히 같이 앉아있으면 그들을 찍는데 불편해서 일부러 그렇게 앉았다.

배 벽에 붙어있는 동판 패널에는 배의 역사가 쓰여 있었다. 배의 이름은 호수의 숙녀(Lady of Lake)다. 2018년 3월 26일 '웨일스 공 전하'의 방문을 기념한다는 문구를 보니 얼마 전에 찰스 왕세자가 방문했던 모양이다. 1877년 6월 26일 진수했고, 1965년 선가(船架)에서 화재로 손상을 입었고, 1979년 5월 19일에 복원을 기념했다. 그러면 이 배의 나이가 140년이 넘었다는 말인가? 놀라운 일이다.

날씨는 점점 나빠지고 비가 오다 말다를 반복했다. 출발하고 조금 지나자 스피커로 관광안내를 하는데 역시 예외 없이 시인 워즈워스, 얼즈워터 호수, 시 수선화와의 관계를 말해 주었다. 10시 10분을 지나서 관광객들은 환성을 질렀다. 호수위로 선명한 무지개가 피어올랐기 때문이다. 시인 워즈워스 고장다웠다. 그의 시에 무지개가 있지 않은가? 정말 아름다운 정경이었다.

　주변 마을, 산천 그리고 높은 곳은 나무가 없는 민둥산(아래만 나무가 있고 양들과 집들이 있다) 거기다 호수위에 무지개! 정녕 목가적이었다. 이곳에서는 모두가 워즈워스의 수선화만을 이야기했다. 그러나 수선화 못지않게 우리에게 그의 시 〈무지개(The Rainbow 또는 My Heart Leaps Up)〉도 유명하다. 이곳에서 아무도 이야기 하지 않았지만 순전히 나의 상상으로 말한다면 워즈워스는 얼즈워터 호수에서 수선화만 본 것이 아니라 호수위의 무지개도 보았을 것이다. 그리고 영감을 주었을 것이다. 이때 우리는 워즈워스가 보았던 무지개를 함성을 지르며 보고 있었던 것이다!

My heart leaps up when I behold

A rainbow in the sky:

So was it when my life began:

So is it now I am a man:

So be it when I shall grow old,

Or let me die!

The Child is father of the Man;

And I could wish my days to be

Bound each to each by natural piety.

하늘에 드리운 무지개를 볼 때면

내 가슴은 뛴다.

내 생명이 시작될때도 그랬고:

현재도 그렇고:

내가 나이 들어 늙어서도 그럴 것이다.

그렇지 않으면 내가 죽으리!

아이는 어른의 아버지:

이어 자연에 대한 경외심으로 내 생애

나날이 이어지기를 바란다.

배는 출발한지 30분 후애 첫 번째 선착장인 하우타운(Howtown)에 도착하고 대부분 이곳에서 내렸다. 다시 20분 쯤 더 가서 우리는 두 번째 선착장 풀리 브리지(Pooley Bridge)에서 내렸다. 이때는 10시 40분경이었다. 얼즈워터 호수가 남북으로 길게 살짝 S자 형태인데, 그 남단에 배가 출발했던 글렌리딩이 있고 최북단에 풀리 브리지가 있다.

얼즈워터 호수 주변에는 당대 여러 명사들이 거주했는데 그중에 노예폐지

운동가로 유명한 토마스 클락슨(Thomas Clarkson)이 풀리 브리지에 살고 있었다. 윌리엄 워즈워스는 그와 친해서 그의 집을 자주 방문했다. 클락슨이 연장자로 나이 차이는 있지만 둘 다 캠브리지 대학 출신인지라 남달리 학연을 중시하는 한국인의 눈으로 보면, 그들의 친교가 더욱 당연하게 생각된다. 1802년 4월 어느 날 그는 여동생 도로시와 토마스 클락슨 집을 방문한 뒤 그라스미어 도브 코티지로 돌아가던 길에 호반에 자생한 수선화를 보고 영감을 얻어 시 〈수선화(Daffodils)〉를 쓰게된다. 이렇게 수선화 시의 탄생이 시작된 곳, 그곳이 이곳 풀리 브리지라고 나는 생각하고 싶다. 이곳에서 출발하여 도중에 어디선가 수선화를 보았다고 하니 말이다.

우리는 이곳 풀리 브리지, 바로 '시 〈수선화〉 탄생의 시작점'에서부터 걸으면 된다. 윌리엄과 도로시는 이곳에서 그라스미어의 도브 코티지로 향했겠지만, 우리는 그 반대 방향인 샤프로 향했다. 산을 오르는 일은 없었다. 어느 정도 걸으면 CTC 웨인라이트길과도 만나니 정식 CTC 웨인라이트길을 생략한 것도 아니다. 선착장에서 나와 B5320 도로를 따라 마을까지와서 힐 크로프트 (Hill Croft)로 가는 샛길로 접어든 때는 11시였다. 궂은 날씨 속에서 30분가량 걷다가 서둘러 미리 모두 비옷을 걸쳤다. 어제 너무 늦게 갈아입어 다 젖지 않았던가? 결과적으로 잘한 일이었다. 조금 더 걸으니 헤더꽃이 만발한 평평한 벌판이 오른쪽에 있었고, 왼쪽은 고사리과 식물밭이었다. 간혹 한두 마리의 제비가 그 위를 날았다. 비는 오락가락했다. 피터와 말린의 신발은 물에 강했지만, 나는 정강이에서 조금 내려간 곳부터 무방비했다.

앞에서 피터가 GPS를 자주 보며 길을 찾아가고 나나 말린이 중간에 가는 형태로 걸었다. 또 대화 할 때는 나란히, 혹은 뒤에 바싹 붙어 갔다. 피터와도 대화했지만 말린과 더 많이 대화했다. 말린은 오늘도 또다시 요가에 대하여 진지하게 설명했다. 손바닥만한 요가 자세 도형을 보여주며 설명을 시작했다. 사실 그 신묘한 요가 철학을 어찌 내가 알아듣겠는가? 코팅된 손바닥 크기의 도형카드를 사진에 담으려고 하니 나보고 가지라고 건넸다. 나는 그것을 고맙다며 받았다. 그녀는 계속 '사자 요가'라고 말했는데, 아마 'Hatha(하타)' 요가를

말한 듯 보였다.

나는 그들에게 오늘 우리가 이렇게 또 만난 것은 요기(Yogi) 말린의 무의식적인 조화와 구성으로 그렇게 된 것이라며 농담을 했다. 말린이 나 비디(BD)를 무의식적으로 또다시 만나고 싶어 각반을 숙소에 놓고 오게 되었다는 농담이다. 실로 각반사건이 없었다면 우리는 오늘 다시 만날 수 없었을 것이다. 우리는 아름다운 곳을 보면 잠시 멈추어서 사진을 찍으며 쉼 없이 걸었다. 이제 곧 산세가 험한 호수지구 레이크 디스트릭트를 벗어나 또 다른 국립공원 요크셔 데일스(Yorkshire Dales) 골짜기로 진입할 것이다. 오늘은 그 경계선을 걸었다.

레이크 디스트릭트에서는 드문 초원이 보였다. 우리나라 사람들에게 〈초원의 빛(Splendour in the Grass)〉이라고 알려진 워즈워스의 또 다른 시가 있다. 〈초원의 빛〉은 워즈워스 시로 유명해졌다기보다는 미국 할리우드 영화감독 엘리아 카잔(Elia Kazan)이 1961년에 개봉한 한 영화 제목에서 유명세를 탔다. 제목을 〈초원의 빛〉으로 했고 워렌 비티(버드)의 옛 애인 나탈리 우드(디니)가 영화의 마지막 장면을 워즈워스의 시구(詩句)로 장식하면서 보통 사람들에게까지 알려지게 되었다. 시의 바른 제목은 〈어린 시절을 회상하며 불멸을 깨닫는 노래(Ode on Intimations of Immortality from Recollections of Early Childhood)〉이다. 이 시구의 등장은 영화 중간쯤 미스 멧카프(Miss Metcalf) 선생님이 칠판에 백묵으로 크게 'William Wordsworth(1770-1850)'라고 써놓고 시 작하는 국어(영어) 시간이다. 시에 도취한 미스 멧카프 선생님은 한숨까지 쉬어가며 스스로 시구를 읊조린 후, 잘 몰라서 그랬겠지만 버드와의 문제로 속이

속이 아니고 정신 상태가 매우 혼란한 디니를 지목하여 교과서에 있는 이 시구를 읽으라 한다. 선생님의 명령을 이해하는 데 약간의 실랑이가 있는 후 디니는 그 대목을 찾아 읽는다. 미스 멧카프 선생님은 디니에게 읽는 것에 이어 워즈워스가 추구하는 의미가 무엇인지를 말하라고 요구한다. 디니는 더듬거리며 시인 워즈워스의 의미에 대한 자기 생각을 말하던 도중에 채 끝내지를 못하고 교실을 뛰쳐나가고 만다. 이후로부터 정상적인 생활이 힘들어지고 정신병원 신세까지 지게 된다. 디니가 정상으로 돌아오기까지는 꽤 세월이 흐른다. 영화 마지막 부분에서 고등학교 여자 동창 두 명과 같이 버드 집을 찾는데, 친구들은 차마 버드의 결혼을 디니에게 미리 알려주지 못한다. 그녀는 버드와 버드의 아내 안젤리나를 만나고 그리고 그들의 아기를 안아보고 돌아오는데 친구가 운전하는 차 안에서 한 친구가 묻는다. "버드를 아직도 사랑하니?" 디니는 고교시절 문제의 국어시간에 읽었던 시구를 읊음으로 그 대답을 대신한다.

Though nothing can bring back the hour

Of splendour in the grass, of glory in the flower;

We will grieve not, rather find

Strength in what remains behind

초원의 찬란한 순간과 꽃의 아름다운 순간이

다시 돌아오지 않을 지라도

우리는 슬퍼하지 않을 것이며

오히려 뒤에 남겨진 용기를 찾으리라.

이 영화에 대한 나의 유일한 불만은 워즈워스의 원 시에서는 'splendour' 인데, 영화에서는 제목부터가 미국식 철자인 'splendor'로 쓰인 것이다. 영국 말을 미국 말로 번역했다는 논리가 있을 수 있지만 옥의 티로 보인다.

우리는 샤프를 향하여 남쪽으로 걸었다. 1시경 버터윅(Butterwick)을 지나고 여기서 다시 20분을 지나 레이크 디스트릭트 국립공원의 거의 마지막 마을 뱀튼(Bampton)에 도착했다. 이곳에서 첫 번째로 만난 카페에 들러 점심을 먹었다. 카페 주인 노파는 매우 까탈스러워 내 우의를 밖에 두게 했는데 젖지 않았다고 해도 문 열기가 복잡하다며 밖에 두기를 고집했다. 한참 대화하면서 식사하는 사이 밖에서는 비가 와서 나중 보니 다 젖어있었다. 돈 지불은 옆방에서 했는데, 문을 닫지 않고 들어오면 득달같이 문을 닫으라며 잔소리를 했다. 신용카드 사용도 안 된다. 우리가 원하는 수프는 안 한다고 했다. 뭐든지 자기 마음대로하는 요즘 보기 드문 카페였다. 우리 탁자에는 미리 자리 잡고 앉아 있었던 영국 중년여자와 그리고 우리 셋이 있었다. 이야기는 영국 여자가 거의

했다. 요즘 채소를 못 먹어 채소를 먹고 싶어하는 나에게 말린은 차림표에 있는 키쉬(Quiche)라는 것을 추천하여 그것과 커피를 주문했다. 그들은 커피와 다른 먹거리를 주문했다. 키쉬는 달걀로 만든 파이와 채소 버무림이라 좋았다. 오면서 길옆에 있는 아름다운 연보라 꽃을 나도 말린도 찍었는데 카페 안의 누구도 꽃 이름을 말하지 못했다.

동의를 얻고 피터와 말린의 점심값을 내가 냈다. "어제 오늘 당신들의 도움을 많이 받았고 신세를 많이 졌다. 나의 존재 때문에 말린 당신은 하고 싶을 때 남편과 뽀뽀도 못하고 끌어안지도 못해서 내심 불만이 쌓여있을 것이다. 내가 그 보상으로 근사한 저녁을 대접해야 마땅하나 시간 여유가 서로 없어 형편상 점심으로 대체하니 양해해 달라."고 말하니 영국 여자를 포함하여 다 웃었다. 사실 그들의 신세를 너무 많이 졌고 그들은 귀찮아하지 않고 나를 잘 배려해 주었다.

2시 25분경 카페에서 나와 우리는 다시 길을 나섰다. 3시 10분경에 피터는 드디어 CTC길과 만났다고 선언했다. 10분쯤 더 가니 CTC길을 표시한 팻말

을 발견했다. 더불어 손 글씨로 크게 'GOODCROFT'라고도 쓰여 있었다.

    4시경에 궂은 날씨 속에서 샤프수도원 유적지에 이르렀고 나의 권유로 우리는 이곳을 둘러보기로 했다. 샤프 직전의 CTC길이 그 옆으로 나있어 안내서에는 꼭 이 유적 탑 사진이 나온다. 오늘날에는 원래의 높이로 우뚝 솟아있는 서탑(西塔, West Tower)만 CTC길을 걷는 도보여행자들에게 길을 안내하며 이제 샤프가 가까웠음을 알리는 역할을 하고 있을 뿐 그 밖의 것은 거의 다 허물어져 있는 완벽한 폐허다. 잉글리시 헤리티지(English Heritage)에서는 관광 안내 팻말을 이곳저곳 세워 이곳을 설명하고 있다. 그것에 의하면 과거 이곳은 프레몽트레 수도회의 근거지였다고 한다. 1200년경 지방귀족 고스패트릭(Gospatric) 남작이 이곳을 건립했고, 땅까지 수도원에 주었다. 그 후 헨리 8세의 수도원 탄압과 수도사 퇴출에 이어, 토지는 1540년에 칼라일(Carlisle) 행정관 소유로 넘어갔다. 몇몇 주요 건물은 농사를 짓는데 이용되기도 하였으나 서

서히 폐허로 변하였고 석재와 그 밖의 건축자재들은 주민들에 의하여 다른 건물을 짓는데 재사용되었다. 현재 유일하게 남아있는 서탑은 1500년대에 건축된 것이다. 이곳에서 활동한 프레몽트레 수도회는 1120년대 설립되었고 수도사들은 흰옷을 입고 외딴 곳에 수도원을 짓고 사색과 명상으로 수도 생활을 했다. 근처 교구에서 성직자로 봉사한다는 정보도 적혀 있었다.

4시 15분경에 수도원 유적을 출발하여 30여분 걷는사이 돌담문 두세 개를 지나 샤프 외곽에 도착했다. 마을 바로 입구에 내 숙소가 있어 좀 더 가야 하는 그들과 숙소앞에서 아쉬운 작별을 했다. (이후로 그들을 더 이상 만나지 못했다.)

오늘의 숙소는 뉴 잉 로지(New Ing Lodge)다. 방은 깔끔했다. 더블침대, 전망 괜찮은 2층, TV만 없었지 있을 것은 다 있었다. 저녁식사는 6시 30분까지 주문하고 7시 30분에 식당에 다시 와서 먹으면 되었다. 전식은 카레로 맛을 낸 애호박 수프(curried courgette soup), 주식은 버섯 리소토(mushroom risotto)였는데 무슨 메뉴인지 잘 몰랐지만 채소가 많이 들어간다기에 시켰다. 밥과 버섯 그리고 뭔가를 짓이겨 섞은 것이다. 괜찮았다. 전식은 좀 된 죽인데 색깔이 쑥색이었다. 옆자리의 40대 중후반의 덴마크인 남녀 한 쌍과 누군가 먼저 말을 걸었는지 기억에 없지만 이야기꽃을 피웠다. 이처럼 낯선 누군가와 잠시라도 대화를 한다는 것 또한 여행의 즐거움이다.

지명 이야기가 나와서 앞으로 우리가 가야 할 노스 요크 무어스에 있는 마을 Grosmont의 s가 묵음이라 '그로몬트'라 불러야 한다고 하니 자기들은 처음 듣는다고 하며 Kirkby Stephen도 커크비 스티븐이 아니라 '커비 스티븐'임을 알려주었다. 또 Kirkby, Whitby에서의 'by'는 덴마크어에서 기인했다고 한다. 도시라는 뜻이라고 한다, 옛적 덴마크 바이킹 침입의 흔적이다.

그들과 더 이야기하고 싶었으나 할 일들이 남아있어 먼저 자리를 떠나 방으로 돌아왔다. 11시에 잠자리에 들었다.

사용한 비용

£1.80 물, 볼펜 / £8.86 증기선 뱃삯 / £20.80 3인 점심 / £54.00 숙박(조식 포함)

비바람 속에서
요크셔 데일스를
홀로 걷다

샤프 → 오든데일 → 오턴 → 티베이 (16km)

6시 50분경에 기상했다. 간밤에는 보기와는 달리 침대가 불편해 자주 깼다. 발쪽이 더 높고 상체 쪽이 더 낮은 기분이었다. 푹석한 침대는 익숙하지 않아서일 수도 있겠으나 참 불편했고 그것 때문에 자주 깼다. 미적거리다 시간을 보니 7시 가까이 되어 황급히 일어나 서둘러 식당에 내려가니 한 사람이 먼저와 식사하고 있었다. 나는 두 번째. 그 후 하나둘 내려와 식사했다. 영국식 조식이다. 사과를 쪼개서 먹어보니 시고 익지 않아서 그냥 접시에 내려 놓았다. 어제와 그제 먹어본 사과는 달았는데……. 먹다 남은 토스트 조각과 버터와 잼을 챙겼다. 점심 식사로는 이것만으로 충분할 것 같았다. 그라스미어에서 산 생강과자빵도 아직 남아있어서 충분했다.

출발 전에 마당에서 어제 저녁식사 자리에서 대화했던 덴마크 남녀를 만났다. 사진을 찍어주길 부탁했고 'Grisedale'의 발음에 대하여 물었다. 그들도 근처에 있던 영국인들 모두 '그라이스데일'로 말했다. 현지와 다른 발음으로 우리나라에 소개된 곳이 많아 이번 기회에 바로 잡고 싶어서 발음을 현지인들에게 자주 물었다. 9시 50분경에 숙소를 출발했다. 나보다 먼저 출발한 덴마크 남녀는 공공버스를 이용하여 레이크 디스트릭트를 여행하는데, 버스정류장에서 버스를 기다리는 그들을 다시 만났다. 그전에 지나가면서 찍힌 동영상도 보내주고 싶어서 그 제서야 이메일 주소를 물어 받았다. 그들의 이름도 이때에 알았다. 'Mads'와 마리안이다. ('Mads'를 어떻게 발음하는지는 묻지 못했다.)

CTC길은 샤프를 관통하는 큰길 A6과 같이 간다. 마을이 끝나기 전에 있는 킹스 암스 호텔(Kings Arms Hotel) 앞에 10시 10분경에 도착했다. 이제 큰길 A6도로를 벗어나 왼쪽으로 가는 모스 그로브(Moss Grove, 이끼숲)라는 이름만은 시적인 샛길로 접어들었다. 목재 팻말에는 CTC길임을 써놓아서 쉽게 찾아 접어들 수 있었다. 몇 채의 주택 사이로 길은 연결되고 집 옆에는 검은색의 한국 상표인 기아자동차가 주차되어 있어 잠시 눈여겨 보았다. 우리 상표의 자동차를 보면 가까이 가서 더 자세히 보고도 싶지만 이상한 사람으로 몰릴까 봐 그렇게까지는 못한다. 큰길에서 왼쪽으로 꺾어 걸은 지 5분쯤 지나 울타리문을 나가면 바로 시멘트 육교인데 아래는 철길이다. 마침 기차가 소리 내며 지나갔다. 런던에서 글라스고/에든버러를 이어 영국을 관통하는 주요 철도로 서해안본선 철도(West Coast Main [Railway] Line)다. 육교 건너 바로 오른쪽 직각으로 철길과 나란히 150m쯤 가다 왼쪽으로 갔다. 철제봉으로 만든 잠긴 돌담문을 만나고 그 왼쪽에 나무막대와 돌을 이용해서 만든 돌담 틈새디딤대문(디딤대틈새문)을 넘었다.

여기서 10분쯤 걸으면 M6 고속도로(M6 Motorway)를 만나고 울타리문을 이용해서 걸어 들어가 시멘트육교를 통과하여 고속도로를 건넜다. 이 고속도로는 총길이 373.7km로 잉글랜드 중심에서 스코틀랜드 경계까지 뻗어 있다. 고속도로와 자동차, 그리고 자동차 소음은 완전히 멀어질 때까지는 한 동안 눈으로 보고, 귀로 들었다. 인적이 없는 이곳에서 방향을 잡는데 편리한 기준이 되었다. 다시 목재 돌담문, 조금 지나 철제봉 돌담문, 이렇게 두개의 돌담문을 지나고 자동차 한 대가 지나갈 정도의 시멘트 포장길과 목재로 된 표지 팻말을 만난 때는 11시였다. 바로 전의 돌담문은 나무와 쇠 봉을 같이 사용한 문이었는데, 문을 지탱해 주는 양쪽 기둥은 하나는 나무 기둥이었고 반대쪽 기둥은 비석 같은 돌이었다. 여러 재료와 형태의 돌담문 중 하나다. 샛길을 가로질러 가는 도보 길을 안내하는 표지 팻말은 오든데일(Oddendale) 방향으로 CTC 길을 표시해주었다. 시멘트 포장길은 하든데일 마을로 나있는데, 이곳은 존 스튜어트 밀(John Stuart Mill)의 증조부가 신약성서를 그리스어로 번역하며 생애를 보냈던 곳으로 알려져 있다.

11시 40분경에 하든데일 채석장(Hardendale Quarry)에 이르렀다. 채석장은 M6고속도로를 사이에 두고 두 군데가 있는데 구글 위성지도에서 보면 명확한 길로 연결된 같은 채석장이다. 고속도로 건너편 있는 채석장은 크기가 작으나 그곳에는 공장 건물이 있고 굴뚝에서는 연기가 계속 뿜어져 나오는 것을 보면, 이쪽에서 석회석을 채취하여 저쪽으로 옮겨 그곳에서 시멘트를 생산하는 듯 보였다. 채석장 주변에서 길을 잃어 한참을 헤맸고 공사장에서 일하는 운전 기사에게 길을 물어 겨우 찾았다. 안내 팻말이 전혀 없어서 헤맨 것이다.

채석장을 지나면 바로 오든데일(Oddendale)이다. 농장건물인 듯한 건물 몇 채가 숲 사이로 보였다. 이제까지 길을 물어봤던 덤프트럭 운전기사, 그리고 오든데일 근처에서 유모차를 밀고 산책하는 두 여자를 멀리서 보았을 뿐, 그 외에는 인기척을 찾을 수 없었다. 오든데일을 지나 조금만 더 가면 요크셔 데일스 국립공원(Yorkshire Dales National Park)으로 접어드는 경계로 2016년에 새로 편입되었다고 한다. 나는 뚜렷한 경계를 알지 못하고 오턴을 향하여 걸었

다. 한국이라면 어디서부터 국립공원인지를 크고 명백하게 밝혀 놓았을 것이
다. 그런데 12시경에 처음으로 이곳에서 전에 없었던 독특한 표지가 나타나기
시작했다. 녹색과 흰색으로 된 원형 표지였다.

가운데에는 알프레드 웨인라이트(Alfred Wainwright)를 의미하는 필기
체 'aw'가 문자도형(文字圖形, monogram, logo)으로 들어있다. 이 동그라미를
품고 있는 화살표 방향이 바로 CTC길이다. 화살표는 다시 큰 원 속에 있었는
데, (앞으로 큰 원과 화살표는 색깔이 변해도, 가운데 'aw' 문자도형이 들어있
는 동그라미는 항상 녹색이다.) 큰 원의 가장자리에는 'YORKSHIRE DALES
NATIONAL PARK'라고 두 번 쓰여 있다. (이 표지는 요크셔 데일스 국립공원
을 이어 계속 걸어야하는 노스 요크 무어스 국립공원에도 있다.)

작은 크기지만, 요크셔 데일스 국립공원이라는 글자가 있는 것을 보면 아
마 이곳부터 국립공원일 듯 했다. 오든데일을 뒤로하고 사방 목초지에 거의 일
직선으로 나 있는 길을 CTC길이라며 화살표가 가리키고 있었다. 이 직선 길을

따라가다 말고 왼쪽에 있는 숲을 돌아 도보 길을 애써 찾아 걸어야 했다.

12시 20분경에 지금 가고 있는 방향인 오턴에서 출발하여 내가 떠난 샤프로 간다는 70대 쯤의 호주 부부를 만났다. 날씨는 시종일관 궂은 날씨여서 나는 이미 우의를 입은 상태였다. 황야인지 초원인지 헷갈리는 벌판에 헤더꽃이 장관을 이루었지만, 안개비가 내려 아름다움을 만끽할 수는 없었다. 헤더꽃은 대체적으로 레이크 디스트릭트 것보다는 시들어 있었다. 12시 40분이 지난 이때쯤은 눈에는 보이지 않지만 런던과 스코틀랜드 사이에 로마인들이 최초에 건설했던 로마길(Roman Road)을 이미 가로 질렀을 것이다. 이 로마길의 존재에 대해서는 여전히 논쟁이 있다고 한다. 어쩌면 땅속 깊이 스며들었을 로마길에 바로 이어서 빙하기에 만들어졌을 특이한 모습의 바위 습곡(褶曲)지를 가로질렀다. 조금 더 가서 내 키의 두 배 높이에 가까운 홀로 서있는 커다란 바위를 만났다.

　이때가 12시 52분이었다, 바람을 등지고 있으면 신기하게도 비를 피할 수 있다는 것을 알게 되었고 마침 점심때라 바위를 등에 대고 앉아 비교적 편하게 비바람 속에서 점심을 먹었다. 딱 20분 후 바위를 떠났다. 아주 완만한 경사로로 주변에 역시 헤더꽃과 풀이 자라고 있었다. 이곳의 이름은 크로스비 레이븐즈워스 펠(Crosby Ravensworth Fell) 초원이다.

　이쯤 CTC길에서 몇 백미터 오른쪽에 블랙 덥(Black Dub 검은 물웅덩이)과 석조 기념비가 있다는데 궂은 날씨에 일부러 챙겨볼 수는 없었다. 그러나 역사적 의미가 있어 여기에 언급하고 싶다. 블랙 덥은 이곳 개울의 수원지고 1651년 8월 8일 찰스 2세 왕이 군사와 함께 스코틀랜드에서 의회파 크롬웰 군사와 대적하기 위하여 진군 중 이곳에 들려 목을 축이고 잠시 쉬어간 장소라고 한다. 기념 석조비는 이 사실을 기념하기 위하여 후대 사람이 세웠다. 이곳이 찰스 2세가 쉰 곳이 아니라 근처 다른 곳이라는 설도 있다. 바로 다음 달

인 9월 3일, 찰스 2세는 우스터 전투(Battle of Worcester)에서 크롬웰에게 크게 패한 후 가까스로 도망쳤다. 좀 더 가면 역시 오른쪽에 로빈 후드의 묘(Robin Hood's Grave)가 있다. 웨인라이트는 영국인 특유의 냉소적 표현으로 로빈 후드의 묘를 부정했다. 그는 "이곳은 무엇이든 될 수 있다. 단, 로빈 후드의 묘만 제외하고는."라고 말했다. 나는 웨인라이트의 냉소적인 말 때문이 아니라 순전히 궂은 날씨 때문에 겨를이 없어서 묘를 보지 못하고 그냥 지나쳤다. 길은 돌담을 따라 가는데 돌담 너머의 양들은 조금이라도 비바람을 피해보려고 모두 애처롭게 담에 바짝 붙어 있었다. CTC길을 걸으면서 처음부터 본 바에 의하면 양들을 위한 식수대는 보았으나 궂은 날씨를 피할 수 있도록 돕는 시설물은 보지 못했다. 최상의 시설물은 돌담뿐인 듯하다.

2시 10분경에 자동차가 다닐 수 있는 시멘트포장 소도로 길츠 레인(Gilts Lane)길을 만났다. CTC길은 길츠 레인길을 가로질러 건너 목초지로 접어들어 원호(圓弧)를 그리며 거의 직선의 길츠 레인길 소도로를 30분 후에 다시 만나는데, 이 지점에서 큰 자동차 도로 B6260과도 같이 만났다. 이때, 비가 더욱 더 거세졌다. 목초지 길을 마다하고 바로 길츠 레인길로 왔더라면 쉬웠을 텐데……. 웨인라이트는 굳이 나에게 목초지를 보여주고 싶었던 거다. 세찬 비바람 속에서는 야속하다는 생각이 들 수밖에 없었다.

비바람 속에서 잠시 고민하게 되었다. 눈앞에 있는 오턴을 향해서 가는데 손쉬운 방법으로 큰길 B6260을 따라가느냐 이 큰길을 가로질러 들판으로 나있는 CTC길을 찾아 헤매며 가느냐 중에서 택일해야 했다. 큰 자동차 도로를 따라가면 쉽기는 하지만 빗속에 오가는 차량이 많아 위험 할 수도 있다. 그리고 오턴에서 숙소를 구하지 못하여 남쪽으로 한참을 더 가야하는 티베이(Tebay)에 숙소를 구했기에 오턴 중심부를 관통하는 큰길로 가는 것은 낭비일 수도 있겠다 싶어 큰길을 건너 CTC길로 접어들었다. 오턴을 지척에 두고 농장창고건물과 돌담과 목초지를 비바람 속에서 한참을 헤맸다. 스마트폰 구글 위성지도에서 나의 위치를 보고 겨우 길을 찾았는데, 시간이 너무 많이 소요되었다. 넓은 돌담 안, 목초지에 갇히면 내가 어느 쪽 어디에 위치해 있는지 방향을 잡을 수 없다. 이때 스마트폰 상의 구글 위성지도에서 내 현재의 위치를 보는 것만으로는 위치파악이 안되어 어느 쪽 방향으로든 잠시 걸어보아 어느 쪽으로 움직이는지 까지 보아야 확실한 위치파악이 되어 길을 찾을 수 있었다. 이러는 과정을 겪는 동안 시간은 생각보다는 더 걸렸다. 하지만 이러는 과정 속에서 어렸을 적에 뒤 쫓았던 산토끼를 직접 볼 수 있어서 그 점은 좋았다. 이렇게 오턴 외곽 인적이 전혀 없는 곳에서 소와 말, 그리고 산토끼와 돌담, 농장의 창고, 목초지 사이를 위성에서 쏘아주는 나의 위치를 스마트폰 화면에서 확인해가며 비바람 속에서 길을 찾는 기분은 참으로 묘했다.

이렇게 헤맨 후에야 3시 40분경에 오턴 마을초입에 있는 마을 이름 팻말에 도착했다. 딱 한 시간을 헤맨 것이다. 날씨 좋은 날 길을 알고 걸었다면 20분이면 올 거리다. CTC길은 티베이까지 가지 않아서, 나는 숙소 때문에 CTC길을 벗어나야 했다. 오턴에서 분명히 지름길이 있을 것 같았다. 지도상으로도 그랬다. 그렇지만 안전하게 큰 자동차 도로를 따라 걸었다. 이제까지 잠시 벗어났던 같은 길로 B6260길이었다. 우의를 입었지만 비와 바람은 고통스러웠다. 게다가 넓지 않은 영국 자동차 길은 사실 옆으로 걷기가 무서웠다. 요령이 필요했다. 마을에 들어서서도 한참을 구글 위성지도를 보고 찾아가야 했다.

4시 50분경, 드디어 티베이의 디 올드 스쿨(The Old School) B&B의 초인종을 눌렀다. 중년남자가 문을 열고 반갑게 맞아주었다. 물론 내 검붉은색 무거운 배낭도 미리 와서 나를 반겼다. 내 방은 2층의 좁고 협소한, 다락방 같은 곳이었다. 그렇지만 TV만 없었고 있을 것은 다 있었다. 응접실에는 난로가 타고 있었고, 별도의 건조실은 없었다. 젖은 우의는 현관에 널고 빨래와 어제 덜 마른 것은 난로 주변에 널었다. 등산화도 난로 옆에 두었다. 주인 스티브(Steve)는 "Oh my God!"을 외쳤으나 할 수 없었다. 그들에게는 무얼 말린다는 것이 일상생활이라 이해하는 듯했다. 이 디 올드 스쿨 B&B는 어제의 스쿨 하우스(School House) B&B와는 정반대의 방법으로 손님을 대했다. 다 주인 취향인 것으로 보였다. 어제와는 정반대로 이곳은 아무리 불러도 주인이 나타나지를 않았다. 방만 정해주고는 보기가 힘들었다. 겨우 찾아 어디를 가면 저녁을 먹을 수 있느냐고 물으니, 마을을 내려가 자동차 휴게소에 가면 먹을 곳이 있다고 말하며, 다른 곳은 모른다고 했다. 우산을 빌려 쓰고 반바지 차림으로 마을을 걸어 바(bar)나 카페를 찾았으나 없어 그 휴게소 음식점에 갔다. M6 고속도로 옆의 38교차로 휴게소(Junction 38 Service)라는 곳이었다. 이곳은 고속도로 휴게소에서 흔히 하는 방식으로 음식을 손가락으로 가리키면 종업원이 접시에 담아주고 다 담은 후 돈을 지불하는 방식이었다. 닭고기 카레라이스와 뜨거운 물 한 컵. 물은 돈을 받지 않아 6.85파운드로 맛은 괜찮았다. 익숙한 맛이라 좋았다. 비는 밤까지 계속 내렸다. 11시경에 잠자리에 들었다.

사용한 비용

$19.33 어제 석식 (£14.50) / £6.85 석식 / £2.05 물, 캔디, 귤

에식스에서 온
모녀
폴린과 타미

티베이(승용차) → 오턴 → 커비 스티븐 (걸은 거리 20.1km)

6시 40분경에 일어났다. 그렇게 깊게 잠든 것 같지도 않았고, 느낌만인지 모르지만 이불속에서 상체가 가려운 듯해 혹시 빈대 같은 것인지 몰라 잠옷을 세탁해야겠다고 생각했다. 8시 30분까지 배낭을 꾸려 문앞에 내놓아야 하니 아침식사와 짐을 싸기 위해서는 좀더 서둘러야 했다. 어제 말해둔 조식 시간은 7시 30분이었다. 시간에 맞추어 식당으로 내려갔으나 준비가 약간 더디어 7시 40분부터 식사를 했다. 식사는 내가 주문한 대로 영국식 조식. 우유에 시리얼, 달걀 프라이 하나, 햄 두 개, 베이컨 두 조각, 토마토 두 조각 등이다. 먹다 남은 토스트는 잼과 버터를 발라 점심으로 챙겼다. 사과는 아주 작았는데, 반쪽은 먹고 반쪽은 점심으로 역시 챙겼다. 이것으로 점심은 충분했다. 등산화는 신문지 덕분에 거뜬히 습기가 빠져나갔다. 투숙비 37파운드는 아침에 신용카드로 지불했다. 스티브 말로는 바로 전 한국인 세 명이 투숙했었다고 했는데, 증권삼총사일 듯 했다. 이제 스티브 차를 타고 출발하면 여기서는 끝이다.

그런데 한 중년 부인이 나타나 내면전에서 스티브에게 나에게 열쇠를 달라고 말하라고 했다. 이곳은 부인이 직접 고객을 상대하지 않고 뭐든지 꼭 남편 스티브를 통해서하는 요즘 보기 드문 독특한 체계였다. 우리 조선시대 사대부 양반집 저택에 서있는 듯한 묘한 기분이 들었다.

스티브는 자차로 나를 CTC길까지 실어다 주기로 했다. B&B에서 9시 30분경에 출발하여 딱 10분을 운전하여 오턴에서 시작되는 B6261도로의 연장길인 레이즈벡 로드(Raisbeck Road)길과 놋 레인(Knott Lane)길과 만나는 지점에서 내렸다. 오래된 목재 팻말에 CTC길과 400야드(약336m) 가면 만난다고 표시되어 있었다.

5~10분을 더 가니 길 오른쪽으로 돌담과 철조망으로 경계 지어진 목초지가 보였다. 이곳에는 선비긴(Sunbiggin)을 경유한 CTC길이라는 안내 팻말과 웨인라이트길을 표시하는 aw 문자도형 동그라미가 붙어있는 말뚝이 있었다. 바로 옆에 철조망과 돌담 사이에 쇠파이프로 만들어진 울타리문 그리고 바로 이웃으로 돌담 틈새문이 있었다. 이 틈새문은 엄밀히 말한다면 '돌담틈새디딤대쪽문'이라고도 하겠는데 하여튼 이문을 통과한 후 목초지를 걷는 약 30분 동안 목재, 또는 철재, 또는 나무와 쇠를 같이 쓴 혼합재 돌담문과 문 이웃에 '디딤대틈새쪽문'이 한 벌(set)로 되어있는 문을 아홉 개나 통과해야 했다.

그러는 사이 비바람이 심해졌다. 아홉 번째 문을 통과한 곳에 커다란 고목나무 몇 그루가 있었고, 좀 더 떨어진 곳에는 농가의 창고 건물이 있었다. 초원 벌판에서는 비바람이 쳐도 소리가 없다. 그러나 잎사귀가 많은 고목나무 아래에서는 비바람 소리가 거세게 들리기 마련이다. 나무 밑에서 비바람을 피하고 있던 20마리는 족히 될 양들이 이방인의 침입에 놀라서 도망갔다. 나는 그 자리에서 바삐 우의를 꺼내 입고 다시 걸었다. 몇 분을 가다가 뒤를 돌아보니 내가 조금 전에 걸었던 저 멀리 빗속에서 두 인영(人影)이 움직였다. 분명 이쪽으로 오는 사람 같았다. 나는 반가운 마음에 다시 나무 밑으로 되돌아 가 그들을 기다렸다. 그들은 분명 CTC길을 걷는 사람들이었다.

두 사람은 폴린(Pauline)과 타미(Tammy)라는 모녀였다. 에식스(Essex) 출신이라 했다. 서양 여자들의 나이는 내눈에는 잘 가늠이 되지 않는데, 60대 어머니와 30~40대 딸로 보였다. 그들은 전통적인 방법으로 길을 찾아가고 있었다. 바로 종이 지도와 나침판, 그리고 안내서다. 오늘은 끝까지 그들과 같이 걷기로 했다. 그들도 나처럼 세인트 비스부터 걸었는데 차는 커비 스티븐(Kirkby

Stephen)에 두었다고 했다. 커비 스티븐에서 걷기를 멈추고 그곳에서 하룻밤을 묵은 후 집에 돌아갈 것이라고 했다.

　나무 밑에서부터 그들과 함께 몇 분을 걸어 울타리문을 나오니, 포장된 샛길과 에이커스(Acres) 농장 건물이 있었다. 샛길을 따라 가면 왼쪽이 CTC길로, 선비긴 쪽이다. 10시 42분에 선비긴 마을로 접어들었고, 10시 49분에는 마을을 빠져나왔는데 바로 외곽에 선비긴 탄(Sunbiggin Tarn) 호수 쪽의 CTC길이라는 낡은 팻말을 확인할 수 있어서 안심하고 계속 걸을 수 있었다. (CTC길의 팻말은 거의 다 낡아 해독이 간혹 우리 광개토대왕비 비문해석을 방불케 할 정도로 어려운 경우도 있다.)

　이후에는 더 이상 포장길이 아니고 흙 자갈길이었다. 게다가 다시 선명하지도 않은 목초지길을 찾아 가야했다. 그들이 들고 있는 안내서는 작지만 내 것보다는 두꺼웠다. 그리고 매우 상세한 지도가 그려져 있었다. 돌담과 돌담문, 울타리와 울타리문, 낡은 팻말까지 자세히 표시되어 있었다. (이 안내서는

CTC길을 걷는 영국인이라면 젊은 학생들을 제외하고 거의 다 가지고 있었다. 당시 8번째 판이 가장 최근판이었는데 폴린과 타미 것도 최근판이었다. 걷는 중간에 구해보려 했으나 실패하고 다 걷고 난 후 귀국하면서 런던에서 8번째 판을 구할 수 있었다.)

허접한 돌담사다리문을 지나니 주변 목초색갈은 초록에서 점점 누렇게 변해갔다. 돌담틈새문을 빠져나간 후 만난 목초색은 완전히 누랬고, 헤더꽃 군락지(群落地)와 소떼를 만날 수 있었다. 탄 무어(Tarn Moor) 황야에 들어온 것이다. 한참을 걷고 나니 멀리 오른쪽 3시 방향으로 호수가 보였다. 지도상으로는 호수를 앞에 두고 걸어야 맞다. 하지만 타미가 방향을 잘못 잡아 길이 틀어졌다. 우리는 곧바로 포장도로로 나왔고 이제 이 도로를 따라 호수 쪽으로 가면 호수 근처에서 잠시 잃은 CTC길을 다시 만날 터였다.

15분쯤 걸어가니 오래 됨직한 흡사 고대 성벽 유적 같은 돌담을 만났고, 도로는 돌담을 뚫고 지나갔다. 그곳 도로 양편에는 역시 고대 유적 같은 석조기둥이 세워져 호수 쪽인 왼편에는 작은 목재문이 오른쪽에는 큼직한 철봉으로 된 철재문이 있었다. 두 석조기둥 사이의 자동차 길은 3m는 족이 될 만큼의 길이에 철재 격자판을 깔아놓고 그 양편에 목재울타리를 쳐놓았다. 차량과 인간은 옹색하게나마 통과해도 좋지만, 가축만큼은 넘나들면 절대 안 된다는 정말 '대단한' 시설물이었다. 비바람 속에서 엉겁결에 그 시설물을 통과해서 정문으로 보이는 도로상의 철재 격자판위를 걸었는지 왼쪽 목재문으로 왔는지 정확한 기억은 없지만 아마 아래가 구덩이 함정인 무서운 쇠격자판위를 걸은 것 같지는 않고 목재문을 통과했을 것이다.

날씨만 좋았더라면 작지만 아름다운 선비긴 탄 호수를 좀 더 구경하고 지나갔을 것이다. 이 호수는 SSSI(Site of Special Scientific Interest, 특별과학관심지역)로 지정된 꽤 이름난 호수로, 탄 무어 황야 가운데 해발 250m에 위치해 있고, 헤더 군락지로 둘러싸여 있어 날씨만 좋았더라면 헤더꽃 사이에 있는 호수의 아름다움을 보았을 것이다. 철새 도래지며, 여러 동물들의 서식지이기도 하며, 그중 희귀종인 모래사발 달팽이(sandbowl snail)도 이곳에서 서식하고 있다. 영국 내에 이 달팽이의 서식지는 단지 세 곳뿐인데, 이곳이 그중 한 곳이라 한다. 그렇지만 우리들은 이곳 안내 팻말만 자세히 살펴보고 길을 재촉했다. 이때의 시간은 11시 45분경이었다. 포장도로를 따라 몇 분을 걸으면 바로 CTC 길과 도로가 겹치는 곳을 걷게 되고, 돌담과 문을 출발한지 10분 만에 왼쪽으로 길 안내 게시판을 만났다. 우리는 이것과 안내서 지도를 맞춰보고 이곳에서 이제까지 걸었던 포장도로를 왼쪽으로 이탈하여 도보 길로 접어들었다. 이제는 좀 멀리 호수를 왼쪽에 두고 걸었다. 선비긴 탄 호수는 남쪽으로 카우 덥(Cow Dub, 암소 물웅덩이)이라는 보조 호수를 두고 있는데, 보통 지도상으로는 독립된 호수로 보인다. 하지만 구글 위성지도로 보면 두 호수 사이에 이어진 물길이 있다. 덥(dub)은 스코틀랜드와 북잉글랜드에서 깊은 물웅덩이를 뜻하는 말이다. 이때쯤 보이는 호수는 아마 카우 덥 호수였을 것이다.

12시 6분에 돌담을 만나 돌담문을 지났다. 다시 2~3분 후에 질퍽한 진흙 위 목재 다리를 건넜다. 내 안내서는 설명글로는 비교적 자세하게 묘사되어 있으나 지도상의 표시는 단순한 반면 모녀의 안내서는 설명보다는 돌담문과 울타리문과 그리고 진흙위의 목재다리까지 자세히 표시되어 있다. 이제 레이븐스톤데일 무어(Ravenstonedale Moor) 황야에 접어들었다.

12시 30분경에 돌담으로 둘러친 곳을 왼쪽으로 두고 걸었다. 지도에서 보면 사다리꼴의 구역이었는데, 그 안은 바깥과는 달리 황야의 누런 덤불풀이 아니라 초록의 녹지대였다. 비교적 덜 척박한 황야지대에서 특별히 돌담으로 구역을 지정해 목초지를 만들어 가축을 기르는 듯 보였다. 5분 쯤 더 가 자동차가 다닐 만큼의 포장도로를 건넜다. 다시 3분쯤 걸어 저수장(貯水場)을 왼쪽에 두었다. 깊은 물이니 위험하다는 고지가 쓰인 팻말이 있었다. 비바람 속에서 곁눈질로 관찰한 바로는 저수장은 커다란 고대 왕릉처럼 둥근 형태고 초록색 목초로 뒤덮여 있었고, 꼭대기까지는 목재 층층대가 설치되어 있었다. 지금 가는 길은 지질학상으로는 어쩔지 모르지만, 내 눈에는 황야와 목초지가 돌담을 사이에 두고 혹은 돌담의 존재와는 상관없이 황야와 목초지가 혼재된 곳으로 보였다. 초록색의 목초지를 걷다가 갑자기 황야의 누런 잡초사이를 걷기도 했다.

요크셔 데일스에서도 레이크 디스트릭트(호수지구)에서와 마찬가지로 CTC길 표지에 인색했다. 그러는 사이에 반가운 동그라미 속 aw 문자도형이 나타났다. 이렇게 우리는 황야와 목초지를 경계하는 돌담아래를 걸으며 aw 문자도형 → 철봉문 → aw 문자도형 순으로 따라 걸으며 1시경에는 벤츠 팜(Bents Farm) 농장 야영시설 안내 간판과 CTC길을 표시하는 aw 문자도형이 붙은 목재 말뚝에 이르렀다. 당연히 aw 문자도형 화살표 쪽으로 갔지만, 여전히 돌담주변을 걸었다. 한참을 걸었지만, 폴린과 타미는 길을 찾지 못했다. 이때는 비가 그쳐 안내서를 자세히 볼 수가 있었지만, 쉽게 길을 찾지는 못했다. 안내서의 자세한 안내 그림도 맹점이 있기 마련이다. 우리가 지나야할 돌담문에는 자물쇠가 잠겨 있었고, 문을 대체할 돌담틈새문도 만들어 놓지 않았다. 자물쇠로 잠가놓을 줄을 안내서 집필자는 몰랐을 것이다. 도저히 돌담을 넘을 수 없다는 것을 알고는 오던 길을 되돌아가 벤츠 팜(Bents Farm) 농장 야영 시설 안내 간판 말뚝까지 다시 오게 되었다. 때문에 25~30분이 더 소요되었다. 혹시나 잘못 접어 들었나하고 오던 길을 다시 와서 말뚝에 붙어있는 aw 문자도형 화살표를 확인해 보았지만, 우리가 방향을 잘못 잡은 것은 아니었다. 다시 원래

의 방향으로 15분쯤 더 가, 이번에는 돌담디딤대틈새문을 발견하고 폴린, 타미 그리고 나 순서로 그 틈새문을 통하여 돌담을 넘었다. 여기서 돌담을 따라 10분쯤 걸어 능선을 넘으니 돌담 끝에 석조건물이 보였다.

폐쇄된 철도건물이었다. 길은 돌담을 따라 있는데 철도건물주변에서 방향을 바꾸어 여전히 돌담을 따라 있었다. 2시경에 허름한 울타리문과 aw 문자도형 화살표 표시를 붙인 말뚝도 같이 있어 울타리문을 열고 들어갔다. 몇 발자국 더 들어가니 양옆은 돌담으로 된 다리였다. 돌담다리 밑은 옛 철도길이었다. 지금은 주변이 푸른 풀로 뒤덮여 있는 작은 골짜기 샛길이 되어 다리 밑을 지나고 있었다. 우리는 다리 좌우 돌담너머로 머리를 내밀고 한때는 기적소리를 내고 힘차게 달렸을 기차를 상상하면서 한동안 앞을 바라보았다. 다리를 건너니 정말 오래된 이끼가 가득 낀, 썩어가는 목재 팻말이 CTC길을 표시해 주고 있었다.

두 시가 넘었으니 배가 고팠다. 내가 점심을 먹고 가자고 제안했다. 날씨는 여전히 흐렸지만, 비바람은 갠듯했다. 날씨만 좋았더라도 모처럼 만난 영국 동남쪽의 에식스 사람들과의 대화는 좀 더 깊이가 있었을 것이다. 궂은 날씨 속에서는 길 찾아 걷기조차 힘들기 때문에 작은 사교적 대화는 생각할 겨를이 없기 마련이다. 조금 길에서 벗어난 높은 지대에 긴 목재의자가 있어 그곳에서 셋이 나란히 앉아 가져온 점심을 먹었다.

2시 40분경 점심 자리에서 일어났다. 5분쯤 걸으니 스마데일 브리지(Smardale Bridge) 다리를 건넜다. 아래는 스캔들 벡(Scandal Beck) 개울이다. 다리를 바로 지나니 이번에도 물론 고색창연(?)한 나무 팻말이 세 방향 즉, 커비 스티븐, 뉴비긴 온 룬(NEWBIGGIN ON LUNE) 그리고 레이븐스톤데일을 가리켰다. 그리고 팻말에 붙어있는 표지판 지도에는 CTC길이 점선으로 표시되어 있었다.

2시 55분경에 우리는 세 갈래 화살표 목판을 각각의 방향으로 붙여 표시한 목재 말뚝을 만났다. 화살표는 우리가 지났던 스마데일 브리지 다리, 경유

해서 가야할 스마데일 펠(Fell) 언덕, 그리고 멀리 보이는 스마데일길 고가교 (Smardalegill Viaduct)를 표시하고 있었다. 멀리 보이는 이 고가교는 1861년 완공하여 철로로 이용되어 오다가 1962년 폐쇄되었고 그동안 복원과 보수를 하여 지금은 도보 다리로 이용되고 있다.

가서 보기에는 CTC길에서 너무 멀었다. 왼쪽에 돌담을 두고 다시 문을 두 개 거쳐 20분을 걸어 나오니 헤더꽃이 만발한 앞이 탁 트인 곳이다. 이곳이 스마데일 펠언덕 중심부일 듯 싶다. 펠(fell)은 고지대 초원이나 언덕 말고 황야라는 뜻도 있다. 내 느낌이지만 펠은 황야와 초원의 중간단계 정도인 듯했다. 초원보다는 덜 초원 같고 황야보다는 덜 황야 같은 곳 말이다. 어쨌든 이곳의 헤더꽃 만은 아름다웠다.

타미는 운동을 했는지 혼자 멀리 앞서서 잘도 걸었다. 어머니 폴린은 그보다 좀 느리고 나는 같이 가다가도 주변 사진을 찍느라 더 늦어졌다. 우리 세 사람의 이런 걷는 방식은 비바람 속에서도 비바람이 그친 때에도 자주 반복되었다. 물론 수시로 다시 만나 같이 걸었다. 여전히 왼쪽에 돌담을 두고 걸었는데, 세 갈래 표지판이 붙어있는 말뚝을 또 만났다. 두 방향은 오가는 CTC길을 표시하고 다른 하나는 A685도로가 1과 1/4마일에 있다는 표시였다. 2~3분 후에 aw 문자도형이 붙어있는 말뚝을 보고 좀 더 걸어 언덕 꼭대기에 이르렀다. 이때 오늘 목적지 커비 스티븐과 내일 넘어가야 할 나인 스텐다즈 리그(Nine Standards Rigg)가 멀리 보였다.

조금 더 걸으니 이때 적당히 먼 거리에서 갑자기 장난감 같은 기차가 왼쪽에서 오른쪽으로 지나갔다. 오른쪽에는 커비 스티븐의 기차역이 있다. CTC길은 저 철도 굴다리를 통과하여 커비 스티븐으로 뻗어 있다. 우선 한참 걸어야 도달하는 굴다리로 향했다. 3시 50분경에 철봉으로 된 돌담문을 통과하여 포장도로로 나와 처음 오른쪽으로 걷다가 다시 왼쪽 길로 총 5~10분을 걸어서 만나는 왼쪽 돌담디딤대틈새문을 통과해서 목초지 길을 약 10분을 걸으면 철도 굴다리에 이른다. 이곳마저도 굴다리에 들어가면서는 목재디딤대문, 나오면서는 보통의 목재문을 통과하도록 되어 있었다. 철저하게 가축의 이동을 막아야 하기 때문이다. 여기서부터 다시 15분 동안 황야라기보다는 초지인 구릉지대를 걸으면 돌담을 만난다. 그리고 돌담디딤대틈세문-건너 내려올 때는 목재 사다리이니 정확히 말하면 디딤대틈세문+사다리문-을 넘어 5분쯤 걸으면 농장 건물들이 나온다. 그렇게 건물 사이와 목초지를 지나 돌담문을 나오면 샛길을 만날 수 있었다.

길을 걸으며 낮은 돌담 너머로 보이는 농장 목초지에는 산토끼가 있었다. 영국의 산토끼는 농장 목초지에서 자주 목격되었다. 먹을 것을 찾아 농장 목초

지에 모여들기 때문일 것이다. 4시 40분경에는 큰길 A685를 만났고, 이 길은
커비 스티븐 가운데를 지난다. 폴린과 타미는 10분을 더 가서 4시 50분경에 나
를 내 숙소 YHA 커비 스티븐(Kirkby Stephen) 유스 호스텔까지 안내하고 포옹
하고 헤어졌다. 포옹이 조금은 어색했지만 웃으며 인사를 나눴다. 점심 식사 후
부터 날씨가 개서, 그들과 조근 조근 이야기하며 걸을 수 있어서 좀 더 친해질
수 있었다. 그들은 조금 더 걸어 차를 둔 숙소에서 하룻밤을 잔 후 내일 에식스
집으로 갈 것이다.

　　YHA 커비 스티븐 유스 호스텔은 어떤 이유로 폐쇄된 옛 교회를 호스텔로
바꾼 것이다. 들어가니 억세게 보이지만 항상 미소를 띈 초로의 여자가 나를
킴이라고 부르며 반갑게 맞이했다. 그녀는 모든 것을 혼자 다 했다. 나는 비용
일체를 집에서 이미 지불한 터였다. 그녀는 가끔은 내 어깨를 툭툭 치며 말했
다. 토요일인데도 투숙객이 많지 않았다. 배정받은 4번방은 2층 침대 4개로 8
명이 잘 수 있는 방이었다. 문 바로 앞 침대 외의 침대 3개의 아래층은 이미 한
팀인 3인의 건장한 중년 영국남자들이 모두 차지하고 있었다. 그중 아늑한 곳

의 침대 2층을 내 잠자리로 골랐다. 아래층의 투숙자가 내가 나이가 좀 있는 것을 인지했는지 내가 아래층을 원한다면 자신이 위층을 쓰겠다고 제안했다. 내심 아래층을 바랐으나 초면의 호의가 부담스럽고 바꿀 것까지는 없어서 괜찮다고 말하니, 확실하냐(Sure)고 재차 물어왔다. 그 배려심이 고마웠다. 그들은 밤에 밖에 나가 늦게야 돌아왔는데, 친구들이니 선술집(pub) 같은 곳에서 술을 마시며 담소를 나누었을 것이다.

나는 저녁식사로 영양보충할 음식점을 찾기 위해 유스 호스텔 여자가 알려준 방향으로 가서 이곳저곳을 둘러보았다. 피쉬앤칩스(Fish & Chips) 등 여러 곳이 있었는데 그중 망고트리(Mango Tree)라는 인도음식점에 가니, 사람이 너무 많았다. 1시간 후에 오면 자리를 주겠다고 했다. 다시 숙소로 돌아와 좀 더 쉬다가 1시간 후에 가서야 겨우 자리를 잡을 수 있었다. 'Rezotti(chicken or lamb)'를 주문하며 매운 정도는 중간으로 요청했다. 그리고 채소를 먹어줘야 한다는 생각으로 'Vegetable Bhajee'를 시켰더니 채소가 아니라 채소로 만든 죽 같은 것이었다. 옆자리 안드레아(Adrea)와 재미(Jamie)라는 남녀는 영국인 답지 않게 나에게 말을 걸었고 특히 여자인 안드레아는 호들갑을 떨었다. 그래서 심심하지 않게 식사를 할 수 있었다. 그들은 나에게 맥주도 주고 자기들의 음식도 맛보라고 조금 주었다. 쾌활한 한 쌍이었다. 10시 45분경 잠자리에 들었다.

사용한 비용

£37.00 디 올드 스쿨 B&B / £16.15 석식 / £0.69 물 / ₩41,310 조식포함 숙박(7월 20일 지불)

나인 스텐다즈 리그
산등선의
안개 속 돌무더기

커비 스티븐 → 나인 스텐다즈 리그 → 켈드 (21km)

7시 30분경에 식당에 갔으나 호스텔에서는 그제야 식사 준비를 시작했다. 식사를 끝내고 양치질과 세수를 하고, 8시 30분 전에 지정된 장소에 배낭을 놓아 둬야 했다. 그녀가 만든 영국식 조식의 맛은 그저 그랬다. 과일과 빵을 점심용으로 좀 챙겼다. 짐을 꾸리는데 아래 침대의 조(Joe)가 나보고 자기들과 같이 가지 않겠느냐고 권유했다. 나야 얼씨구 좋은 제안이었다. 이렇게 그들 세 사람 무리에 합류하게 되었다. 그제야 정식으로 통성명을 하였다.

조(Joe)   저는 조라고 합니다. 그리고 이쪽은 제스(Jez), 저쪽은 앤디(Andy)이고요.

나   반갑습니다. 저를 비디(BD)라고 불러주세요. BD는 Big Daddy(대장아빠)의 약자로 기억하면 잊지 않을 겁니다.

제스와 앤디   네 반갑습니다. 대장아빠(Big Daddy)! 하하하 (조도, 나도 따라 유쾌하게 웃는다.)

나   그런데 어디서 오셨나요?

조   데번(Devon)에서 왔습니다.

나   (약간 목소리를 높여) 잉글랜드 남쪽 말입니까?

조 그렇습니다.

나 (아주 반가운 목소리로) 아하! 데번은 영국에서는 제 고향으로 생각하는 곳입니다. 아주 반갑습니다. 고향 분들이군요. 하하하 (고향사람이란 말에 그들은 좀 의아해 한다.)

정말 고향 사람을 만난 것처럼 정말 반가웠다. 10년 전인 2008년에 개인 여행으로 처음 데번 주 플리머스(Plymouth)에 5개월 있었던 추억을 이야기했다. 그리고 영국에서는 플리머스를 고향으로 생각할 만큼 정이든 곳이라고 말해주었다. 그들은 데번주 주도 엑시터(Exeter)에서 왔다고 했다. 엑시터라면 플리머스 이웃으로 물론 두어 번 가보았던 곳이다. 엑시터 성당 등 유서 깊은 곳이 있는 도시다. 조는 변호사, 제스는 수학 선생, 앤디는 전자기기 회사원이라 했다. 그들은 남 잉글랜드 인들이 몸에 흔히 갖고 있는 문신도 없었고 턱수염도 기르고 있지 않았다. 전형적인 점잖은 영국 중산층(middle class 혹은 upper middle class) 사람들로 보였다. 대화도 점잖았다. (편의상 그들을 데번신사삼인방[三人幇]으로 부르기로 한다.) 오늘 그들의 신세를 저야 했기에 나도 뭔가 기여를 해야 했다. 그래서 미리 그들의 사진을 책임지겠다고 말했다.

나 (캠코더와 묵직한 DSLR 카메라를 내 보이며) 오늘 당신들의 사진과 동영상을 책임지겠습니다. 이의 없지요?

데번신사삼인방 네 좋습니다.

나 걷는 동안 수시로 동영상을 찍을 텐데…. 누구 좋아하는 인물 있으세요? 원하는 인물 같이 촬영해 드릴게요. 베어 그릴스(Bear Grylls) 처럼? 아니면 사이먼 카우얼(Simon Cowell) 식으로? 아니면 좋아하는 배우 누구라도 말하세요. 그대도 찍어드릴게요. (나의 농담에 모두 유쾌하게 웃는다.)

조 제스를 베어 그릴스로 촬영해주세요. 제스가 베어 그릴스에 제일 가까워요

저는…….

나는 그들에게 신세만 지는 것이 아니라 도움을 줄 수 있다는 것에 맘이 편해졌다. 그들은 별도로 카메라를 준비한 것 같지 않았고 스마트폰만 이용하는 듯해서 성능 좋은 나의 캠코더와 사진기가 돋보일 수 있어서 다행이었다. 이제 우리 네 사람은 9시 10분경에 YHA 커비 스티븐 유스 호스텔 앞을 출발했다. 물론 나의 캠코더는 출발 전의 간단한 의식에서부터 짝퉁 베어 그릴스, 짝퉁 사이먼 카우얼 등의 인물들을 찍기 시작했다.

유스 호스텔 앞길인 A685 도로를 따라 마을 중심 쪽으로 1분 쯤 가다 오른쪽으로 꺾어 골목길을 따라가면 출발한지 4~5분 만에 이든 강(River Eden) 위의 프랭크의 다리(Frank's Bridge)를 건너게 된다. 오솔길로 이어지고 돌담과 목재울타리 사이의 철재울타리문을 지나니 길 왼쪽에 돌담이고 오른쪽 목초지에 양들이 다수 있었다. 목초지 오른쪽 끝은 이든 강일 것이다. 길을 잘 가다가 갑자기 오늘의 길 안내자 제스가 오른쪽 목초지 가운데로 방향을 바꿨다. 우리는 몇 분간을 길이 없는 습기 찬 녹색 초지를 가로질러 한참을 가다가 조와 앤디가 오늘의 항해사 제스의 결정에 의심을 품고 이의를 제기하며 목초지 가운데서 3인이 같이 열심히 지도를 연구하기 시작했다. 나는 그런 일에는 신경 쓸 필요가 없었다. 나는 나의 일, 그들의 일거수일투족을 사진과 동영상으로 담기만 하면 된다. 이윽고 그들은 제스의 판단이 틀렸다고 결론짓고 목초지에서 다시 걸어 나왔다. 목초지에서 우리는 제법 큰 풀죽은 개구리 한 마리를 발견하고 구경했다. 궂은 기후 때문에 곤충도 많지 않고 따라서 양서류나 파충

류의 개체수가 풍부하지 않아서 이런 야생 동물들을 영국에서는 귀하게 보는 듯했다.

우리는 개구리를 구경하고 난 후 우리의 항해사 제스를 탓하며 가로지르던 목초지를 나와 다시 돌담 밑 길로 복귀해 돌담과 나란히 걸었다. 5분쯤 손해본 사건이었다. 그래도 덕분에 흔치 않은 주먹만한 갈색 개구리를 구경하지 않았나?

바로 울타리문을 지나 조금 더 가서 9시 30분경에 하틀리 벡(Hartley Beck) 개울 위의 석판도보다리를 건넜다. 나는 다리가 운치 있음을 느끼고 미리 건너가서 데번신사삼인방이 일렬로 제시, 조 그리고 앤디의 순서로 듣기 좋은 남부 잉글랜드 억양으로 재잘거리며 다리를 건너는 모습을 전면에서 동영상으로 담았다. 곧바로 버켓 레인(Birkett Lane) 길로 접어들었는데, 이는 포장이 적당히 된 좁지 않은 도보 길로, 한동안 약간 오르막이었지만 편히 그 길을 걸었다. 10시경에 길의 포장은 끝나고 이때 쯤 같은 방향으로 걷는 두 여자를 만났다. 데번신사삼인방은 그들과 대화를 나누기는 했지만 같이 걷지는 않았

다. 포장이 끝나 편치 않은 흙과 자갈길을 몇 분 더 걸으면 돌담 철봉문을 지나고, 10분쯤 더 오르막길을 가서 목조 말뚝과 철망으로 된 울타리를 만났다. 문은 없어졌는지 길에는 문이라는 장애물 없이 그저 울타리를 통과하면 된다. 말뚝에는 목판 안내글이 있었는데 거의 썩어가는 이끼 낀 안내판이라 자세히 봐야했다.

안내판에는 나인 스텐다즈 리그(Nine Standards Rigg) 산등선으로 가는 CTC길임을 표시하고 있었다. 바로 물이 고인 길옆으로 몇 미터의 널빤지 길을 걸어 편치 않은 자갈 흙길을 걸었다. 날씨는 점점 나빠졌고 우리는 이제 안개 속으로 들어가기 시작했다.

우리는 정확히 10시 35분에 중요한 지점에 이르렀다. 나인 스텐다즈 리그 산등선 쪽으로 가는 길로 가느냐 아니면 그보다 수월한 다른 길로 가느냐를 결정해야 하는 길목이었다. 화살표 목판과 글자로 안내하는 목재 말뚝이 있었고, 여기에 아래 문구가 있는 보기 드문 세련된 안내판이 붙어있었다.

서해안에서 동해안까지 걷기

커비 스티븐에서 요크셔 데일스 국립공원에 들어갈 때
이탄(泥炭)보호를 위한 협조요청사항

5월 – 7월 적색길을 이용해 주십시오.
8월 – 11월 청색길을 이용해 주십시오.
12월 – 4월 녹색길을 이용해 주십시오.

도보길 훼손관리

서해안에서 동해안까지 가는 웨인라이트의 도보여행 길에 대한 높은 인기도는 컴브리아 주에서 요크셔 데일스 국립공원에 들어가는 곳에 심각한 손상을 야기하고 있습니다. 발자국 훼손이 너무나 심해서 나인 스텐다즈 리그 산등선과 레이븐시트의 많은 이탄토양과 취약한 초목이 온전히 보존되기에는 단 하나의 기존 길로는 부족합니다. 앞서 보행자들에게 계절에 따라 길을 바꿔 이용해 주십사 부탁하는 노력을 기울였으나 훼손을 줄이지는 못하였습니다. 이제 우리가 취할 수 있는 유일한 실용적인 방안은 이곳 부드러운 넓은 늪지대를 가로질러 판석(板石)을 까는 것입니다. 판석을 간 길 외의 도보 길에 대해서 더 이상의 훼손의 위험을 최소화하기 위하여 위 지도에서 보이는 대로 계절 별로 추천 된 길을 이용해 주시기 바랍니다. 이는 이곳 야생지대에 대한 여러분 자신의 관심사이며 또한 다른 사람들의 기쁨입니다.

이 조치에 대한, 국립공원당국, 더 노스 페나인즈 AONB 그리고 컴브리아 주의회가 소유주 및 목축업자와 의견을 같이했는데, 이 조치의 유일한 목적은 이용기간 사이에 초목을 원상복구 시키는 데 있습니다.

이곳은 땅위에 집을 짓는 새들에게 중요한 장소입니다. 지자체 규정에는 계절에 따른 도보길에 개는 통행이 금지됩니다.

요크셔 데일스 국립공원   유네스코   컴브리아 주 의회이는 두 가지를 말하고 있는데 길을 계절 별로 나누고 있고, 또 이탄지대에 판석을 깐다는 것이다. 둘 다 자연보호 특히 이탄훼손을 막기 위함이라는 것을 말하고 있다. 제스가 작년에 왔을 때는 판석이 아직 깔려있지 않아 이탄늪에 빠지며 걸어 고생했다고 하니 판석깔이는 최근에 했을 것이다. 그러나 계절별로 길을 나눈 것은 최근 조치가 아닐 것이다. 이는 자연보호가 주목적이지만 도보여행자 안전도 고려한 조치일 것이다. 12월에서 4월 즉 겨울에 걷는 녹색길은 쉽고 제일 안전한 길이다. 우리는 일단 나인 스텐다즈 리그 산등선으로 가는 길을 취했다. 나인 스텐다즈 리그 산등선을 지나서는 다시 적색길과 청색길로 나눠진다.

완만한 오르막길을 걸으며 주변에 가끔 큰 돌무더기(케른)가 하나씩 듬성듬성 안개 속에서 보였다. 물론 나무는 전혀 없고 황야에서나 볼 수 있는 누런 색깔의 풀만 덮여있었다. 단단한 길을 가는 듯 하다가 곧 길이 안보여서 우리는 이탄과 이탄을 뒤덮고 있는 늪지대를 조심스럽게 걸었는데, 비가 심하게 왔다. 안개비 속에서 나인 스텐다즈, 즉 아홉 개의 대형 돌무더기(케른)에 도착한 시간은 11시 7분이었다. 운이 없었다. 날씨만 좋았더라면 한 장소에서 한꺼번에 아홉 개의 커다란 돌무더기를 보는 재미며, 그리고 이곳에서 저 먼 곳까지 둘러보며 여러 가지 생각을 할 수 있어서도 좋았을 것이다. 하지만 날씨가 안 좋다고 그냥 지나칠 수는 없었다. 나는 데번신사삼인방에게는 사진사이자 기록 담당이었다. 약속한 대로 나의 의무를 다해야 했다. 안개 낀 비바람 속에서도 캠코더의 렌즈를 닦아가며 동영상과 사진을 찍었다. 그리고 배낭 속에서 무거운 캐논 DSLR 카메라도 잊지 않고 꺼내 그들을 세워 자세를 갖추게 하고 사진을 찍었다. 나도 거추장스런 짙은 주황색 우의를 벗어던져 남에게 부탁하여

우의로 가리지 않은 나의 모습도 사진에 담았다.

그럼 이 아홉 개의 스텐다드(복수로 스텐다즈)라는 커다란 돌무더기는 도대체 무엇일까? 먼저 용어부터 살펴보면, 'Nine Standards Rigg', 가장 쉽게 번역해보면 '아홉 개의 큰 돌무더기 산등선'이다. 'standard'의 뜻이 표준이라는 의미와 함께 곧은 지주(支柱), 촛대, 또는 군대의 깃발이라는 뜻도 있어 영국인들에게는 이 돌무더기, 케른(cairn, 영어발음으로는 케언 또는 켄)을 'standard'라고 불러도 이상할 것이 없을 듯하다. 'rigg'는 영국인들에게는 여배우 다이아나 리그(Diana Rigg)를 연상시킬 수도 있겠는데 'Rigg'를 성으로 갖는 사람들이 제법 있지만 '이 리그가 그 리그'와 직접적인 관련이 있을지는 나로서는 알수 없다. 나름대로 조사해본 결과 아마 현대어 'ridge'와 어원을 같이하는 중세 혹은 고대어로 보인다. 그래서 아홉 개의 큰 돌무더기 산등선이라 번역해도 무리가 없을 것 같다. 돌무더기 혹은 케른이 있는 곳이 리그라고 하는 제일 높은 곳과 일치하는 것은 아니고 이름만 차용했지 정확한 나인 스텐다즈 리그는 이 돌무더기 지대에서 몇 분 더 걸어 위치했다.

현대 영국인들은 기록을 더듬어 적어도 과거 800년 전부터 이곳에 깃발처럼, 지주나 촛대처럼 큰 돌무더기가 서있었다는 것을 알아냈다. 그렇다고 지금의 돌무더기가 그때의 것은 아니다. 그동안 셀 수 없이 훼손과 재건이 반복되었기 때문이다. 가장 최근의 재건은 2005년에 있었는데, 이는 몇 개의 돌무더기가 거의 허물어진 상태였기 때문이었다. 그리고 과거에 항상 '나인 스텐다즈 리그'로 불렸던 것도 아니었다. 9개보다 더 많은 13개의 돌무더기가 있었다는 기록도 있으니……. 그렇다면 이 돌무더기의 용도가 무엇이었을까? 경계표시, 무덤, 봉화대 등으로 상상해 볼 수 있다. 요크셔와 웨스트모얼랜드 사이의 경계표시일 것이라는 설이 유력하다.

이제 우리는 안개와 비바람 속에 서 있는 큰 돌무더기들을 구경하고 궂은 날씨 속에서도 사진과 동영상 속에 주변과 사람들을 충분히 담아 넣고 나서야 자리를 떴다. 11시 17분에 출발해서 딱 3분 후에 1m보다 약간 더 높아 보이는 첨성대 모양의 탑과 만났다. 찰스 왕세자와 다이아나 스펜서의 결혼을 기념하기 위하여 1981년 커비 스티븐 산악구조대가 세운 탑이다. 우리 네 사람은 궂은 날씨 속에서도 잠시나마 탑을 둘러싸고 내려다보며 구경했다. 축하 탑을 이렇게 견고하게 만들면 무엇하랴! 이 결혼의 결말을 알고있는 나는 결코 즐거운 마음으로 바라볼 수는 없었다. 조, 제스 그리고 앤디도 나와 같은 심정이었으리라.

우리는 다시 걸어 11시 26분에 공식적인 정확한 장소 나인 스텐다즈 리그 (Nine Standards Rigg) 산등선, 해발고도 662m에 도착했다. 이곳은 가장 높은 곳으로, 1961년 영국정부육지측량부(Ordnance Survey)가 표시한 삼각측량기준점 돌탑이 바로 이곳이다. 조금 전의 첨성대 모양의 탑보다는 약간 높아 보

이고 아래가 넓고 위로 점점 작아지는 사각형 탑인데 보수가 필요할 만큼 훼손되어 있었다. 안개와 비바람으로 멀리 바라볼 수 없었는데 이곳이 최고지점이지만 전망은 조금 전에 지나온 돌무더기지대가 더 좋다고 한다.

다시 걸어 11시 35분에 중요한 지점에 이르렀다. 컴브리아 주와 요크셔 주가 만나는 곳이며 적색길과 청색길로 갈라지는 곳이기도 하다. 화살표 안내표지가 붙은 말뚝이 있었다. 위에서 번역해서 보였던 세련된 안내문이 여기에도 붙어있었다. 그리고 주(州) 경계표지도 있어 우리 모두는 한 번씩 컴브리아 주와 요크셔 주를 한 발자국씩 옮겨보며 경계를 순간적으로 넘나들어보는 의식도 잊지 않았다. 그리고 우리는 정석대로 8월과 11월의 추천길인 청색길(Blue Route)을 택하여 걷기 시작했다. 이곳에서부터 커다란 판석을 길게 깔아놓아서 한동안 늪에 빠지지 않고 쉽게 걸을 수 있었다. 판석의 크기를 보아서는 분명히 헬리콥터로 운반하였을 것이다. 덕분에 최악의 이탄 늪지를 편히 걸었다. 하지만 판석길이 끝나고도 이탄늪이 계속되어 서로를 보살피며 늪과 시냇물을 건넜다. 조는 내가 처지면 기다렸다가 같이 가기를 반복했다. 12시경에 안개지대를 벗어나 시야는 편하나 여전히 곳곳에 있는 늪은 피해야 했다.

　　12시 20분경에 간식을 먹고 휴식을 취하기 위하여 개울이 제법 크게 소리 내어 흐르는 곳에 자리를 잡고 앉았다. 제스는 배낭에서 중요한 장비를 꺼냈는데, 커피제조 기구였다. 버너를 비롯하여 작지만 복잡한 기구 같았다. 간식과 과일을 먹으며 곁눈질로 관찰한 바에 의하면 딱 3인분만 겨우 제조하여 마셨다. 한국인들은 설령 낯선 사람일지라도 먹거리는 일단 옆 사람에게 권하고 그 사람은 흔히 거절하는 절차를 거치며 어색한 분위기를 해소하는데 서구인들의 습관은 먹거리 문화에서는 그런 것이 부족하다. 하여튼 그들의 커피문화를 엿보는 기회였다. 나는 그들의 관계가 궁금했다. 나이도 약간씩 차이가 나는 듯도 해서 학교 동창인 듯 아닌 듯 아리송했다. 또, 그들의 대화는 서로 예의를 갖춘 듯 경박하지 않고 점잖았다. 나는 궁금함을 참지 못하고 물었다.

나　당신들은 학교 동창사이인가요? 고등학교나 대학교 말입니다.

조　그렇게 보이나요? 그렇지 않습니다.

제스　아이들이 같은 반이랍니다. 자연히 학부모끼리 친해졌지요.

나　아하! 그렇군요. 그럼 같은 연배는 아니겠군요.

조　앤디는 49살, 제스는 52살, 그리고 저는 53살(54세라 한 것도 같다)입니다.

나 그렇군요. 부럽습니다. 이렇게 학부모끼리 좋은 친구가 돼서요.

이곳에서 20분쯤 쉰 후 다시 길을 재촉했다. 우리 모두는 계곡에 내려가 카페가 나오면 정식으로 점심을 먹을 생각이었다. 윗선데일 벡(Whitsundale Beck) 개울을 왼쪽에 두고 가는데 개울은 갈수록 점점 더 넓어지고 물소리도 세졌다.

1시 20분경에는 철조망으로 울타리가 쳐있는 너머에 헤더꽃이 만발한 곳에서 오래된 팻말을 발견했다. 우리나라에서는 무시해도 좋을 정도로 이끼 끼고 썩을 정도로 낡은 팻말이라 할지라도, 영국에서는 여전히 큰 의미가 살아 있다. 거기에는 '헤더 재생/개울쪽으로 다니세요(HEATHER REGENERA-TION/PLEASE KEEP TO BECKSIDE)'라고 써있었다. 헤더를 철조망 울타리를 쳐서 보호하는 지대였다.

오던 길에서 갈라졌던 세 길이 다시 만나는 지점에서 1시 35분경에 도착했다. 바람은 여전히 불지만 비는 멈췄다. 하늘에 움직이는 구름이 짙었다. 개울물을 건너지만 비교적 편한 길을 20분쯤 더 걸어서 2시경에 레이븐싯 팜(Ravenseat Farm) 농장에 도착했다. 이곳에는 아이들을 아홉이나 낳아 기르고 있는 사람이 운영한다는 근처 유일의 카페가 있다. 아마 농장경영도 함께 할 것이다. 야영장도 있어 여행객으로 보이는 사람들이 잔디밭 의자에 앉아있었다. 그 아홉 아이들 중의 일부겠지만 한 소년은 나이답지 않게 기중기를 몰고 있고 또 한 아이는 그 옆에 서 있었다. 우리는 카페에 들르지 않고 그냥 그곳을 지나쳤다. 나도 데번신사삼인방도 식욕이 없어서였다. 그들은 군것질을 너무 많이 해서일 듯하고, 나는 궂은 날씨 탓인지 속이 편치 않아서였다.

우리는 돌담쪽문을 통해 농장을 벗어났다. 계곡물을 구경하고 그 소리를 들어가며 20분쯤 걸은 후 돌담문을 지나면 계곡과 멀어져 계곡은 더 이상 보이지 않았다. 걷다가 저 건너에서 안개비가 몰려올 듯해서 우의를 꺼내 다시 입었다. 2시 50분경에는 스웨일강(River Swale)을 건너 B6270 도로에 들어섰다. 우리는 오늘 걷기가 거의 끝나감을 아쉬워하듯 목재울타리를 손으로 짚고 스웨일 강의 강물을 한참 구경했다. 색깔은 이탄색으로 담갈색이었다. 여기서 불과 몇 분 거리에 있는 야영장 켈드 벙크 반(Keld Bunk Barn, 켈드 침대헛간)이 데번신사삼인방의 오늘의 목적지다. 이윽고 그 입구에서 아쉬운 작별을 하면서 그들 모두의 이메일 주소를 받았다.

데번신사삼인방을 야영장으로 들여보내고, 나의 갈 길을 가면서 왔던 길을 돌아보니 멀리서 두 남녀가 다가왔다. 점점 가까워져 보니, YHA 커비 스티븐 유스 호스텔에서 보았던 키 큰 남편과 금발에서 은발로 변해가는 아담한 아내인 60대 부부임이 분명했다. 잠시 그들을 기다린 후 같이 걸었다. 그들도 나와 같이 켈드 로지(Keld Lodge)가 오늘의 숙소였다. 숙소는 주변에서는 가장 큰 도로 B6270변에 있다. 10분 남짓 걸어 숙소에 도착했다. 두 부부는 윌리엄 셰익스피어의 고향 스트랫퍼드 어폰 에이번(Stratford-upon-Avon)에서 왔다고 했다. (아직은 통성명을 못했지만 나중 알게 된 남편이름을 따 앞으로 이들을 필립부부라 한다. 이들과 통성명을 하려면 앞으로도 며칠이 더 지나야 한다.) 켈드 로지에 필립부부가 먼저 들어가고 나는 뒤따라 들어가면서 오늘의 걷기가 끝났다.

방은 작지만 TV를 포함하여 있을 것은 다 있었다. 들어가자마자 TV를 켰다. ITV에서 주말 퀴즈쇼를 했다. 대체로 영국에서는 우리나라보다는 퀴즈쇼가 더 많은 듯하다. 퀴즈문제가 나왔는데 "007골드핑거 영화에서 이름이 오드

좁(Oddjob)이라는 남자 하인의 국적은 어디인가?"였고 객관식으로 주어진 나라는 "중국인, 일본인, 한국인"이었다. 정답인 한국인을 맞춘 남자가 있었다. 어떻게 알았느냐는 사회자의 질문에 소설도 읽고 영화도 봤다고 대답했다. 좋든 싫든 영국 시골에서 한국에 대하여 언급하는 것은 드문 일인데 입실하자마자 TV에서 본 정답이 '한국인'이니 기분이 나쁘지 않았다. ITV가 나의 켈드 로지 객실투숙시간에 맞춰 내보낸 방송으로 여긴다고 누가 뭐라 하지 않을 터! 여전히 내 국적을 끝내 못 맞추는 영국인이 종종 있을 정도로 한국은 영국인들에게는 아직은 멀리 존재하는데, 정답을 대번에 맞춘 퀴즈 참가자가 대견해 보였다.

오자마자 등산화와 어제 덜 마른 것을 건조실(보일러실)에 널었다. 이어서 등산화 속에 헌신문지를 질러박아 넣었다. 켈드 로지는 길쪽 벽에는 이곳이 CTC길 꼭 절반 지점이라는 표시간판이 붙어있다. 그곳에서 사진을 찍었다. 아침에는 번거롭고 바쁘니 숙비와 석식대를 미리 지불하였다.

걷기를 끝낸 지금 몸 상태는 약간의 설사기가 있고, 아랫배가 조금 우글거렸다. 샤워와 빨래를 한 뒤 배에 열 팩을 붙였다. 그러나 저녁밥은 먹어야 하고 그것도 가급적이면 영양식을 먹어야 했다. 해서 소고기로 저녁을 주문해 먹었다. 차림표의 설명은 좀 요란했다. 소고기~검은 양의 최상급 담즙에 넣어 기름에 볶은 소고기, 부풀린 빵 과자와 기름에 살짝 볶은 감자(Beef~Braised in Black Sheep Best Bitter, Puff Pastry Lid and Sauteed Potatoes)였다. 물론 요란한 설명만큼 맛이 따라가 주는 것은 아니었다. 식당에서 한 호주 남자가 여자들 앞에서 스페인 산티아고 순례길을 걸었던 자랑을 했다. 식사를 끝내고 나가면서 나도 산티아고 순례길을 걸었다며 악수를 청하며 반갑다고 해주었다. 그는 2년 전에 갔다 왔다고 했다. 그리고 산티아고 티셔츠를 입은 앞가슴을 내보였다. 나도 질세라 마침 입고 있던 페루 나스카 벌새모양 문양 티셔츠 가슴을 내보였다. 그들도 남미여행을 했다고 말했다. 여행지에서의 대화는 이렇게 쉽게 잘 이루어진다. 서로가 내일 만나자며 인사하고 방으로 올라왔다. 내일을 위하여 될 수 있는 대로 빨리 자야하기 때문이다.

다행히 속은 나아졌고 설사도 멈추었다. 더 두고 보아야 하겠지만 괜찮을 듯 했다. 비상상비약을 가져왔지만 평소 약을 좋아 하지 않기에 가급적이면 먹지 않고 최대한 견디어 자연치유를 기다려보는 것이다. 평소 방식 대로다. 어제 빨아 말린 잠옷을 입고자면 오늘 일은 끝난다.

사용한 비용

£45.00 숙박(조식포함) / £11.50 석식

키이라 나이틀리
스타일로
찍어드릴까요?

켈드 → 리스 → 그린턴 (20.5km)

6시 20분에 잠자리에서 일어났다. 중간에 깬 적이 있고 몸 상태가 그렇게 쾌적한 것 같지는 않으나 간밤에 충분히 잔 듯은 했다. 아침에 일어나서는 장마철처럼 모든 것이 눅눅했다. 재킷도 다시 건조실에 갔다 널었다. 어제 샤워 후부터 신었던 양말도 지난밤에 눅눅해져서 스탠드 전기 위에 올려놓았다 신었다. 설사기는 더 이상 악화되지 않아 약 신세를 안 져서 다행이었다. 음식에 더욱 조심해야한다는 생각이 들었다.

아침식사는 영국식 조식으로 다른 곳에서보다 좀 더 요란했으나 맛과는

연결되지 않았다. 아마 나의 입맛 탓일 듯도 하다. 커피는 내가 마셔 본 것 중에서 제일 진하고 독했다. 어제 마지막에 만나 같이 들어왔던 부부(필립부부)가 옆자리에서 식사를 해서 그들에게 당신들은 이렇게 진한 커피를 마시느냐고 물으니 그렇다고 했다.

큰 배낭을 짐 운반 업체 셔파 밴(Sherpa Van)에게 맡긴 후로는 아침은 항상 바쁘다. 오늘도 예외가 아니었다. 7시 30분에 식사하랴, 8시 30분까지 배낭을 꾸려 현관 앞에 갖다 두랴, 성공적으로 모두 다 시간 맞추어 했으나, 나중에 보니 샤워실에 샴푸병이 남아있었다. 부랴부랴 문 앞에 내려가 배낭에 넣었다. 만약 짐 운반차가 먼저와 가져간다면, 내가 샴푸병을 가지고 가야 한다. 물을 사고 거스름돈으로 받은 4파운드 동전 네 개도 아직 안 가져간 배낭 어딘가에 쑤셔 넣었다. 동전도 무게가 있는 물건이기 때문이다. 아침을 꼭 정식으로 챙겨 먹는 습관이 몸에 배고, 화장실 가는 것을 식후에 하는 것도 오랜 습관으로 굳어져 있어 아침에 바쁜 것은 어쩔 도리가 없다.

마지막으로 켈드 로지를 사진에 담고 9시 18분에 출발했다. CTC길 총 거리의 딱 반이 되는 지점으로 나머지 반을 시작하는 시점이다. 숙소 앞 도로 B6270을 따라 걸어가다 CTC길을 벗어나는 실수를 범했다. 10분쯤 더 가다 되돌아와 마을 가운데로 진행된 올바른 길을 찾아 걸었다. 켈드 로지에서부터 길은 멀리 훤히 보이나 접근로를 찾는 데는 신경을 써야 했다. 켈드 로지에 들지 않았다면 CTC길은 어제 길에서 켈드 로지에 이르기 전에 왼쪽으로 꺾어 켈드 마을 가운데로 통하게 되어 있었다. 켈드(Keld)는 바이킹어 켈다(Kelda)에서 유래된 것인데, 샘(spring)을 뜻한다. 예전에 이곳에 의미 있는 샘이 있었던 모양이다. 19세기 스웨일데일(Swaledale)에서 납광산이 번성할 때는 이곳 인구가 6,000명까지 이르렀다. 지금은 구글위성지도 상에서 살펴보면 주변에 흩어져있는 건물까지 다해도 십 몇 채 정도일 듯싶다. 주민에게 물어 CTC길을 찾아 마을을 벗어나니 두 갈래 샛길이 나오고 목재화살표 팻말이 세 방향을 가르키고 있었는데, 화살표는 CTC길에 대한 언급은 없었다. 대신 팻말기둥에 웨인라이트길을 표시하는 동그라미 속 aw 문자 도형 화살표를 붙여 놓아 쉽게 길을 찾을 수 있었다. aw 문자 도형 화살표가 가리키는 길은 급경사에 바닥은 거친 타일로 특이하게 포장되어 있었고, 바로 스웨일강 위의 목재다리로 이어졌다. 강폭은 넓지 않으나 물소리는 컸다.

이렇게 9시 40분경에 스웨일강을 건넜다. 곧바로 동쪽 계곡 위 다리와 울타리문을 지나고 잠시후 또 다른 울타리문을 지나 10시 10분경에 두 갈래 길에 이르렀다. 여기서 고지대 황야의 산으로 가는 정식 CTC길과 저지대 스웨일데일 계곡(강변)대체길 중에서 선택해야 했다. 안내서를 꺼내 검토하며 고심한 끝에 저지대 계곡(강변)길을 택했다. 에너데일 워터 호수에서 버터미어로 가는 레드 파이크(Red Pike)에서 고생했던 잔상이 뇌리에 여전히 남아있어 본능적

으로 고지대를 피한듯하다. 그때 하고는 달리 이때는 무거운 배낭 짐도 없는데도 말이다. 내 몸은 이제내리막길이나 평지를 좋아하는 상태였다.

내리막길로 접어들어 울타리문 두 개를 지나 10~15분쯤 걸어 스웨일 강가에 이르렀다. 그사이 가랑비가 오는 듯 마는 듯 하다가 그쳤다. 날씨는 적당히 흐렸고 햇볕은 없었다. 통과한 돌담문에는 '개를 가급적이면 줄로 묶어서 관리해 달라'는 간판이 붙어있었다. 나는 혼자이니 내 맘대로 천천히 걸었다. 누구 하나 신경 쓸 필요가 없었다. 해 지기 전에만 다음 숙소에 도착하면 되니 시간에 구애될 필요 없이 내 무거운 짐은 짐 운반 업체가 옮기고 있을 것이고 나는 평지를 천천히 걷기만 하면 된다. 아무렴 황야의 산길보다 못할 소냐?

처음에는 사람이 없다가 가다보니, 제법 도보여행객들이 나타났다. 앞에서 오는 사람들이 더 많았다. 앞에서 오는 초로의 남자 도보여행자와 앞으로 내가 가야 할 길에 대해 이야기를 나눈 후 서로를 격려하며 지나간 후, 이어서 들꿩이 새끼 한 마리를 데리고 열심히 무언가를 찾아 쪼아 먹고 있었는데, 가까이 가도 도망가지 않았고 조금 빠른 걸음으로만 걸어갔다. 조금 전 간판을 붙여 개 관리를 부탁한 이유가 이런 조류보호에 있을 것이다.

그때 대학생 남자 도보여행자 두 명이 내 뒤에서 다가왔다. 그들은 커다란 배낭을 메고 있었다. 그들은 상세지도를 가지고 있었고, 또 리스(Reeth)에서 산다고 하니 누구보다도 더 길을 잘 알고 있을 것이다. 잠시 그들과 이야기하며 걷다가 주변을 살피고 사진과 동영상을 찍느라 자연스럽게 뒤쳐졌다. 간혹 있는 계곡 평지는 넓었는데, 이번에는 목장용 탈것을 타고 양모리 개 두 마리를 데리고 농부가 바삐 지나갔다. 아마 양모리 개는 훈련이 잘 되어있어 들꿩 같

은 새들에게 피해를 주지 않을 것이다. 개를 보니 초등학교 때 진돗개 두 마리
로 산토끼를 잡았던 어릴 때 추억이 떠올랐다. 주변에 양은 안보였지만 주인
농부는 털털 소리 나는 탈것을 타고 길 위를 질주했고, 양모리 개 두 마리는 그
를 중심으로 멀리서 뛰어갔다. 수십 년 전, 비록 탈것을 타진 않았지만 그 구도
는 나의 어린이 때의 그 추억과 흡사했다.

　11시경부터는 돌담과 철조망으로 울타리를 쳐 양을 치는 지대에 진입했
다. 스웨일데일 계곡은 목축을 할 수 있는 목초지대도 있다. 가던 길에 조그마
한 마을 이벨렛(Ivelet)을 지나고 점심을 먹기 위하여 카페에 들은 거너사이드
(Gunnerside) 마을에 1시경 도착했다. 이 두 시간 동안 무려 36개의 문을 통과
했다. 예외도 있었지만 대부분이 잠긴 돌담문에서 1~5m쯤 떨어진 돌담에 옹
색하게 틈새를 내서 만든 디딤대가 있는 틈새문이었다. 틈이 크면 목재문도 달
아 놨다. 주문(主門)에서 몇 미터 떨어졌지만 쪽문역할을 하기에 이름을 붙여
보자면 '돌담디딤대틈새쪽문'이라면 합당한 이름이 될까. 하여간 대충 계산해
보면 120분÷36=3.3분으로, 평균 3분 3초 만에 틈새문 하나를 통과한 셈이다.

동네를 지나는 등 길게 가는 곳도 있으니 목초지에서는 사실 1분 만에 다음 돌담틈새문에 도달하기도 했다. 축구장 1~2개 정도의 넓이로 담을 둘러놓고 그곳을 가로질러 틈새문을 통하여 지나가야 했는데 CTC 정식 길이 아니라 대체길이기 때문인지는 모르겠지만 안내 팻말은 없었다.

다행히도 앞서 말한 대학생들이 돌담틈새문 하나 앞서 갔고, 나는 그들을 뒤 쫓았다. 끝임 없이 돌담과 돌담을 가로질러가고 거기에는 틈새문이 있었는데, 그 문을 넘고 또 넘어가야 했다. 대학생들은 내가 안보이면 약간 지체했다가, 내가 그들을 멀리서나마 확인하면 그때서야 가곤했다. 약자에 대한 배려일듯싶다.

아침에 출발했던 켈드 로지앞에 있던 B6270 도로는 거너사이드 마을을 통과하여 리스까지 뻗어 있다. 거너사이드 마을을 관통하는 B6270 도로가에는 킹스 헤드(King's Head)라는 카페가 있고, 이곳에서 수프를 시켜놓고 싸온 빵과 과일, 요구르트를 먹는 것으로 점심을 때웠다. 학생들도 먼저 이곳에 와있었다. 수프는 너무 짜서 입에 맞지 않았지만 따뜻하게 속을 녹여 주어 거의 다 먹었다.

1시 30분경, 카페를 나왔다. 대학생들은 출발 전에 화장실에 들러 수통에 물을 채웠다. 영국에서 수돗물을 마실 수 있음을 알고 있었지만, 나는 이번 여행 내내 페트병 물을 사서 마셨다. 카페를 나서는데 이때 카페 앞에서 한 무리의 젊은 남녀들을 만났다. 대학생들은 그들과 이미 야영장에서부터 안면이 있어 모두 그들과 같이 걷기 시작했다. 이제 새로 합류한 4인과 나 그리고 대학생 2명 합 7인이 간격을 두고 걸었는데, 새로 합류한 사람 중의 한 사람이 붙임성 있게 나에게 말을 걸고 이것저것 물으며 같이 한참을 걸었다. 잠시 앞선 대학생 2인이 가는 방향으로 가다가 무리 중 한 여자가 아마 오늘의 길잡이 역할을 담당하는 사람인 듯 했는데, 소리를 치며 그 쪽이 아니고 이 쪽이라고 자기 쪽으로 오라고 했다. 길은 여러 갈래가 있어 취향대로 갈 수 있는 듯했다. 난 앞선 두 대학생들을 뒤쫓는 것을 포기하고, 여자가 둘이 있어 걸음이 느린, 그래서 내 걸음걸이 속도에 맞는 이들 팀에 합류하였다. 더구나 그들 중 한 사람은 무척 과묵한 두 대학생들과는 달리 나에게 말을 걸고 관심을 보이기도 해서 새 무리에 합류하게 되었다. 거너사이드 마을에서 리스로 가는 길은 한두 개가 아니다. 두 대학생은 스웨일강 가까이 길을 택한 것 이고, 우리는 강과 거리가 있는 좀 더 높은 지대를 택한 것이다.

이들은 크리스(Cris)와 몰리(Mollie), 제이콥(Jacob)과 루시(Lucy)로 각각 파트너였다. 루시와 몰리는 친자매 간으로 루시가 2년 언니라고 했다. 파트너가 정확히 어떤 관계인지 알 수는 없지만, 이는 크리스가 나와의 대화에서 사용한 용어였다. 크리스와 몰리는 집이 있는 맨체스터로 오늘 리스(Reeth)에서 버스를 타고 가야했고, 제이콥과 루시는 리스에서 야영하고 계속 걷기로 되어 있는 팀이었다. 두 자매가 짝이고 남자 둘이 짝이어서 여행 도중에 남녀가 알게 되어 일행이 된 경우인 줄 알았지만, 그렇지 않고 처음부터 남녀 두 쌍이었다. 크리스는 내 국적을 세 번인가 네 번 만에 맞췄다. 젊은이라서 그래도 비교적 쉽게 한국을 맞추었다. 물론 내 힌트가 작용했다.

크리스는 대학을 갓 졸업했는데 공부를 계속 더 할 계획이라고 했다. 젊은이들과의 대화는 또 다른 재미를 주었다. 나는 당신들이 리스까지 가는 동안 동영상을 찍어 주겠다며 원하는 인물 배역을 말하면 참고하겠다고 했다. 베어 그릴스? 휴 그란트? 엠마 왓슨(Emma Watson)? 키이라 나이틀리(Keira Knightley)? 등을 열거하며 말하는 대로 해주겠다고 농담하며 캠코더를 들이대니 그들도 좋아했다. 이제 그들을 넣어서 가는 길을 자유롭게 영상에 담을 수 있었다. 나는 사진과 동영상만 찍으면 되고 그들은 지도와 나침판을 보며 길을 찾아가면 되고 애써 그들을 피해가면서 주변을 찍어야하는 수고는 하지 않아도 되었다.

마을을 벗어나 10분쯤 걸으니 돌담 아래 돌조각 무더기가 쌓여있었고, 돌

담에 깨알 같은 글씨가 가득한 명판이 붙어있었다. 17~18세기에 지어져 19세기까지 이곳에 있었던 집 두 채에 대한 기록이다. 평범한 집이었는데, 정부당국(DEFRA)의 지원금까지 받아서 추적했다고 한다. 영국인들이 오죽 알아서 했겠냐 만은, 개인적으로는 그런 돈이 있으면 여기보다는 CTC길 표지판을 수선 보강하고 하나라도 더 세우는데 사용했으면 하는 생각이 들었다. 국가지정 둘레길(National Trail)이 아니라서 그런가? 안내서에는 'Lane Foot Ruins'라 써 있다. 우리는 다시 돌담틈새문을 지나 걸었다. 오전보다는 많지 않으나 역시 가끔은 돌담문과 혹은 틈새문을 통과하여 돌담을 지나야 했다. 영국이니까. 이제 우리는 강과는 한참 떨어진 곳인 산 쪽으로 갔다. 2시경에 기역자로 길게 형성된 돌담을 쇠막대문을 통과하여 지났다. 탁 트인 황야와 목초지 중간상태의 산자락이었다.

이때 눈에 띄는 붉은색과 분홍색을 입은 두 중년 여자 도보여행자가 우리들에게 길을 물었다. 나는 그들에게 리스로 간다면 그렇게 묻고 고생해가며 가느니 우리와 함께 가면 편할 거라 말하고 같이 가기를 권했다. 그들은 잠시 우리와 같이 가는 듯 같이 걷다가 다른 길로 사라졌다. 가는 길은 많으니 취향대로 선택해서 갔을 것이다. 가면서도 우리는 자주 루시 손에 있는 비닐에 싼 정밀지도를 보며 연구해서 길을 찾았다. 그 지도는 간혹 제이콥의 목에 걸려있기도 했지만 대부분 루시의 손에 들려있었다. 물론 나는 그들을 전적으로 믿고, 혼자 걸을 때는 흔히 보는 스마트폰 구글위성지도는 전혀 보지 않았다. 대신 캠코더로 사진과 동영상에 주변을 수시로 담았다. 물론 사람들도 자동적으로 화면에 들어가기 마련이다. 2시 30분경에 작은 마을 블레이즈(Blades)를 지났다.

크리스는 길을 걷다가도 특이한 것이 나타나면 나에게 설명해 주었다. 이를테면 농가에 세워진 흰장미형상이 그려진 깃발은 요크왕가를 상징한다는 것 등이다. 몰리는 돌담사이에 있는 야생 검은딸기(blackberry)를 따서 나에게 주었는데 시지만 달았다. 나는 이들과 같이 걷는 나의 모습도 동영상으로 남기고 싶어서 애써 크리스를 속성으로 훈련시켜 카메오로 등장하는 나와 나머지 친구들이 함께 걷는 모습을 촬영하게 했다. 그는 영리해서 금방 터득하여 잘 찍었다. 모두 즐거워하며 내가 시키는 대로 잘 따라 주었다. 블레이즈 마을을 지나 한동안 좁은 돌담 아랫길을 걷다가 다시 시야가 터진 반황야-황야와 목초지의 중간상태로 내가 만든 말이다-로 나왔다. 키어턴(Kearton) 마을 주변에서는 농가 뒤뜰을 통과하는 등 복잡해서 우리는 일부가 이미 통과해버린 좁은 돌담틈새문을 다시 되돌아서 다른 길로 변경해서 진행한 적도 있었다. 이렇게 고심 끝에 3시 37분에 힐로(Healaugh) 마을에 이르렀고, 이곳을 관통하는 B6270 도로에 들어서서 정확히 4분 동안 걷다가 오른쪽 강쪽으로 도로를 벗어나 도로를 뒤에 두고 강쪽을 바라보는 긴 의자 두 개에 나누어 앉아 휴식을 취했다. 이때 나는 배낭에서 카메라를 꺼내 일행들을 여러 자세로 앉혀 사진을 찍었다. 파트너 별로, 나까지 포함하여 모두 같이 등 여러 조합으로 찍었다.

사진촬영, 대화 그리고 예쁜 반려견을 데리고 산책 나온 이 동네 아가씨가 있어, 몰리와 루시는 번갈아 반려견을 쓰다듬고 대화하며 휴식을 취했다. 우리는 이렇게 약 15분을 의자에 앉아 쉬고나서 3시 56분에 자리를 떴다. 목초지와 스웨일강변을 지나면서 루시는 일행들에게 간식을 나눠주었는데 나도 덩달아 받아먹었다. 간식 중에 60펜스 가격이 붙은 붉은색 기름종이로 포장된 손바닥만한 켄달 박하과자(KENDAL MINT CAKE)는 도보여행자 간식으로는 그만이었다. 힐로 긴의자를 출발하여 하나의 철봉돌담문과 다섯 개의 목재울타리문을 지나고 4시 19분에 스웨일강의 리스 선개교(Reeth Swing Bridge)를 지났다. 다리를 이용하여 건너는 것이 아니라 강과 다리를 오른쪽에 두고 그냥 지나갔다. 다리 입구에 붙어있는 글에 의하면 2000년 9월 19일 화요일 밤의 대홍수로 80년 된 이 다리가 무너졌고 2002년에 새로 재건했으며 다리 모양은 옛모양을 거의 살렸다고 한다. 여기서 다시 돌담문 또는 울타리문 4~5개를 통과하면서 10분을 지나 리스 중심에 4시 31분에 도착했다. 크리스가 이메일을 내 이메일로 보냈고 맨체스터에 오면 꼭 연락하라고 하면서 그의 전화번호도 알려줬다. 친절한 젊은이다.

나는 그들과 헤어지고 계속 걸어 그린턴(Grinton)에 있는 YHA 그린턴 로지(Grinton Lodge) 유스 호스텔로 향했다. 그것은 산 중턱에 있어 리스 외곽에서부터 보이지만 한참을 올라가야 한다. 리스에 있는 숙소에 예약을 하지 못해서 오늘밤은 CTC길을 약간 이탈해서 자야했다. B6270 도로는 CTC길과 함께 리스를 관통하고 함께 리스외곽까지 같이하다가 리스 다리를 지나 바로 헤어지고, 그린턴 다리 부근에서 둘은 다시 서로 만나 가로지른다. 이후 CTC길은 마릭(Marrick)을 향하여 가고 B6270도로는 그린턴을 향한다. 나는 리스에서 손쉽게 큰길 B6270을 따라가도 되겠지만 리스 다리를 지나 자동차 길을 벗어나 CTC길로 접어들었다. 숲과 목초지의 울타리문 6개를 지나 마지막으로 그린턴 다리 초입의 좁은 틈새문을 나가면 바로 B6270 도로 위였다. 다리에는 유스 호스텔로 향하는 화살표가 있다. 다리를 건너고 그린턴 마을을 통과해서 제법 가파른 길을 한참을 올라갔다. 힘들게 오르막을 올라 5시 27분에 드디어 YHA 그린턴 로지 유스 호스텔 접수대 도착했다.

도착 즉시 투숙을 위해 수속하고 돈을 지불했다. 조식포함으로 예약했던 것인데, 문제는 석식이었다. 저녁식사도 추가로 돈을 받고 제공하는데, 오늘은 어린 학생들이 대거 투숙하여 더 이상 저녁식사를 제공하지 못한다고 했다. "나는 여기 올라오느라 죽을 뻔했다. 또다시 이 가파른 곳을 내려가 마을에서 밥을 사먹고 이 길을 또 올라오라는 것이냐? 오늘 얼마나 긴 거리를 걸었는지 알기라도 하느냐? 난 지금 죽을 지경이다."라고 호소하니 접수대의 담당 젊은 여자는 한참을 고심하다 7시 30분에 식사하러 오라고 말했다. 다 끝나고 나를 받겠다며 오늘 저녁식사는 고기완자(meatball)라고 하였다. 나는 "좋다"고 말하고 지정된 방 7번을 찾아갔다.

7번방에는 뜻밖에도 데번신사삼인방 조, 제스, 앤디가 먼저 와 있었다. 미리 도착한 내 배낭을 알아보고 내가 올 것을 이미 알았다고 했다. 정말 반가운 사람들이었다. 2층 침대는 3개가 있었고 나는 앤디의 윗 침대를 사용하게 되었다. 다른 한 침대에도 새로운 사람들이 와서 침대 모두가 찼다. 각 침대마다 각각 따로 있는 전자제품 충전기 전기 연결 부분이 불안전하여 조는 낯선 사람을 포함하여 방안의 모든 사람들의 것을 일일이 살펴보고 고쳐주었다. 나는 그것을 보고 "영국 변호사는 모든 것을 잘해야지요?"라고 칭찬하니 방안의 모든 사람들이 다 웃었다. 건조실은 좋아서 뭐든지 잘 말랐다. 컴브리아와 요크셔 지방에서는 건조실이 중요하다. 7시 30분에 식당에 가서 맨 끝으로 식사를 마쳤다.

YHA 그라스미어 유스 호스텔에서 먹어본 맛있는 고기완자를 생각하면 안 될 듯싶었다. 이곳 요리사는 초보로 보였다.

처음에는 YHA 그린턴 로지 유스 호스텔은 예전 수도원 건물로 보았다. 그러나 복도벽에 붙어있는 설명에 의하면 수도원은 아니었다. 주변 땅 주인이 19세기에 근처 황야에서 들꿩 사냥을 하기 위하여 지은 저택으로, 여러 세대를 내려오면서 주인이 여러 번 바뀌고 마지막으로 1948년에 유스 호스텔 협회(YHA)가 구매하여 오늘에 이르렀다고 한다. 유스 호스텔 수용인원은 81명이고, 그 외 주변에 야영장 등의 시설이 있다. 요크셔 데일스 국립공원에 오는 사람과 CTC를 걷는 도보여행자가 많이 이용하고 있다고 한다.

밤에 통신 회사 해외로밍 안내서비스에 전화하여 애로점을 이야기하니 친절히 안내 설명하여 해결하였다. 현지 로밍이동통신사 여럿 중에 어느 것을 이용해야 하느냐가 관건이었다. 이제 불편이 없을듯하다. 다른 것은 몰라도 구글위성지도에서 나의 현재의 위치와 주변 지형이 정확해야 한다. 볼펜을 잃어버려 접수대에서 뚜껑 없는 볼펜 하나를 얻었다. 패터데일(Patterdale)에서 산 것을 잃어버린 것이다. 11시경에 잠자리에 들었다.

사용한 비용

£1.00 물 / £4.00 점심 / £15.00 숙박 / £6.25 내일 조식 / £7.95 석식

《폭풍의 언덕》의 배경은 어디인가요?

그린턴 → 마릭 → 마스크 → 리치먼드 (16.5km)

간밤 침실은 약간 더웠다. 그래서 그런지 잠이 쉬이 오지 않았다. 이상했다. 몸은 녹초가 되었는데도 말이다. 잠이 들었다가도 자주 깼다. 그렇다고 낮에 걸을 때 지장을 준 것은 아니다. 충분히 잤다는 뜻이다. 아침식사도 별로 맛이 없었다. 소시지며 계란 스크램블이며 맛이 없었다. 토스트 굽는 기계는 어린 학생들이 차지해 접근할 수도 없었다. 그냥 굽지 않은 토스트 빵 두 쪽을 가져와서 가운데 버터와 잼을 발라 점심용으로 챙겼다. 그리고 과일과 요구르트도 챙겼다.

데번신사삼인방보다 조금이라도 먼저 출발해서 중간에 만날 때까지 혼자 걷겠다는 생각으로 서둘렀다. 그러나 조금 가다가 열쇠를 반납하지 않은 것이 생각나서, 다시 돌아와 열쇠를 통에 담아 넣고 다시 출발했다. 그렇게 출발한 최종 시간은 8시 38분이었다.

9시경에는 그린턴 다리를 바로 건너, 안내서를 펴들고 연구하기 시작하였다. 어느 길로 가야할지 망설이는데, 데번신사삼인방이 도착했다. 그들은 강 쪽 샛길로 망설임 없이 향했다. 제스가 2년 전에 갔던 길이니 확실할 것이다. 즉시 그들에 합류해 바삐 그들의 보폭으로 걸을 수밖에 없었다. 그제처럼 항해사 일은 그들 중 어느 한 사람에게 맡기고 촬영에만 전념했다. 오늘도 울타리문과 쪽문이 자주 앞에 나왔다. 다리를 지나고부터는 오른쪽에 스웨일강을 두고 강에 바짝 붙어 한참을 걸었다. 물소리가 제법 크고 물의 색깔은 흑갈색이었다. 나는 물고기에 대하여 궁금해졌다.

나 강에 물고기가 있나요?

조 있다고 생각합니다.

나 먹을 수는 있을까요? 물 색깔이…….

제스 (이 방면에는 일가견이 있는 듯 끼어든다) 물고기 말입니까?

나 네. 강의 물고기……. 식용 가능할까요?

제스 물론입니다.

나 물이 이렇게 흑갈색인데도요?

제스 대부분의 물고기는 맑은 물에서만 살죠. 그리고 (두 검지손가락으로 가슴 넓이만큼 벌리면서) 크기는 이만큼 큽니다. 갈색송어, 무지개송어가 있는 데 무척 맛이 있습니다.

이렇게 강물을 따라가면서 나는 제스의 물고기 이야기를 흥미를 가지고 들었다. 제스는 그방면에 지식이 풍부한 듯 보였다. 9시 15분경 CTC길은 강가에서 멀어지고 앞에 있는 일반 포장길을 가로질러 철조망 울타리를 목재디딤대문으로 넘어서 목초지로 접어들었다. 강 건너 지난밤을 보냈던 YHA 그린턴로지 유스 호스텔이 여전히 멀리 보였다. 제스는 이번에는 사냥에 대하여 우리들에게 열심히 이야기하며 길을 재촉했다.

이제 주로 돌담으로 둘러싼 목초지를 걸었다. 돌담쪽문, 목재디딤대문, 돌담디딤대틈새문, 철봉으로된 돌담문 등 여섯, 일곱 개의 문을 지나서 9시 45분

경에 마릭 수도원(Marrick Priory)을 지났다. 친절한 조는 손에든 안내서를 참
조하며 나에게 이 수도원에 대하여 설명해 주었다. 12세기에 세운 베네딕트 수
도회의 수녀원이다. 조와 나는 헨리 8세의 역사적인 '수도원 해체 조치'에 따라
해산되었을 것으로 추측하는데 의견의 일치를 봤다. (나중 영국 포털사이트에
서 우리들의 짐작대로 헨리 8세의 수도원 해체 조치 때 해체되었음을 확인했
다. 헨리 8세는 그의 결혼 문제로 로마교황이 수장인 가톨릭에서 독립하여 성
공회를 주창하여 가톨릭의 유럽에서 독자노선을 걸었는데, 나의 사견으로는
이 때를 최초의 브렉시트로 본다. 헨리 8세는 가톨릭에서 독립하면서 대부분의
기존 수도원을 해산시켰다.) 지금은 종교시설이 아니고 1960년대부터 숙박시
설로 전환되었다. 지금은 야외수련원으로 운영되고 있다.

　우리는 다시 숲길로 접어들었는데, 오른쪽은 돌담이었다. 10시경에 숲
을 나와 시야가 트인 곳으로 나왔는데, 여전히 오른쪽의 돌담을 따라 걸었다.
10시 5분경에 마릭(Marrick) 마을 초입에 있는 성 앤드류의 교회(St.Andrew's
Church) 1858이라는 목판이 붙어있는 건물 앞을 지났다. 십자가가 없어서 짐
작한 바가 있어, "지금은 교회가 아니고 개인집이지요?"라고 물으니 제스가 재

빨리 내말이 맞다고 확인해주었다. 허름한 19세기 교회건물을 여전히 개인집으로 사용하고 있는 듯 했다. 우리는 10~15분 동안 마을을 천천히 통과했다. 건물은 볼품없는 회색 빛깔의 돌과 시멘트 집이었다. 동네를 빠져나오면서 옛 학교건물(The Old School House)이라는 팻말을 붙여 놓은 집을 보고 생각나는 것이 있어, 나는 "걸으면서 옛 학교건물이라는 곳이 가끔 있는데, 며칠 전에 투숙했던 B&B 이름도 옛 학교건물이었는데 데번이나 콘월에서는 못 보았는데요."라고 말하니 제스가 즉시 "그곳에도 있어요!"라고 반박했다.

나는 데번과 콘월지방에서는 이렇게 시골길을 걸어보지 않고 도시나 관광지만을 선택적으로 가 보아서 진짜 남부 잉글랜드 시골을 보지 못해 그렇게 생각했을 것이다. 현재의 영국인들은 자기 집이 옛날에는 학교 건물이었다는 것을 자랑스럽게 생각하는 것 같다. 마을을 벗어나면서 세 명의 다른 도보여행자들을 보았으며 돌담틈새문과 울타리문을 처음은 1~2분 간격으로 대여섯 개를 지나, 마을을 완전히 벗어나면 넓은 목초지에 이를 때는 그 간격이 3분 이상이 되었다. 돌담문도 철봉으로 크게 만든 것이 많았다. 몇 백 미터 거리에 이동식 주택 캐러반 야영지가 있었다.

어원(語原)에 관심이 많은 나는 조에게 캐러반(caravan)의 원래의 뜻을 아느냐고 물었다. 그는 의외로 자동차 상표라고만 알고 있었다. 원래의 뜻은 중동 사막을 건너는 상인무리를 말한다고 말해주었다. 불어(caravane)를 통해서 들어온 페르시아어다. 나는 속으로 다른 것은 많이 알면서 변호사가 이것도 모르냐며 약간 실망했다. 그래도 이번 도보여행에서 만났던 사람 중에서 제일 유식한 사람은 조였고, 더구나 성격도 좋았다. 묻고싶은 것이 있다면 이 기회에 그에게 물어야 했다. 우리는 내일부터는 만나지 못할 것으로 보았다.

나는 소설《폭풍의 언덕(Wuthering Heights)》의 배경이 되는 곳이 정확히 어디인지 궁금했다. 레이크 디스트릭트 호수지방은 아닌 것이 분명하지만, 바로 이어지는 요크셔 데일스(Yorkshire Dales, 요크셔 골짜기)인지, 아니면 그 다음에 이어지는 노스 요크 무어스(North York Moors, 북 요크 황야)인지 심히 궁금했다.《폭풍의 언덕》의 배경이 될 수 있는 황야는 레이크 디스트릭트를 벗어나면 자주 만나기 때문이다. 일전에 만나 같이 걸었던 폴린과 타미 모녀에게 물었지만 확실한 답을 얻지 못했다. 그러나 역시나 조는 확실한 답을 주었다. 조의 말에 따르면,《폭풍의 언덕》의 배경은 노스 요크 무어스라고 했다.

엘러스 백(Ellers Beck) 개울의 목조다리를 10시 40분경에 건넜다. 여기서부터 다시 목초지와 돌담문, 철조망울타리 디딤대문 등 17개의 문을 지나 11시경에 하드 스타일스(Hard Stiles) 길에 도착했다. CTC길은 이 길과 함께 마스크(Marske) 마을을 지나 조금 더 같이 가다가 갈라졌다.

우리가 이 길에 이르렀을 때는 흰색 미니 밴이 멈춰있었고 주변에 약 10명의 사람들이 쉬고 있었다. 인솔자와 운전기사 외에는 대부분이 청소년 나이로 보였다. 직역하여 에든버러 공(公) 상(The Duke of Edinburgh's Award)을 목표로 수련하는 청소년이라 했다. 국제적 자기성장 프로그램, 국제청소년성취포상제 등으로 번역되고 있는데, 우리나라 여성가족부 산하에도 관련 조직이 있다고 한다. 1956년 영국여왕 엘리자베스 2세 남편 필립공이 설립한 14세에서 24세까지의 청소년을 대상으로 일정한 규정 하에 여러 훈련을 마치고 통과하면 주는 상이다.

우리들 중 누군가가 돌담을 사이에 두고 그들과 이야기를 나눈 후 몇 십미터 더 가서 문짝까지 있는 돌담틈새 문을 통과하여 길로 나왔다. 다시 남녀한 쌍의 도보 여행자를 만나 잠시 이야기를 나누었는데, 주로 제스가 말을 하

고, 조는 가끔 거들고 앤디는 거의 말이 없었다. 그들은 걷기 두 번째 날이라고 했다. CTC길을 걷는 사람들이 많지 않았으니 어쩌다 도보 여행자를 만나면 서로 반가워했다.

하드 스타일스 포장도로로 나온 지 20여분 만에 마스크 마을 외곽 삼거리에 도착하였다. 여기에는 세 갈래길 각각으로 도로안내표지 화살표 팻말과 CTC길 팻말도 같이 있어 누구나 가고자하는 곳으로 쉽게 방향을 잡을 수 있다. 여기에 있는 CTC길 방향 안내 팻말은 페인트칠이며 도안이 정식 도로표지만큼 세련되어 있었다. 아마 CTC길에서 가장 세련된 CTC길 안내 팻말일 것이다.

CTC길은 와쉬턴 5, 레이븐즈위스 6이라고 쓰인 화살표 팻말 방향과 같이 되어있어 우리는 그 방향으로 걸어 마스크 마을을 통과했다. 지명 뒤 5와 6은 거리 표시로 마일을 의미하는 것으로 추측했다. 마을을 지나면서 안내서를 들고 있는 조는 나에게 옆 건물을 가르키며 순교자 성 에드먼드 교회(Church of St. Edmund the Martyr)라 말해주었다. 노르만식 옛 교회라고 하며 덴마크

인에게 누군가 죽었다고 하니, 아마 바이킹 시대의 수난을 말하는듯했다. 조가 고맙기는 하지만 그의 말을 다 알아듣고 기억하기에는 힘이 많이 드는 행군이었다.

　마을을 벗어나 여전히 한참을 잡목 숲 울타리 사이의 포장도로를 걷다가 11시 35분에 옹색한 목재디딤대문을 통하여 도로를 벗어나 사방이 트인 목초지에 들어섰다. 이곳은 돌담보다는 관목울타리나 철조망울타리에 목재울타리문으로 목초지를 나누고 있었다. 포장도로를 벗어나 10여분 동안 울타리 다섯 개를 지나면 스웨일 강으로 흐르는 작은 개울을 만나는데 나무로 된 패디의 다리(Paddy's Bridge)로 개울을 건넜다.

　다시 엉겅퀴와 잡풀이 무성한 야산을 10여 분 걸어 12시경에 이름 없는 비포장도로 옆에 서있는 사람키 만한 큰 돌무더기(케른)에 도착했다. 여기서 몇 분 쉰 후 비포장길로 접어들어 십 여분을 걸어가면 길은 이내 좁은 샛길로 변하면서 돌담을 만나 목재문으로 통과했다. 이제 야산길인데 가끔 숲도 있었다. 오랜만에 햇빛을 보고, 파란하늘을 보니 다들 좋아했다. 대체 며칠 만에 본 하늘이고 태양인지……. 오랜만에 구름 속에서 해가 나오니 우리 데번신사삼인방은 태양을 향해 양팔을 들고 어린아이들처럼 소리를 쳤다. 그렇게도 좋을까? 내내 날이 흐렸으니 그럴 만도 했다. 영국인들의 태양 사랑은 우리의 그것과는 너무 다르다. 야산길이지만 여전히 돌담, 철조망 혹은 나무로 경계를 지어서 울타리문을 수시로 지나야했다. 걷는 내내 그랬지만 보통 앞서간 그들 중 한 사람은 문을 붙잡고 나를 기다려주곤 했다.

주변 산에 나무가 없는 것을 보고, 벌거숭이 영국산에 대하여 이야기 했다. 조와 제스의 이야기로는, 영국 섬에는 원래 나무가 울창했는데 로마인들이 들어와 벌목이 심해졌고 그 뒤로 벌거숭이산이 되었다고 했다. 나는 영국인이 18, 19세기 때는 식민지를 경영하느라고 조림사업에 힘쓸 여력이 안 되었을 것이라고 부드러운 표현으로 이야기 했다. 하지만 사실은 힘없는 지역에 가서 총칼로 위협하고 주둔만하면 큰 경제적 이득이 왔을테니, 조림사업이 오히려 비경제적이었을 것이다. 그 인원을 식민지사업에 투입하면 몇 배 더 큰 수익이 났을 텐데, 시시하게 나무나 심는 일은 국가적으로 비경제적이었을 것이다. 데번신사삼인방에게 나의 내심을 밝힐 이유는 없었다.

앞서 언급한 큰 돌무더기 주변에서 몇 분 쉰 후 출발하여 교대로 나타난 돌담과 철조망을 목재문을 통하여 예닐곱 번 지나 12시 35분경에 잔디 위에 앉아 점심을 먹었다. 제스는 이번에도 버너 등 장비를 꺼내 즉석에서 커피를 끓여 마셨는데 장비가 내보기에는 좀 복잡했다. 여러 절차를 거쳐 현장에서 끓였는데, 이번에는 내가 맛 좀 보자고하여 약간 얻어 마셨다. 하지만 그 맛은 나에게는 몹시 쓸 뿐이었다. 영국인들은 보통 이렇게 쓴 커피를 마시는 모양이다.

점심 휴식을 마친 후 어쩐 일인지 이들 데번신사삼인방은 지팡이가 거추장스러운지 배낭 위에 붙여 묶었다. 제스는 자기 것을 자기 배낭에 붙였지만, 조는 배낭이 작아 대신 앤디의 것에 묶었다. 앤디는 자기 것과 함께 조 것까지

4개를 묶어야하니 두 개 두 개를 가로질러 X자형태로 묶었다. 그를 보고 내 입
에서는 자동적으로 "중세 전사다!!!"라는 말이 나왔다. 이제 리치먼드가 가까
워지니 지팡이가 귀찮아졌던 모양이다. 그러나 나는 지팡이 두 개를 여전히 짚
고 걸었다.

　1시 10분에 다시 출발했다. 숲길과 산등선길 그리고 포장길을 천천히 걸어
1시 35분경에 리치먼드(RICHMOND)라고 크게 대문자로 새긴 네모꼴의 돌
탑에 도착했다. 리치먼드 외곽 경계다. 계속 5분쯤 더 포장길을 걷다가 오른쪽
목재울타리의 울타리문을 통하여 양들이 있는 목초지 길에 접어들어 걸었다.
10여 분을 목초지를 걸어 울타리문 두 개를 지나서 큰길로 나갔다. 데번신사삼
인방은 이제 나에게 더 터프 호텔(The Turf Hotel)을 찾아주고 가야했다. 이미
조가 그곳을 알고 있어서 2시 5분에 쉽게 그곳에 도착하였다. 그들은 좀 더 가
야했다. 호텔 앞에서 약간 요란한 '이별의식'을 치루고 섭섭한 마음을 가지고
헤어졌다. (이후로는 그들을 만나지 못했다.)

　호텔방에는 TV, 커피포트가 있었는데 화장실과 샤워장은 다른 한 방과 같

이 썼고, 복도 옆에 있었다. 저녁식사는 호텔 식당에서 했다. 영양보충을 해야 하니 그중에서도 제일 비싼 것으로 시켰다. 돼지 옆구리살(Pork Belly)이라는 것을 시켰다. 'Pork Belly served on a bed of wholegrain mustard mash with red carbage and an apple & cider jus'인데, 애써 번역해보자면, 껍질 채 겨자를 넣어 삶아 으깬 감자에 붉은 배추, 사과와 사과즙을 곁드는, 저장 처리하지 않은 돼지의 옆구리 살코기라 할 수 있다.

글만 보면 천하의 고급 레스토랑에 온 것 같다. 한국인은 국물을 밥과 함께 드니 음식과 함께 물을 달라고 했더니 물을 음식 나올 때 같이 가져왔는데, 사발물을 가져왔다. 숟가락은 미리 갖다 놓았다. 웃음이 절로나 컵으로 바꿔 달라고 했다. 식당 종업원도 나도 같이 웃었다. 돼지 옆구리살을 음식설명에는 보이지 않는 치즈와 같이 버무렸기에 느끼했다. 식사 도중 방에 가서 오는 비행기에서 먹다 남은, 새끼손가락보다 더 작은 거의 다 먹어 비쩍 마른 고추장 튜브를 가져와 힘껏 짜보니, 고추장이 병아리 눈물만큼 조금 나올 뿐이었다. 그것이라도 정성껏 발라먹는데 주변 사람들이 보았다면 이상하게 생각했을 것이다.

저녁식사 후 광장과 리치먼드 성 앞을 둘러보았다. 하루 정도 더 쉬었다 갔으면 하는 곳이다. 앞 일정대로 숙소가 다 예약되어 있어서 내일은 떠나야 한다. 숙소를 미리 예약하면 여러 장점도 있지만 이렇게 일정에 묶여버리는 단점이 있다.

리치먼드(Richmond)를 말하자면, 보통 미국 버지니아에 있는 리치먼드를 생각하거나 아니면 런던 외곽에 있는 또 다른 리치먼드를 생각하기 쉽다. 그런데 짐작한대로 그중 지금은 가장 규모가 작지만 리치먼드 성(Richmond Castle)이 있는, 인구가 1만도 못되는 이곳 북(노스) 요크셔의 리치먼드가 원조다.

　이곳은 요크셔 데일스 국립공원 끝자락에 위치하고 있으며 공원여행의 중심지 중 하나다. 지명 리치먼드의 뿌리를 찾아보면 북프랑스 노르망디지방의 삼림이 우거진 농촌마을 'Richemont'에서 유래되었다. 정복왕 윌리엄은 잉글랜드정복에 공을 세운 동료 앨런 루퍼스(Alan Lufus)에게 이 지역을 봉토로 주고 리치먼드 백작(Earl of Richmond or Comte de Richemont)의 칭호를 주었다. 저녁을 먹고 마을을 산책하였고 리치먼드 성에도 가보았는데 관람시간은 오전 10시부터 오후 6시까지로 아쉽게도 입장불가였다.

사용한 비용

£1.50 물 / £13.95 석식 / ₩67,524 호텔(7월 27일 지불)

필립과 캐럴라인 부부와
함께 걸은
요크셔 들판

리치먼드 → 볼턴 온 스웨일 → 스트리틀람 → 단비 위스크 (22.2km)

6시 30분경 기상했다. 몸이 찌뿌듯했다. 이곳에서 하루쯤 쉬어야 하는데…….
거울을 보니 얼굴이 반쪽이 되어 있었다. 아내가 보았더라면 한소리 했을 몰골
이었다. 하여간 집에 가면 잔소리를 실컷 들을 것이다. 영국식 조식도 이제는
지겹다. 삶아 간을 한 콩, 소시지, 베이컨 조각, 삶은 토마토 반 조각, 달걀 프라
이, 검은 푸딩 등 그래도 맛이 있게 조리할 때도 있지만 그렇지 않을 경우가 많
았다. 오늘 맛은 보통 정도였다.

커피가 진하냐고 물으니, 뜨거운 물도 함께 가져다주는 배려를 했다. 초로

의 요리사였다. 이 호텔에서 나만 7시 30분에 밥을 먹는지 내가 끝나니 다시 깨끗이 철수해 버린다. 짐 운반 업체 셔파 밴(Sherpa Van) 직원이 가져갈 내 배낭을 어디에 둘지, 또 호텔은 문을 열 때까지는 누구도 들어올 수 없는데 내 배낭을 어떻게 꺼내가지? 그렇다고 문밖에 둘 수도 없다. 그래서 배낭 위에 방 열쇠와 함께 글을 남겼다. '짐 운반 업체 직원이 단비 위스크 백조(The White Swan) B&B에 꼭 가져갈 수 있도록 해 주세요.'라는 문구였다. 나중 나가면서 보니 호텔 밖에 초인종이 있었다.

호텔 앞을 사진으로 담고, 9시 10분에 출발했다. 광장 쪽으로 가 요크셔 트레이딩이라는 큰 상점에 들러 손톱깎이를 사고 과일가게에서는 자두 하나를 샀다. 안내서에는 길이 리치먼드성의 오른쪽으로 나있고 성을 지나서는 왼쪽으로 꺾이는 것으로 되어있다. 나름 안내서대로 걸으니 성을 왼쪽으로 바짝 도는 길이 나왔다. 그길로 조금 가다가 사람이 나타나 물으니 성을 돌기 전에 아래로 내려가는 샛길로 가야 한다고 했다. 다시 되돌아와 개를 데리고 산책하는 여자에게 물으니, 성을 돌기 직전 아래로 계단길이 있으니 그것을 따라 내려가면 다리가 있고, 다리를 건너가면 CTC길이라고 했다. 그렇게 큰길로 나와 다리를 건너니, 왼쪽으로 돌담문이 열려있었다. 거기에 화살표 목재 팻말에 'PUBLIC FOOTPATH/COAST TO COAST'라고 선명히 방향 표시글이 있었다. 돌담문을 통과하고 화살표 안내대로 걸었다. 이때가 9시 34분이었다. 스웨일 강을 사이에 두고 성 뒤편의 길이었다. CTC 표시를 보고 확실히 옳은 길을 가고 있다는 생각에 맘이 편해졌다. 그러나 그것도 잠시였다. 바로 동네축구장이 나오고 화장실이 있었다. 문이 잠겨있을 줄 뻔히 알았지만, 확인삼아 열어보았는데 짐작대로 단단히 잠겨있었다. 유럽에서 우리 수준의 화장실 인심을 기대할 수는 없는 일이다. 그래도 영국의 화장실 인심은 대륙보다는 낫다. 영국을 포함하여 유럽의 화장실 문화와 인심에 대하여 이야기 한다면 책 수십 쪽 분량은 거뜬히 채울 수 있을 만큼 나에게는 이야기 거리가 많다. 유럽과 영국의 화장실문화에 대하여 내심 못마땅한 추억을 떠올리는 사이에 내 발걸음은 동네축구장과 스웨일강 사이의 숲길로 들어가고 있었다.

숲속을 걸으며 울타리문 두 개를 지나는 동안 안내서를 보고 걸었지만, 오른쪽으로 꺾어지는 길을 놓치고 계속 걸어 머큐리 브리지(Mercury Bridge) 또는 스테이션 브리지(Station Bridge)라고 부르는 다리와 역이 있는 곳의 A6136 도로와 만났다. 그런데 잠긴 돌담문을 뛰어넘어야 도로로 나올 수 있었다. 철도가 안보이니 버스역인듯 싶었다. CTC길은 표시가 많지 않은 것이 특징인 걸까? 그리고 CTC길이 하나가 아닌 것이 또 특징이었다. 이렇듯 조마조마하면서도 천천히 걸었다. 6시까지야 못 가랴! 천천히 무리 없이 걷자고 마음을 다잡고 걸었다.

A6136 도로를 따라 4~5분을 걸으니, 오른쪽 샛길과 도로가 만나는 곳에 CTC 팻말이 서있었다. 올바르게 걸었더라면 이곳에서 도로로 나왔을 것이다. 삼각형 한 변 거리였는데, 두 변을 걸어 돌아온 셈이다. 시간을 보니 10시였다. 여기서부터 도로와 CTC길이 겹치는 곳으로 10분을 더 걸으니 왼쪽으로 도로를 벗어나는 CTC길인 샛길이 있었다. 이곳에 서있는 목재 팻말이 CTC길임을 안내하고 있었다.

큰 도로 A6136에서 왼쪽으로 꺾이는 샛길은 처음에는 포장도 되어 있고 제법 넓었다. 바로 도로 위에 깔아 놓은 가축 이동방지 쇠격자판이 있어 그 위를 용기를 내서 건너가 보려 했으나 아래 함정이 무서워서 포기하고 옆의 철봉문을 애써 열고 통과했다. 5분쯤 더 가면 강과 CTC길 사이에 하수처리장이 있었고, 정문으로 보이는 녹색으로 채색된 쇠창살 대문을 만났다. 제법 세

련된 쇠창살정문과 바짝 붙어서 남루하기 짝이 없는 오래된 CTC길 표시 목재 팻말이 있었다. 거기에는 세 개의 CTC길 표지가 붙어있었는데, 크게 'COAST TO COAST'라는 표시와, 동그라미 속 화살표에 크기가 작은 'COAST TO COAST' 표시, 그리고 판자에 아무렇게나 손으로 쓴 글자 C2C였다. 고마운 길 안내 표지였지만, 세련된 철재대문의 친구로서는 미학적으로 영 어울리지 않는 팻말이었다.

강가 숲길에서 CTC길 안내서와 곳곳에 숨어있다시피 한, 다 쓰러져가는 남루한 길안내 팻말을 찾아서 나무다리와 울타리문을 서너 개 지나면 밀이나 보리 수확이 끝난 넓은 밭이 나왔다. 농작물이 있을 때는 ㄷ자로 걸었을 길을, 농작물이 없어 끝이 보이는 밭을 그냥 직선으로 횡단하여 다음 울타리문에 도달할 수 있었다.

이어 또 하나의 밭을 지날 무렵, 내가 방금 전에 걸었던 먼 곳에서 두 사람이 몇 미터 거리를 두고 걸어오고 있었다. 나는 호기심을 가지고 점점 커져가는 그들을 기다렸다. 누구일까? 앞서 걷는 사람은 키가 작은 여자였고, 뒤쳐져 오는 남자는 키가 크고 덩치가 있는 남자였다. 점점 가까워지니 알 것 같았다.

켈드 로지(Keld Lodge)에서 같이 투숙했던 키 크고 몸집이 있는 남편과 자그마한 금발과 은발을 가진 부인이었다. 바로 필립부부였다. 남편은 과묵하고 무게 잡는 스타일로 보였고, 부인은 그 반대로 이야기하기를 좋아했던 것으로 기억했다. 아직은 통성명 전이라 이름은 몰랐지만, 구면이라서 반갑게 서로 인사했다. 내가 길을 찾기에 어려움이 많다고 불평하자, 부부 중 누군가가 자기들과 같이 걷지 않겠느냐고 제안했다. 누가 영국인들이 붙임성 없고 친절하지 않다고 했던가? CTC길에서 만난 그들-데번신사삼인방도, 이름 모를 두 명의 대학생도, 크리스 팀도, 필립부부도 청하기 전에 나에게 도움을 주었다.

부부 중 남자는 흔히 영국중년들이 가지고 걷는 세밀한 안내서를 들고 있었다. 폴린이 들고 있던 바로 그 안내서였다. 젊은이들은 보통 정밀지도 한 장을 주로 들고 있었는데 책값을 아끼기 위해서일 테다. 세밀한 안내서는 아주 세밀하게 쪽마다 한 구간 한 구간 돌담, 울타리문 위치까지 꼼꼼히 그림으로 그리고 글로 적어놓은 안내서였다. 나는 흔쾌히 합류하겠다며 고맙다고 말하며 그들의 권유를 받아들였다. 그들은 아니, 남편은 과묵하여 먼저 이름을 물어보지도 않았다. 내가 먼저 이름을 물었다. 그들은 필립(Philip)과 캐럴라인

(Caroline)이라 했다. 집은 켈드에서 말했다. 셰익스피어의 고장 스트랫퍼드 어폰 에이번(Stratford-upon-Avon)이다.

이렇게 나는 11시경부터 그들 덕분에 단비 위스크까지 손쉽게 걷게 되었다. 그들과 합류했을 때 발견한 길 안내 목재팻말에는 리치먼드 2와 1/2mls이라 쓰여져 있었으니, 환산하면 딱 4km 걸어온 거리였다. 필립부부가 앞서가고 나는 뒤따라 걸으며 그때그때 필요할 때 사진과 동영상을 찍으며 걸었다. 물론 세 사람이 함께 걸으며 이야기 할 때도 많았다. 그들이 먼저 데번신사삼인방 이야기를 꺼낸 것을 보면 도중에 그들과도 대화가 있었던 것 같았다. 폴린과 타미 모녀가 피터와 말린 부부를 알고, 내가 모두 다 알고 있으니, 장기간 같은 길을 걷는 여행자들은 서로의 존재를 직간접적으로 알면서 걷고 있다고 생각된다.

리치먼드는 노스 요크셔지만 요크셔 데일스 국립공원 끝자락에서 간신히 공원지역을 벗어나 있다. 오늘 가는 길은 어디도 국립공원이 겹치지 않았다. 돌담이 거의 없고 울타리는 철조망이거나 나무판자였다. 돌담이 없다는 것은 땅에 돌이 적기 때문이다. 목초지도 있으나 농지가 많았고 길은 평평하여 걷기 편했다. 그렇지만 구획된 농지와 목초지 사잇길을 찾아가야했다. 이렇게 10개 정도 울타리문을 지나거나 옹색하게 디딤대문을 넘어 11시 55분경에 브럼프튼 온 스웨일(Brompton-on-Swale) 외곽 스웨일 강위를 가로지르는 A1(M)고속도로 아래 다리밑을 요란한 차량소음을 들으며 통과했다. 필립은 자주 열심히 안내서 그림을 보며 연구했다. 그는 올바르게 아내 캐럴라인과 나를 잘 인도했다. 울타리문을 통과하면서 바로 옛 철도 육교 밑을 통과하여 고속도로 다리 밑을 통과한지 약 5분쯤 지나, A6136 도로(캐터릭 로드 도로와 겹치는 부분)를 만났는데, 쌩쌩 달리는 차량이 많으니 주의해서 무단으로 그 길을 건너

198

캐터릭 로드 갓길 인도를 따라갔고, 이어 곧바로 다리를 건넜다. 다리를 건너자마자 오른쪽의 좁은 양철문을 통해 옹색한 샛길로 접어들어 스웨일 강의 북쪽 길을 걸었다.

바로 왜가리를 발견하고 우리는 가던 길을 멈추고 한참을 구경했다. 영국인들은 조류에 우리보다는 더 관심이 많다. 기후 때문에 벌레가 적어 새의 개체 수가 상대적으로 많지 않아서일 것이다. 왼쪽은 초지고 오른쪽은 스웨일 강인 숲길을 울타리문 다섯 개쯤 통과하며 30분 쯤 걸어서 자동차 소음이 들리는 B6271도로에 도착했다. CTC길은 이 자동차 길과 같이 가지는 않고 그 옆 샛길로 가는데 나무에 가려 길은 보이지 않지만 자동차 소음을 듣고 또다시 다섯 개쯤 울타리문을 통과하면서 약 10분을 걸으면 채석장에 이르고 여기에 CTC길 표시 목재팻말이있고 이곳에서 B6271도로와 멀어지는 밭 사잇길로 접어든다. 이제 목초지가 아니고 경작지 길이고 길이 넓고 울타리문은 없었다. 1시경에 다시 B6271도로를 만났는데, 이곳이 볼턴 온 스웨일(Bolton-on-Swale) 마을이었다. 이곳에는 오래된 물펌프(Water Pump)를 정자 아래 전시해 놓고 있었다.

나는 필립부부에게 점심을 어디서 먹을지, 배고프지 않은지 물었다. 필립은 미리 다 생각해 놓은 곳이 있었던 것처럼 즉시 이곳 성모 마리아 교회(St. Mary's Church)에서 먹자고 했다. 교회는 CTC길 옆에 있다. 교회정문에는 다음과 같은 글이 붙어있었다.

성모 마리아 교회에 오신 것을 환영합니다.
잠시 쉬어가십시오.
셀프 서비스

커피, 차 그리고 찬 음료가 교회 안에 있습니다.

화장실도 이용가능 합니다.

화장실까지? 유럽에서 보기 드문 대단한 배려다. 정문을 들어서면서 건물까지 가는데 주변에는 온통 묘지비석, 그것도 오래된 다 쓰러져가는 비석들이다. 교회로 들어가 보니 교회 관계자는 없었고 우리 같은 길을 걷는 나그네 중년 남녀 두 명이 있었다. 그들은 사용했던 컵을 씻고 막 떠나려던 참이었다. 뜨거운 물도 끓일 수 있는 시설이 되어 있었다. 우리는 커피포트에 수돗물을 끓이고 앉아서 각자 가지고 온 것을 들었다. 나는 뜨거운 물이면 딱 좋다. 이곳에는 페트병 물, 비스킷 등 먹거리도 준비되어 있는데 만일 그것을 먹으면 돈을 놓고 가야 할 것이다. 돈을 내고 먹으라는 글이 없는 대신 기부하라는 말이 있어서 그냥 먹기에는 부담스럽다.

또한 이곳은 부엌과 화장실이 바로 옆에 있어 편리한 쉼터였다. 또, 필립이 나보고 보라고 한 곳이 있었는데 커다란 세계지도와 영국지도를 걸어놓은 곳이다. 그리고 방명록도 함께 있었는데 노랑, 파랑, 빨강 봉우리가 있는 핀이 꽂혀 있었다. 국적따라 해당 국가에 핀을 꽂으라는 것이다. 꽂힌 핀은 아시아에는 홍콩 주변만 있고 거의 없었다. 나는 방명록에 이름을 쓰고 파란 봉우리 핀으로 한국(South Korea)에 핀을 꽂았다. 동해는 없고 일본해로 되어있어 맘이 약간은 편치 않았다. (옆에 볼펜으로 동해(East Sea)를 병기할 것을 나중에서야 생각이 나서 못내 아쉬웠다.) 스페인 산티아고 순례길에서는 병기된 지도를 보고 맘이 편했었는데……. 영국은 다른 나라보다 더 일본 쪽과 친밀하다는 것을 가끔은 느낀다 역사적으로 그랬던 것처럼.

영국도 가끔은 허풍스러운 데가 있다. 중세 헨리 젠킨스(Henry Jenkins)라는 사람이 살았는데 1500년 혹은 1501년에 태어나 1670년에 세상을 떠나 무려 169세나 살았다는 것이다. 그의 무덤은 이 성모 마리아 교회에 있다. 그는 연어잡이를 하는 어부였는데, 아르바이트로 남의 집 초가지붕을 이어주는 일을 했다고 하는 등 구체적인 이야기가 전해진다. 이처럼 나이에 대한 진실 여부는 몰라도 실존했던 인물인 듯하다. 나도 필립부부도 이런 류의 '전설'에 대해서는 흥미를 못 느껴 묘에 대한 참배(?)를 생략했다.

1시 40분에 성모 마리아 교회를 출발했다. 바로 2~3분 후에 오른쪽에 울타리문과 목재 길안내 말뚝팻말이 있었는데 CTC길로 이문을 통과하라고 했다. 길은 볼턴 백 개울을 따라 나있는데, 이 개울은 농지관개수로로 이용될 듯싶다. 목초지와 농지가 반반쯤 섞여있었는데, 가로질러가는 길이 아닌 밭과 목초지들 사이에 편한 길이 있었다. 물론 수시로 문을 통과해야 했다. 오늘의 울타리문은 대부분 문짝 하나에 입구 두 개를 둔 복잡한 구조의 울타리문이었다. 주변 농지에는 밀 수확이 끝난 곳, 또 밭에 채소나 콩을 파종하여 갓 싹이 난 곳도 있었다. 이렇게 25~30분을 예닐곱 개의 울타리문을 통과하여 개울을 가로지르는 붉은벽돌다리(Red Brick Bridge)에 도착했다. 울타리문을 통과하여 소형자동차가 다닐 수 있는 포장된 소로(小路)에 접어드는데 여기에 CTC길 안내 목재팻말이 있었다. 길가는 주변 밭이 보이지 않을 정도로 나무가 있었다. 내 안내서는 다리에서 한 200m쯤 가다 오른쪽 밭길로 꺾어지는 것으로 되어 있는데 필립 안내서는 곧장 소로를 따라가는 것으로 되어 있다.

이렇듯 웨인라이트의 CTC길은 딱 한 길만 있는 것은 아니다. 소로를 따라서 가는 북동쪽길과 밭과 목초지 사잇길로 가는 동남쪽길인데, 나는 당연히 마음의 동요 없이 필립부부가 가는 길로 가기로 했다. 길은 좀 더 넓어졌지만, 자동차는 고사하고 사람도 없었다. 앞에 필립과 캐럴라인이 가고 나는 내 일 때문에- 사진과 동영상 찍느라고- 뒷처져서 가면 캐럴라인은 내가 잘 따라 오는가 하고 가끔 뒤돌아 확인하면서 갔다. 필립은 뒤를 힐끔거리는 것과 같은 잔일에는 익숙하지 않은 듯했다.

2시 10분경에 붉은벽돌다리를 출발하여 2시 30분경에 숲을 통과하였다. 조림지(造林地, plantation)였다. 인분 냄새가 났다. 인분 냄새는 우리나라 냄새나 영국 냄새나 같은 냄새였다. 길이 갈라지는 곳에서는 필립부부는 내가 보일 때까지 기다려줬다. 켈드에서 리스갈 때 이름 모른 대학생들이 그러해 주었듯이. 숲을 벗어난 후로는 길옆의 나무는 작아지고 주변 밭과 목초지가 훤히 다 보였다. 길에서 유일하게 본 농장 트럭임직한 자동차 한 대가 지나갔다. 이때 주변 수확 후의 밀밭에서 트랙터 한 대가 흰 먼지를 뿜어댔는데, 그 먼지가 길 앞을 막았다. 우리는 트랙터가 밭 반대쪽으로 갈 때까지 잠시 기다렸다가 급히 지나갔다. 필립의 설명으로는 석회가루를 뿌리고 있다고 했다.

3시 25분에 스트리틀람(Streetlam) 마을 외곽, 마을 표지판에 도착했다. 마

을에 있는 표지판에는 우리들의 목적지 단비 위스크는 3과 3/4마일. 환산하여 6km 남았다. 필립의 안내서는 끝까지 편한 길로만 인도하지 않았다. 마을을 벗어나서 3시 38분에 오른쪽 밭의 목재울타리 디딤대문을 넘어갔다. 디딤대문에는 몸의 중심을 잡기 위한 친절한 말뚝을 세워두는 경우가 있는데, 이번에는 다행히 그 말뚝겸 CTC길 안내 푯말을 겸한 말뚝이 있었다. 1시간 30분 동안 울타리문 통과없이 편하게 걸었다.

자, 이제 부터는 보통 CTC길이 그렇듯 밭과 목초지 길을 울타리문을 통과하여 걸어야한다. 지도를 보니 아까 큰길로 계속가면 ㄷ자 형태로 가야하는데 지름길인 직선으로 가고 있었다. 10개의 문을 지났는데 그 반이 목재디딤대를 밟고 울타리를 넘어가는 디딤대문이었다. 소와 양이 같이 풀을 뜯고 있는 목초지를 지났다. 샛길 끝에 이르러 땅에 깔려있는 가축이동을 막는 격자판

을 지나서 다시 큰길 ㄷ자의 끝으로 나왔다. 단비 레인(Danby Lane) 길이었다. 4시 20분경에 오늘의 목적지 단비 위스크에 도착했다. 리치먼드 호텔을 출발한지 7시간 10분 만에 마을 입구에 있는 백조 B&B에 도착했다. 필립부부 덕분에 고생 없이 잘 도착할 수 있었다. 그들에게 감사하다는 말을 빼놓지 않았다. 그들은 마을 안으로 더 들어간 예약된 다른 숙소로 향했다.

　　오늘 더 화이트 스온(The White Swan) B&B의 투숙객은 나 혼자였다. 이곳은 10파운드를 예약금으로 미리 받은 곳이며, 예약금 지불을 요구한 유일한 곳이기도 했다. 방은 침대 두 개, TV, 커피포트, 화장실과 샤워장 등 갖출 것은 다 갖춘 그들이 말하는 불어로 'en suite(옹 스위트)'였다. 초코비스킷이 종류가 다르게 두 개 놓여있었다. 저녁식사는 아래 식당에서 했는데 리치먼드 더 터프 호텔(The Turf Hotel)처럼 입구로 들어가면 펍(pub)이고 펍 서비스 대에 앉아있는 사람이 접수도 보는 그런 구조였다. 엄밀히 말하면 켈드 로지(Keld Lodge)도 그런 구조였는데 약간 다른 점은 그곳은 손님용 탁자가 있는 곳은 문을 열고 이웃 방으로 가야하는 점만 다르지 객실 접수대와 펍(pub) 서비스대가 같다는 점이 공통이었다. 명칭은 B&B이지만 내 기준의 로지(Lodge)에 더 가까웠다.

식사하러 펍과 접수대가 있는 곳으로 내려가니 필립과 캐롤라인이 앉아 맥주인지 음료수인지를 마시며 식사를 기다리고 있었다. 아마 그들의 숙소에서는 저녁식사가 안 되었던 모양이다. 저녁식사로 닭가슴살을 주문했는데, 필립이 주문받은 사람에게 컵으로 뜨거운 물도 같이 주라고 나를 위해 거들어줬다. 어제 리치먼드 호텔에서 대접같은 국 사발에 물을 담아왔다는 에피소드를 나에게 들었던 터라 여기서도 그런 해프닝이 있을까봐 나대신 한 잔의 뜨거운 물을 주문해 준 것이다. 그러고 보니 그도 잔일에 신경을 전혀 안 쓰는 것은 아닌 듯했다. 치즈로 뒤범벅이 된 닭가슴살에 브로콜리와 감자가 함께 나왔다. 닭가슴살은 느끼했다. 삶은 감자는 입맛에 맞았다.

이렇게 오늘 하루도 지났다. 드디어 27일과 28일 투숙지를 예약했다. 윗비에 있는 YHA 윗비(Whitby) 유스 호스텔과 스카버러에 있는 놀랜스(Norlands) 호텔이다. 짐 운반 업체에게 추가로 두 번 더 해달라 주문하면서 추가 비용은 얼마냐고 묻는 이메일을 보냈다.

사용한 비용

£0.69 손톱깎이 / £0.50 자두 / £50.00 B&B(예약금 포함) / £11.85 석식 / £1.60 물

수백 마리의
들꿩과
함께

단비 위스크 → 잉글비 안클리프/잉글비 크로스 → 오스머덜리 (18km)

6시 10분경 기상. 눈은 먼저 떴는데 공기가 차서 한 시간정도 이불속에서 미적
거리다 일어났다. 6시간 이상 푹 잘 잤다. 오랜만에 창문으로 맑게 갠 하늘이
보였다. 8시에 식사를 했다. 나만을 위해 두 남자가 일찍 일어난 듯했다. 식사
도 나름대로는 정성스럽게 해주었다. 그런데 과일이 없다. 과일은 없냐고 물으
니 창고에 가서 사과와 귤을 가져다줬다. 없다고 하지 않고 창고에까지 다녀오
는 수고가 고마웠다. 토스트는 약간 태운 듯 거무스레 했다. (나중에 안 사실로
이곳에서는 보통 태운 듯하게 먹는다고 한다.) 두 조각 사이에 버터와 잼을 발
라 붙이고 주머니에 넣었다. 점심용이다. 남으면 다 버릴 것이다.

오늘은 8시에 식사를 해서 짐 싸는 것이 더욱 바빴다. 식사가 끝나야 양치
질 등 모든 것이 끝나고 세면도구, 로션 등을 배낭 속에 넣어야 한다. 8시 45분
경에 짐 운반 회사 사람이 왔다며 주인이 방까지 왔다. 가까스로 다 쌌기 때문
에 1분 이내에 내려가 가져다 주었다.

9시 조금 지나 숙소를 나와 떠나기 전 백조 B&B 건물 전경, 입구 등을 사
진 찍고 있는데 필립부부가 앞으로 가야 할 CTC길에서 내 쪽으로 걸어왔다.
나는 그길이 CTC길이 맞지 않느냐? 아니어서 되돌아오냐며 물으니 길은 맞

데 필립이 지팡이를 숙소에 놓고가서 그것을 가지러 되돌아왔다고 했다. 필립은 백조 B&B 앞에서 나와 같이 있고 캐럴라인이 숙소로 지팡이를 가지러 갔다. 필립은 나보고 천천히 먼저 출발하라고 하면서 곧 따라가겠다고 했다. 내가 항시 뒤처지니 나에 대한 배려다. 이렇게 9시 20분경에 먼저 출발하였다.

아침 날씨는 맑았다. 단비 레인(Danby Lane) 길을 따라 단비 브리지(Danby Bridge) 다리를 건너 천천히 걸었다. 필립부부에게 출발한지 10분쯤 후에 곧 따라 잡혔다. 이렇게 또 운 좋게도 다행히도, 우연히도 그들과 같이 걷게 되었다. 이제 같이 철도 위 육교를 지났다. 이 철도는 런던-에든버러 본선(London-Edinburgh Mainline)이다. 9시 40분경에 길 왼쪽 가에 땅바닥 비스듬히 세워둔 흰 판자에 손 글씨로 크게 써 놓은 'COAST TO COAST'와 화살표를 보고 밀 수확이 끝난 밭두렁길로 들어섰다. 몇 개의 밭과 목초지를 지났다. 일반적으로 영국의 밭은 넓게 구획되어있고 그 경계는 돌담, 울타리, 혹은 나무를 심어 구획 짓고 있다.

이곳에는 관목보다는 키 큰 나무가 많았다. 이번에는 목재디딤대문만 두 개 넘었다. 우리들은 정각 10시에 A167도로가에 있는 오크 트리 게라지(Oak

Tree Garage) 자동차 수리소에 도착했다. 도로를 무단 횡단해야 하는데 조심 해야 했다. 길을 건너고 난 후 더워 웃옷을 벗어 배낭에 넣었다. 길가로 5분 남짓 걸으니 오래되어 남루한 CTC길 방향표시 화살표 목재말뚝이 있었다. 화살표 대로 왼쪽 길로 갔다. 처음 열려있는 문, 조금 더 가다 디딤대문 이렇게 문 두 개를 지나 숲을 걸은 뒤 10시 22분에 포장소로에 도착했다. 길가 들풀꽃을 헤치며 걸어갈 때 용도를 알 수 없는 농기계자동차가 제법 빠르게 굉음을 내며 (조용한 농촌이니 보통 소리도 굉음으로 들릴 것이다) 지나갔다.

2~3분을 걸으니 나무를 심어 울타리로 삼은 생(生)나무울타리에 숨겨지다시피 한 CTC길 방향 표시 목재말뚝의 화살표에 따라 오른쪽 비포장 소로로 방향이 바뀌었다. 이때도 무슨 차 한대가 우리가 왔던 방향으로 소리를 내며 지나갔다. 비포장 소로를 걸어 밭가 샛길로 접어들어 바로 전 길안내 말뚝을 본지 10분만인 10시 34분에 마주친 팻말은 그 수준이 '기가막힐' 정도였다.

파란 바탕 양철판에 흰색 페인트로 크게 화살표와 대문자로 'COAST TO COAST'라고 써 있었는데, 아니 과거엔 뚜렷하게 써 있었겠지만 세월의 흐름

에 따라 대부분이 지워져있었다. 이것을 런던 한복판에 가져다 놓는다면, 애초에 무슨 글이었는지 맞출 수 있는 사람은 단언컨대 셜록 홈즈, 포와로(Poirot) 그리고 미스 마플 외에는 거의 없을 것이다. 그러나 우리는 판별 할 수밖에 없는 CTC 도보여행자다!

밭과 밭 또는 목초지사이에 서로의 울타리가 되는 소규모의 나무숲이 있었다. 숲 같은 울타리, 울타리 같은 숲을 뭐라 불러야할지 모르겠다. 하여간 경계숲 아래의 밭 갓길을 조금 걸으니 수확하지 않은 넓은 밀밭이 나왔다. 특이하게도 밀밭 사이에 거의 일직선의 샛길이 나있었다. 이 샛길을 빠져나오는데 2분 30초가 걸렸다. 넓은 밀밭이다. 그 끝자락 경계숲 울타리와 그 아래 도랑을 가로지르는 목재다리를 지나 다리 끝에 있는 디딤대문을 넘으면, 사방이 트인 목초지를 만날 수 있다. 소, 양이 같이 있는데 양 중에는 특이하게도 검은 양이 있었다. 한국의 흑염소 생각이 났다. 영국에서도 보통 양과 뭔가 다른 걸까?

부서져 이제 그 기능을 상실한 디딤대문을 쉽게 걸어 지나 목초지 건너편에 있는 그 기능이 온전한 디딤대문을 힘들게 넘어가면 노스필드 팜(North Field Farm) 농장 건물들을 만날 수 있다. 하늘은 이제 구름이 잔뜩 낀 상태였고 검은 구름도 함께 보였다. 목재울타리로 막아 만든 승마장에는 어른은 없고 백마(白馬) 등에는 초등학생쯤으로 보이는 남자아이가, 회색말 등에는 중학생 정도의 여자아이가 타고 놀고 있었다. 우리는 울타리에 기대고 그들을 구경했다. 바로 옆 근처에는 둘둘 말아 원통모양의 밀짚단과 네모꼴의 밀짚단이 각각 쌓여있었다. '아하! 추수 후의 밀밭에 둘둘 말린 원통형의 밀 짚단을 이곳으로 가져와서 네모꼴로 만들어 효율적으로 트럭에 싣고 어디론가 필요한 곳으로 옮기는구나!'라고 이해하게 되었다. 둥근 물건 보다는 네모난 물건 운반이 더 효율적일 것이다.

승마장 목재울타리 모서리에 숨어있다시피 한 역시 남루하기 짝이 없는, CTC길 방향 안내 목재말뚝이 가르키는 쪽으로 5분 남짓 걸으면 포장소로 롱레인(Long Lane)길에 이른다. 이 길은 로마시대 때 만들어져서 예전에는 로마길(Roman Road)이라 했다. 이 길에 접어들어 오른쪽으로 약 3분을 걸어 내려와 팻말에 레이 주택(Wray House)이라고 써있는 왼쪽 샛길로 접어들었다. 주택 앞에는 목재울타리가 있는데, 철봉으로 된 잠긴 울타리문과 그 옆의 디딤대문을 만날 수 있다. 디딤대문 앞에는 소형 2단 냉장고 같은 상자가 있는데 무인상점인 듯했다. 필립이 열어보긴 했는데, 사진 않았다. 바로 옆 울타리 위에는 큰 빗자루를 올려놓았고, 그 밑에 A4용지에 컴퓨터 인쇄체로 '마녀를 조심하시오'라고 크게 써있었다.

또 흰 해골모형과 손뼈모형이 있고, 제법 큰 검은 쥐 모형들도 붙어있었다. 이유가 뭘까? 돈을 내지 않고 가져가면 혼난다는 의미일까? 이 디딤대문을 넘어가 주택에서 키우는 개 짖는 소리를 들어가며 또 다른 디딤대문을 넘어서 레이 주택 주변을 벗어났다. 다시 3분쯤 걸어 11시 5분경에 기찻길을 만났다. 요크-미들즈브러 노선(York-Middlesbrough Railway)이다.

철로 건널목은 요란한 사다리문을 이쪽에서도, 건너편 저쪽에서도 각각 넘어야했다. 시멘트로 된 고정된 문은 계단문이라고 해도 좋을 듯했다. 특이한 경우라 좀 더 설명해보면, 철로 양편에 각각 둑이 있고, 먼저 둑을 대여섯 개의 층층대를 오르고 내리면 철로에 이른다. 철로를 건너가면 다시 둑의 층층대를 오르고, 여기에서는 둑이 좀 더 높은지 오른쪽으로 약간 비켜 또 다른 층층대를 오르고 내려야 철로 건널목을 완전히 벗어나게 된다. 마지막 층층대를 내려가면 발밑에 바로 아직 수확이 안 된 누런 밀밭 사잇길이 있었다. 약 2분을 걸어 밀밭을 지나면 작은 숲속에 숨어있는 잉 벡(Ing Beck) 개울 물소리와 더불어 디딤대문을 올라 넘어서 이어서 다리를 건너 바로 만나는 울타리문을 나오면 다음 밭으로 이어졌다. 이때 비가 부슬거려 우의를 입고 이래저래 뒤쳐져 멀리 앞서가는 필립부부를 부지런히 뒤좇았다. 그들은 안내서 한쪽 한쪽에 세밀히 그려 넣은 길안내 대로 여전히 걷고 있고 나도 가끔은 내가 지참하고 있는 안내서와 스마트폰상의 구글 위성지도를 보기도 하지만 어쩌다 한번이었다. 보통 나는 신뢰성이 높은 필립부부, 필립과 캐럴라인을 따라갔다. 그들도 여전히 뒤돌아보며 나를 챙기거나 또는 기다렸다가 같이 가주었다. 내가 뒤쳐지지 않으면 이야기도 나눴다.

나는 걸으며 간혹 의문점이 생겼는데, 이게 CTC길이고 웨인라이트길인지에 대한 것이었다. CTC길도 여러 길이 있을 수 있고 웨인라이트길은 그중 하나인 듯싶었다. 길 자체 표시도 모호한데 꼭 절대적인 길이 있을 수가 없을 듯도 했다.

조금 전에 건너온 철로에서 기차 소리가 들렸다. 고개를 돌려보니 밝은색의 차량이었는데, 많지 않아서 길지 않았다. 조용했던 시골에서 크게 들렸다가 사라지는 기차소리는 왠지 모르게 나에게 청량감을 주었다. CTC길은 밀밭 수확이 끝나 밀 밑자락이 보이는 밭과 흙을 갈아 고른 밭 몇 개의 갓길을 역(逆)ㄱ자 형태로 진행되어 11시 23분에 역시 남루한 CTC길 안내 팻말이 세워져있는 포장소로에 이르렀다.

로 무어 레인(Low Moor Lane) 길이다. 잠시지만, 밭 갓길과 디딤대문을 넘지 않아도 되는 이 로 무어 레인 길을 따라 걸었다. 하여튼 농촌 정식 소로(小路)에는 디딤대문도, 울타리문도 없어 좋았다. 띄엄띄엄 초라한 CTC길 팻말 말뚝도 있었다. 필립부부는 가는 길에 딸과 한동안 전화통화를 했다. 부모가 없는 동안 무슨 택배가 왔던 모양이다. 나중 필립은 그 과묵함을 깨고 아들 자랑을 했다. 아들이 중국에 있는데 꽤 좋은 회사에 다닌다고 했다. 동양이나 서양이나, 한국이나 영국이나 자식을 자랑하고 싶은 부모의 마음은 같은 듯했다.

캐럴라인은 주변 나무에서 뭔가를 따서 먹으며 필립에게도 나에게도 소리쳐 권했다. 나도 두어 개 따서 먹어보니 먹을 만했다. 자두였다. 이렇게 걸어 12시 10분경에 고마운 로 무어 레인 길이 다른 길과 직각으로 접하면서 끝나는 지점에 도착했다. 곧 바로 시달 로지(Sydal Lodge) 방향으로 가는 샛길로 접어들었다.

시달 로지 건물 거의 다 가서 왼쪽으로 CTC길 팻말 말뚝은 우리들을 디딤대문을 넘어서 목초지로 내몰았다. 12시 20분이니 약 1시간 10분 만에 문을 만난 것이다. 보통 캐럴라인이 먼저 넘어가는데 이번에는 필립이 먼저 넘어갔다. 얼룩 젖소 20여 마리가 문 주변에서 우리를 맞이하니 거구의 필립이 이번에는 앞장을 서는 것이 맞다. 나는 항상 뒤처져가니 마지막에 넘었다. 목장 목초지대를 벗어나 위스크 강(River Wiske)에 이르렀다. 말이 강이지 개울 수준으로 주변의 나무숲에 가려져 보이지도 않았다.

다리 몇 백 미터 전, 큰 나무 아래에 우리 같은 CTC 도보여행자 중년 남녀가 쉬고 있었다. 캐럴라인은 잠시 그들과 대화했다. 필립과 나는 그냥 서 있었다. 그들은 호주에서 온 부부로 돼지를 4만 마리를 기른다고 했다. 4만 마리나! 우리는 입을 쩍 벌렸다. 그들을 뒤에 두고 우리 먼저 출발하였다. 강을 건너고, 이상스럽게도 울타리가 전혀 없어 울타리문이나 디딤대문도 없이 주로 밭 갓길을 걸어 12시 53분에 A19도로에 이르렀다. 울타리문과 디딤대문이 없다는 것은 이곳이 목장이 아니라 거의 농지라는 뜻이다. A19 도로는 차량운행이 빨랐고 대단히 많은 왕복 6차선으로 중앙분리대는 잔디로 되어있었다. 이곳을 무단 횡단해야 하는데, 안내서는 각별히 조심할 것을 당부하고 있다. 우리는 먼저 중앙분리선인 잔디밭으로 몸을 날렸다. 이곳에서 한참 눈치를 보다가 다시 뛰어 건넜다. 오만가지 차량은 굉음을 내며 우리 뒤에서 달려갔다. 휴!

건너자마자 1~2분을 걸으니 잉글비 안클리프(Ingleby Arncliffe) 외곽경계표시가 우리를 반겼다. 잉글비 안클리프와 잉글비 크로스(Ingleby Cross)는 CTC길 길목에서 서로 근접해 있는 마을인데 잉글비 안클리프가 더 크다. 좀 낯선 마을 이름은 역시 스칸디나비아, 바이킹으로부터 왔다. 마을 안내게시판의 설명에 의하면, 'Ingleby'는 바이킹어로 'Englar' + 'by'에서 유래된 것인데 뜻은 '영국인들의 마을'이고 'Arncliffe'는 옛 영어 'earn' + 'cliff'에서 왔는데 현대어로는 'eagles cliff(독수리 절벽)'이다.

조금 더 걸어 1시 5분경에 옛 급수탑(Water Tower)에 도착하였다. 이는 이 고장의 표지물(landmark)로도 손색이 없어 보였다. 4~5층 정도의 건물 높이로 '보존등록 2등급건물'로 지정되어 보호되고 있다. 1915년 휴 벨경(Sir Hugh Bell)이 이 마을과 주변 마을 급수를 위하여 세웠다고 한다. 탑에는 라틴어로

'PERSEVERANTIA(백절불굴)'이라고 크게 새겨져 있는 것이 인상적이었다.

다시 걸어 1시 15분경에 지척에 있는 잉글비 크로스의 전몰장병 추모비 (War Memorial)에 도착했다. 추모비는 1914년에서 1918년 사이의 이 지방 출신 전몰장병 6인의 이름을 새겨 기리는 비다. 우리는 그 밑에 자리를 잡았다. 점심시간이었다. 추모비 아래 단에 거구의 필립을 사이에 두고 양편에 나와 캐 릴라인이 앉아 싸온 점심과 그녀가 조금 전에 무인 판매대에서 산 싱싱한 토마 토를 같이 먹었다. 그들은 이곳에 예약된 숙소가 있고 나는 이 근방에서 숙소 를 예약할 수 없어서, 이곳에서 한참 떨어진 오스머덜리(Osmotherley)의 YHA 코트 길 밀(YHA Cote Ghyll Mill) 유스 호스텔까지 가야했기에 마지막 이별 만찬(?)인 것이다.

필립은 나에게 스마트폰으로 자기 안내서에 있는 오스머덜리 쪽의 자세한 지도를 찍어가도록 했다. 중간에 길을 잃을까 걱정되는 모양이었다. 1시 45분에 헤어지고 그들은 숙소를 향하여, 나는 오늘의 나머지 여정을 걷기 위하여 서로 반대 방향으로 향했다. 그 여정은 CTC길로 일단 곧 바로 만나는 A172도로를 많은 차들을 피하면서 잽싸게 건너야했고, 이어서 안클리프 우드숲과 사우스 우드숲을 지나 남쪽으로 가다가 숲 끝자락에서 클리블랜드 웨이(Cleveland Way)길과 만나는 지점에서 CTC길과는 내일까지 헤어져야 했다.

고심하며 A172도로를 건넜다. 그전부터 내 안내서와 필립의 안내서 사진, 그리고 현재의 내 위치가 표시된 스마트폰 상의 구글 위성 지도를 비교하면서 연구했는데, 골치 아프게 지도 따라 가느니 쉽게 A172도로 갓길을 따라만 가면 소음과 먼지가 문제지만 맘 편하지 않을까 하고 고심했다. 이때 길 건너편에서 내 쪽으로 건너오려는 눈에 익은 검은 옷의 남녀 한 쌍이 보였다. 두 어 시간 전에 만났던 돼지 4만 마리를 기른다는 호주인 부부였다. 그들도 나와 같은 처지로 오스머덜리에다 숙소를 잡은 것이다. 오스머덜리 북쪽 끝에 있는 내 유스 호스텔과는 달리 마을 중심의 B&B라 했다. 그들도 필립부부가 가지고 있는 똑같은 안내서를 지참하고 있었다. 나는 그들을 믿고 그들과 합류하기로 하였다.

A172도로를 건너 그들과 같이 시작되는 길은 자동차 한 대가 충분히 지나 갈 수 있을 정도로 넓었다. 오른쪽에 있는 교회를 지나 A172도로를 횡단한지 20여분 만에 숲속으로 들어갔는데, 처음 한두 마리의 들꿩이 보였다. 여전히 넓은 길에 들꿩의 숫자가 수십 마리로 늘어, 가는 길 앞에서 종종걸음으로 갔다. 마치 우리가 그들을 몰고 가는 그림이었다. 상업적 목적으로 야산 숲 적당한 곳에 그물로 막아 대량으로 키우는 꿩 목장 또는 꿩 농장에 들어선 것이다.

수십 마리가 수백 마리로 변해 우리들 앞에, 그리고 우리들 좌우 길 따라 처진 그물망 뒤에서 우리들을 보고 반응하고 있었다. 이곳 들꿩을 보고 호주인 여자가 "Grouse!"라 외쳤다. 이곳의 꿩들은 식용이나 사냥터에 풀어 놓아줄 스포츠 사냥용으로 사육하고 있을 것으로 생각된다. 영어사전을 찾아보니, 꿩을 뜻하는 말은 'grouse'와 'pheasant'가 있다. 사전만 보고는 그 차별성을 알 수 없어 영국의 한 포털사이트에서 각각을 사진과 동영상으로 찾아보았다. 'pheasant'가 바로 우리나라에서 흔히 볼 수 있는 아름다운, 특히 수컷이 아름다운 꿩이다. 하지만 CTC길에서는 결코 아름다운 꿩을 볼 수 없었다. 그러고 보니 영국 영화에서 귀족들이 공중에 나는 꿩을 총 쏘아 잡았던 것처럼 현란한 색조의 꿩은 본적이 없다. 영국의 꿩은 'pheasant'가 아니고 'grouse'인 듯하다.

길은 숲이 끝날 때까지 넓고 편하게 이어졌고, 길을 잃지 않도록 허름했지만 중간 중간에 CTC길 표시가 있었다. 2시 40분에는 숲길이 끝났고, 클리블랜드 웨이길과 마주쳤다. 북쪽으로가는 클리블랜드 웨이길은 CTC길과 같이하고 우리가 숙소를 향하여 가야할 길은 그 반대길인 남쪽으로 가는 클리블랜드 웨이길을 택해야했다. 바로 오랜만에 울타리문을 만나 쪽문을 통과했다. 목초지에 들어섰다는 뜻이다.

갈색과 흰색이 섞인 얼룩소 수십 마리가 저쪽에서 풀을 뜯고 있었다. 이렇게 주로 얼룩소 목장 초지를 하나의 디딤대문을 포함하여 8개의 돌담문 또는 울타리문을 지나고 나서 3시 12분에 오스머덜리 마을의 차도(車道)에 도착했다. 양을 치는 곳에 비하여 주로 소가 보이는 이곳의 돌담문과 울타리문은 더 컸다. 마을 가운데로 와서 호주부부는 차도 길가에 있는 예약된 B&B에 도착하였으나 문전박대(?)를 당했다. 오늘 투숙(check-in) 시간이 아직 안 되었다는 것이다. 밖에서 기다리는 그들과 헤어진 후 가는 길가 나무 위 둥지 위에 앉아있는 큰 새를 잠시 관찰하면서 20분쯤 더 걸어 3시 40분경에 오늘의 종착지 YHA 코트 길 밀(YHA Cote Ghyll Mill) 유스 호스텔에 도착했다. 단비 위스크를 출발한지 6시간 20분만이고 필립부부와 헤어진지는 약 2시간 만이다.

숙박비, 조식, 석식비를 지불하고 방을 배정받았다. 2층 침대 3개로 총 6명을 수용할 수 있는 방이었다. 하지만 그 방의 투숙객은 나 혼자였다. 물론 다른 방에는 사람들이 있었다. 주말이 아니라서 그런지 한산했다. 창 옆 침대 아래층에 자리를 잡았다. 저녁식사는 미리 주문하고 7시 30분에 가서 먹어야 했다. 내일은 촙 게이트(Chop Gate)의 스톤 크로프트(Stone Croft) B&B에 예약 되어 있고 그곳 주인 자넷(Janet)이 클레이 뱅크 톱(Clay Bank Top)에서 나를 차에 태우고 가기로 했다. 그 전에 CTC길에 있는 웨인스톤즈(Wainstones 또는 Wain Stones)라는 곳에서 미리 내가 전화하기로 했다. 그런데 혹시나 실수할까 걱정되어 다음과 같은 내용의 이메일을 보냈다. '내일 9시경에 출발 하는데, 내가 천천히 걷기 때문에 언제 도착할지 예측이 어렵다. 아마 내 짐이 미리 도착할 것이다. 약속대로 웨인스톤즈에서 전화를 할 거다. 번호 앞에 44번만 돌리면 되는지 몰라 걱정이 되어 연락한다. 정확히 어디서 나를 기다릴 건지, 그리고 내가 그곳을 쉽게 찾을 수 있을지 궁금하다.'

10시 30분경에 소등하고 잠자리에 들었다. 맑은 하늘에 떠있는 음력 칠월

열닷날의 둥근 달빛이 교교히 창문을 통해 나 홀로 누워있는 방을 비췄다. 여전히 수백 마리의 들꿩사이에 있는 듯한 느낌이 들더니 스르르 잠속으로 빠져들었다.

사용한 비용

£30.00 숙박 / £6.60 내일 조식 / £7.70 석식

아! 저 멀리
영국 동해 북해(North Sea)가
보인다!

오스머덜리 → 클레이 뱅크 톱(승용차) → 촙 게이트 (걸은 거리 16.5km)

6시 30분경 기상. 잠시 발을 점검해보았는데 아직은 물집이 잡히지 않았다. 그러나 그 직전의 상태여서 조심해야 했다. 과거 스페인 산티아고 순례길에서 발바닥에 물집이 잡혀 고생한 경험이 있어 더욱 조심스러웠다.

자넷으로부터 메일이 도착했다. '전화번호 앞에 0044를 눌러야한다. 전화 거는 것이 걱정된다면, 다른 사람을 만나면 도움을 받아라. CTC길과 클레이 뱅크 톱이 만나는 지점이 우리가 만날 장소이며, 웨인스톤즈에서 클레이 뱅크 톱까지 약 반시간 걸릴 것이다.'라는 내용이었다.

7시 30분부터 시작되는 조식은 뷔페 조식이었는데, 차림표상의 설명에 따르면 다음과 같다. '완전한 영국식 조식 뷔페로, 베이컨, 소시지, 해시 브라운스, 달걀을 골라 먹을 수 있고, 시리얼, 요구르트, 토스트, 과일, 차와 커피가 포함되어 있다.' 설명서에서 말한 대로 음식은 갖추어져 있었고, 맛은 모르겠으나 모양은 좋은 호텔의 그것과 다름이 없었다. 이런 점이 영국의 유스 호스텔의 장점일 듯하다.

오늘 CTC길은 클리블랜드 웨이(Cleveland Way)길과 같이 했다. 이 길은 국가지정 둘레길(National Trail)로 약 175km, 그 양끝은 노스 요크셔의 헴슬리(Helmsley)와 파일리(Filey)다. CTC길은 오늘부터 이 길과 같이하다가 내일 오후에나 벗어날 것이다. 숙소가 CTC길/클리블랜드 웨이길에서 벗어나 있으니 어제 왔던 길을 그대로 되돌아가서 그길로 들어서는 방법이 있고, 되돌아가지 않고 유스 호스텔직원이 알려준 대로 유스 호스텔 앞길을 계속 전진하여 그 길에 합류하는 방법이 있는데 나는 후자를 택하기로 했다.

9시 15분에 오늘의 길을 나섰다. 어제 사진찍은 필립의 안내서 지도에는 없지만, 내 안내서에는 YHA 코트 길 밀(YHA Cote Ghyll Mill) 유스 호스텔 지역까지 보여줘서 숙소에서 출발하여 CTC길/클리블랜드 웨이길을 만나는 곳까지의 길이 나타나 있어 편리했다. 곧 오스머딜리 경계를 지났다.

오늘부터는 어제와는 달리 노스 요크 무어스(North York Moors) 황야로 접어들어 걸었다. 이제 CTC길은 이 도보여행이 끝나는 로빈 후즈 베이까지 노스 요크 무어스 황야 국립공원에 속한다. 적어도 명칭에서만은 끝까지 황야(Moors)인 것이다. 코드 백 저수지(Cod Beck Reservoir)를 오른쪽에 두고 걸어 지나고 주차장을 지나 계속 걸어 길은 스카스 우드 무어(Scarth Wood Moor) 황야 가운데로 향했다. 한참을 걸어 10시 10분경에 CTC길/클리블랜드 웨이길과 만났다. 놀라운 것은 이때 필립부부가 어제와 다른 색깔의 옷을 입고 내쪽으로 산을 내려온 것이다. 그들은 지난밤을 잉글비 크로스에서 지낸 후 어제 내가 걸었던 길과 내가 걷지 않았던 길을 이어서 걸어 나와 다시 만났다 꼭 시간을 미리 정해서 만나듯이. 이렇게 나는 오늘도 운 좋게도 편하게도 그들과 함께 걷게 되었다. 이제 더욱 구면이 되다보니 이방인에게 과묵한 전형적인 영국인인 그들도 오늘은 좀 더 나와 대화의 폭을 넓히게 된다.

필립부부는 내가 걸어왔던 포장소로(小路)까지 내려와 나와 합류했다. 포장길을 100~200m 걸으면 가축방지 격자판이 깔려있었고, 그 앞에 어쩐 일인지 도로 폐쇄 표지판을 세워 통행을 금지하고 있었다. 격자판 오른쪽에는 울타리문이 있고 울타리문 위에는 노랑바탕의 천에 '화재 극히 위험(EXTREME FIRE RISK)'이라는 글을 써 걸쳐놓았다. 천으로 보이지만 합성수지일 것이다. 황야에서도 화재사건이 빈번한가 보다. 이전처럼 그들이 앞장서고 나는 뒤를 따랐다. 우리는 도로 폐쇄 표지판을 무시하고 격자판위를 조심히 밟고 지났다. 클리블랜드 웨이길은 이 격자판을 건너자마자 바로 오른쪽으로 꺾어 울타리 문을 지나 클레인 우드(Clain Wood)숲으로 들어섰는데, 길은 이제 좁은 샛길이다.

10시 30분에 우리들 앞에 턱하게 큰울타리문이 가로 막았다. 필립은 안내서를 보고 길안내 설명부분을 소리 내어 크게 읽더니 울타리문을 비켜 오른 쪽의 좀 더 작은 길로 갔다. 팻말이 있는데 클리블랜드 웨이길만 안내하고 있었다. 한동안은 클리블랜드 웨이길과 CTC길이 같이한다는 것을 알고있기에 우리는 그것만으로 족했다. 길은 편할 정도 넓이의 숲속 오솔길이고 중간 중간에 클리블랜드 웨이길 안내 목재말뚝 팻말이 있어 편했다. 숲이 계속됐지만, 공터 초지도 지났다. 길은 내리막이고 울타리문 2개를 지나 10시 55분경에 농장 건물 주변을 지나고 다시 울타리문과 표지말뚝을 지나 오르막길로 접어들었는데, 여전히 숲길이었지만, 라이브 무어(Live Moor)황야로 오르는 길이었다.

11시에 왼쪽 나무사이로 저 멀리 영국 동해인 북해(North Sea)가 보였다. 영국 서해 아일랜드해(Irish Sea)를 떠난 지 14일만이다. 우리들은 저 멀리 보이는 북해를 아무 말 없이 한참을 바라보다가 가던 길을 다시 재촉했다. 이어서 울타리문 2개를 지나며 숲과 초지를 10여분 동안 오르막길을 걸어, 울타리 문을 열고 나가니 빛바랜 안내간판들이 나왔다. 황야를 걷기 전에 알아야 할 주의사항과 황야에 대한 정보였다. 읽으면 좋을 것들이다. 코팅, 아크릴판과 베크라이트로 글, 사진, 그림을 보호하고 있지만 제작된 지 족히 10년은 넘어 보일 정도로 낡고 희미했다. 이제까지 걸었던 황야와는 그 규모가 다르고 앞으로 장장 3일 동안은 드넓은 황야를 계속 걸어야 하기에 여기에 이런 간판을 세웠을 것이다. 간판은 크게 '레이즈데일 사유지에 오신 것을 환영합니다(Welcome to Raisdale Estate).'라고 써있었다. 여러 개의 글판 중 하나를 골라 내용을 옮겨 보면,

· 당신은 공개되고 제한받지 않은 황야지대를 걷게 됩니다. 이곳은 들판도 숲
  도 아닙니다. 당신이 가고자 하는 곳을 확인하기 위하여 2005년도(혹은 후속
  년도) OS 탐험가지도를 사용 하십시오.
· 황야지대는 개인이 사적으로 소유하여 관리되고 있으며, 현지인들에게 일자
  리를 제공하고 있습니다. 이곳은 훼손되기 쉬운 동식물 서식지입니다. 그러
  므로 황야 주의사항(the Moors Message)을 염두에 두기 바라며 아울러 계절
  에 따른 현지 규정을 준수하기 바랍니다.
· 더 많은 정보를 얻고자 하면 www.countrysideaccess.gov.uk를 참조하고, 전화
  상담선 0845 100 3298로 전화 주십시오.

황야 주의사항(the Moors Message)은 상기 글판 아래에 적어났는데, 매우 상식적인 내용이었다. '동식물을 위하여 조심히 걸으시오, 불조심하시오, 안전에 만전을 기하시오 등'이다. 다른 글판으로 황야에서의 개 관리방법, 황야보호 등에 대한 글과 그림, 사진이 낡아 희미하게 붙어있었다. 한국 같으면 아예 없던가 있다면 이렇게까지 낡은 것은 세워 두지 않을 것이다. 이런 것도 영국적이라 할 수 있을까.

안내간판에서부터 키 큰 고사리과 식물들 사잇길로 몇 분을 더 걸으면 시야가 확 트인 곳에 이르게 되고 왼쪽으로는 산 아래 평야가 있었다. 평야 저 멀

리에는 북해가 훤히 보였다. 평지에 멀리 11시 방향으로 봉우리가 뾰족한 산을 보고 캐럴라인이 외쳤다. "화산이다!" 나는 놓치지 않고 호기심이 생겨 '영국에도 화산이 있느냐? 저것이 화산이냐?'고 되물어 해명을 들었다. 그녀는 봉우리가 뾰족하면 무조건 '화산'으로 부른다고 한다. 진짜 화산이든 아니든. 평평한 평지가 많은 잉글랜드에서 뾰족한 산은 그만큼 이색적일 수밖에 없기 때문이다. 다시 몇 분을 완만하게 더 걸어 오르면 헤더꽃이 우리를 기다리는 전형적인 북부 잉글랜드 요크셔 황야지대에 들어서게 된다. 길은 넓지 않지만 석판이 깔려있고 사방팔방이 헤더꽃으로 장관이다. 우리가 보기에는 드넓은 황야가 연이어 전개되지만 어느 곳을 경계로 이름지어 구분되는 모양이다. 처음 만나는 황야는 라이브 무어(Live Moor) 황야다.

　　이곳은 산위에 있는 평평한 고원의 황야인데 고원 아래 멀리 들과 마을, 도
시가 있고 더 멀리 북해가 있다. 오른쪽에는 역시 황야고 앞도 뒤도 황야였다.
이제 바람소리가 세차게 들렸다. 11시 40분경에 길 오른쪽 가에 있는 허름한
흙과 돌이 뒤섞인 무더기를 만났다. 길 왼쪽 바위에 이 무더기에 대한 설명이
붙어있었다. '이 무더기는 기원전 2000년대에 형성된 청동기시대의 무덤이며,
등록유적물(Scheduled Monument)로 법적으로 보호받고 있으며, 훼손하거나
돌을 첨가하면 안 된다.'는 내용이었다. 만발한 헤더꽃 사이의 길을 걸으며 캐
럴라인이 손가락으로 옆 땅을 가리키며 뭔가 설명하기 시작했다.

　　캐럴라인　비디, 이곳을 보세요. 불로 태운 곳이에요. 왜 그런지 아세요?

　　보아하니 근래에 불탄 곳은 아니고 적어도 1년 전 이전에 탔던 곳으로 보
였다. 지금은 흰 옛 헤더나무 사이에 파릇한 새 헤더나무가 보였다.

나 일부러 태운 겁니까?

캐럴라인 네, 그렇지요. 태워야 새싹이 돋아나지요.

나 네. 그렇군요.

캐럴라인 헤더는 세 가지 종류가 있어요. 종 형태(bell type)와, 음…, 나무가 큰 것, 작은 것, 꽃이 흰 것 이렇게요. (그녀는 나중 쉴 때 세 가지 다른 헤더꽃을 수집하여 손바닥에 올려 나에게 보여주었다.)

나 네. 그렇군요.

그녀의 말을 듣고 다시 지척의 헤더꽃을 바라보니 약간씩 다른 것들이 섞여있었다. 캐럴라인이 자신이 없어 더듬거리며 설명했던 헤더에 대한 것을 좀 더 정확히 이해하기 위하여 나중에 노스 요크 무어스 황야지대에 서식하는 헤더에 대하여 알아보았다. 그녀의 말대로 세 가지 종류가 있다. 정확한 명칭과 설명은 다음과 같다.

· 링 헤더(Ling Heather): 가장 흔한 종류다. 꽃은 분홍으로 아주 작다.

· 벨 헤더(Bell Heather): 진분홍색의 종모양의 꽃이 특징이다.

· 크로스 리브드 헤더(Cross Leaved Heather): 나무줄기에서 잎이 네 번 가로지른다하여 붙인 이름이다.

내킨 김에 헤더를 왜 태우는지도 알아보았다. 헤더의 수명을 20년 이상으로 보고 있는데 오래되면 잎과 꽃의 양이 적어지거나 거의 없어지게 되고, 양(羊)이 접근하기 어려운 거친 숲으로 변하게 된다고 한다. 그러기 전에 관리인은 줄기가 적당히 자란 곳을 골라 매해 순번을 정해서 태워 작은 헤더와 큰 헤

더가 가까이에서 항상 같이 있도록 조정한다. 겨울이 지나고 이른 봄에 태우는데, 이유는 새가 둥지를 트는 계절을 피하고 토양이 일반적으로 습할 때이기 때문이다. 불이 번지지 않고 이탄토양이 훼손되지 않도록 각별히 조심해서 태운다. 다음 해에는 땅 밑 줄기나 씨앗에서 새싹이 움트는데, 그 결과로 황야지대는 조각누비이불처럼 보이고 들꿩과 양의 먹이가 되는 젊은 헤더, 들꿩의 둥지와 피난처를 제공하는 늙은 헤더가 공존하게 된다. 이렇게 황야지대는 보다더 다양한 생태 서식지가 된다. 황야의 아름다움이 그냥 저절로 생기는 것이아니라는 것이다.

길 가운데 돌비석이 서있었다. 가는 방향으로 내 쪽에 크게 대문자로 A가, 반대편에는 F가 크게 새겨져 있었다. 캐럴라인은 A와 F는 경계표시일 것으로 추측했다. 돌비석은 중세 혹은 그 이전부터 세워져 있던 것인데 현대에 와서 경계비로 이용되어 글자도 새겨 넣은 것으로 보였다. 길은 완만하게 오르락내리락하며 이제 칼턴 무어(Carlton Moor) 황야로 접어들고 계속 걸어서 오른쪽에 기상관측설비를 지났다. 날씨는 구름과 햇볕이 번갈아 오고 비도 뿌릴 때도 있어 나는 우의를 입고 벗고를 반복했다.

12시 20분경에 경계표지비와 삼각법 기점표시비가 있는 봉우리에 도착했다. 이곳은 미들즈브러(Middlesbrough)와 북해를 바라볼 수 있는 전망 좋은 지점이다.

우리들은 이곳에서 오래 머물지 않고 곧장 길을 재촉하였다. 이제 내리막길이다. 어쩐 일인지 맨 앞 저 멀리 필립이 가고 그 뒤를 캐럴라인이 쫓아갔고, 그 뒤를 내가 뒤따르는 식으로 한동안 가다가 합쳐졌다. 오른쪽으로 철조망 울타리가 길과 나란히 있었다. 길은 매우 가파르게 내려가고 울타리문과 길안내목재팻말을 지나 샛길을 건너 다시 낡은 길안내 팻말이 있었고, 1~2분을 더 걸으니 포장된 차도 레이즈데일 로드(Raisdale Road) 길이 나왔다. 건너기 직전에 헌 목재말뚝에 새롭게 박아 놓은 듯한 길안내 화살표 팻말이 있는데, 여기에 클리블랜드 웨이길 표시와 함께 클레이 뱅크 3과 1/2마일 표시가 있어 앞으

로 남은 거리는 환산하여 5.6km가 남았음을 알게되었다.

길을 건너 울타리문을 지나 평평한 황토빛 샛길을 잠시 걸었다. 황야지대는 그다지 높지는 않지만 고원지대고 그곳에서 아래로 내려오면 사람이 사는 숲과 목초지다. 이때는 지나온 칼턴 무어 황야와 앞으로 걸을 크린글 무어(Cringle Moor) 황야 사이의 아래 지대인 레이즈데일 로드길 주변을 걷고 있었다. 오른쪽에는 로드 스톤즈 카페(Lord Stones Cafe)가 있었다. 이곳에서 따뜻한 점심을 먹어도 좋을 것이다. 그러나 필립부부는 아주 잠시 긴 의자에서 한숨 돌리다 길을 재촉했다. 나도 배낭에 점심거리가 들어있기에 '따뜻한 점심'에 대한 미련을 버렸다. 아마 혼자라면 그것에 대한 유혹을 뿌리치지 못했을 것이다. CTC길에서 특히 황야 길에서는 점심 먹거리를 꼭 챙겨야 한다. 때에 맞춰 음식점이나 카페가 나타나주지 않기 때문이다.

긴 의자에서부터 10분쯤 걸어 울타리문을 지나면 여기서부터는 다음 황야 크린글 무어 황야로 향하는 오르막길의 시작이다. 한동안 뜸했던 돌담이 길 왼쪽에 있었다. 약간 낮은 담으로 때로는 담 앞에 다시 철조망울타리를 친 곳도 있었다. 오던 길에 주변을 걷는 사람을 여럿 보았다. 이렇듯 황야 아래는 사람 냄새가 나는 곳이다. 이제 한국에서 볼 수 있는 질경이도 보였고, 하루살이도, 개미도 많지는 않지만 보였다. 이렇듯 황야 아래는 황야와 달랐다. 이제 헤더꽃 황야를 가파르게 올라 1시 10분경에 담이 끝나는 곳에 앨릭 폴커너(Alec Falconer, 1884-1968)의 추모 좌석에 도착했다. 우리 말고 몇 사람이 더 있었다.

앨릭 폴커너는 클리블랜드 웨이길을 고안한 사람으로 애석하게도 길이 개통되기 전에 타계했다. 그를 추모하는 명판과 북쪽으로 멀리 평야와 북해를 편하게 앉아서 볼 수 있는 바람막이로 둘러싼 좌석이 있다. 바람이 세게 불었고 비가 곧 올 것 같았지만, 나는 이곳에서 늦은 점심을 먹어야했기에, 급히 먹고 곧장 뒤따를 터이니 필립부부에게 먼저 출발하라고 말했다. 그들은 세찬 바람 속에서도 전망을 잠시 감상하고 먼저 출발했다. 필립부부는 나와는 생활 방식이 달라 식사 때를 지키는 것 같지도 않았고, 점심 대신 걸으면서 먹는 간식으로도 만족하는 듯했다. 세찬 바람을 등지고 석조 조망대 동쪽 벽에 기대어 땅바닥에서 급히 YHA 보로데일 유스 호스텔에서 룸메이트 롭(Rob)이 챙겨준 플라스틱 통에 담은 점심거리를 꺼내 먹었다.

1시 25분경에야 서둘러 필립부부를 뒤쫓았다. 이곳은 여전히 헤더꽃으로 뒤덮인 크린글 무어 황야지만, 커비 뱅크(Kirby Bank)라는 곳으로 왼쪽은 절벽에 가까웠다. 물론 그 너머는 평범한 영국 평야지대다. 순전히 나의 생각이지만, 원래의 올바른 철자는 'Kirby'가 아니라 'Kirkby'였을 것이다. 중간 'k'가 묵음이다보니 결국 'Kirby'로 굳어졌을 것이라 추측된다.

처음은 완만한 내리막이었고, 약 15분을 급히 걸어 필립부부와 다시 합류할 수 있었다. 이때는 급경사 내리막이었다. 거의 내려와서 1시 50분경에 클리블랜드 웨이길 안내 팻말을 만났고 이어서 곧장 돌담의 목재울타리문을 만났다.

이때 우리가 곧 올라가야 할 산 허리와 산 밑을 무대로 일대 장관이 펼쳐졌다. 수많은 양떼를 몇 사람이 오른쪽에서 왼쪽 한곳으로 모는 중이었다. 개는 안보였지만, 양들이 저렇게 빨리 뛰는 것을 보면 아마 빠르게 어디선가 양떼 속에서 제 역할을 다하고 있었을 것이다. 캐럴라인은 울타리문에 배낭을 걸쳐놓고, 나와 필립은 각자의 배낭을 땅에 내려놓고 길옆에 앉아 잠시 쉬면서 이 광경을 지켜봤다.

편하게 휴식하며, 목적지에 가까워짐을 느끼게 되니 서로가 대화를 할 여유가 생겨서 서로 궁금한 것을 묻고 답했다. 필립은 회사원이었고, 아마 중역으로 퇴직한 듯했다. 나는 그에게 영국의 팁 문화에 대하여 물었다. 시칠리아 여행 중 호텔방에 아침에 1유로의 팁을 놓고 나갔는데, 저녁 때 와보니 그대로 있었다. 그래서 호텔 접수대에 물으니 팁은 직접 쥐어줘야한다고 들었었다. 영국 사정은 어떠한지 궁금했다. 또, 며칠 전 그라스미어에서 편리를 봐준 숙소직원에게 팁 대신 초콜릿을 선물했는데 괜찮았냐고도 물었다. 필립의 대답은 영국에서도 호텔방에 팁을 놓은 풍습은 없고, 팁은 직접 쥐어줘야한다고 했다. 초콜릿을 준 것은 잘한 것이라 말했다. 캐릴라인은 한국과 한국 사람에 대하여 관심을 보였다. 나는 한국과 한국인에 대하여 설명해야 했다. 특히 왜 한국이 이렇게 경제적으로 급속히 성장했는지도 말해 줘야 했다.

'한국에서의 우리 세대는 하고 싶은 것을 하는 세대가 아니었다. 하고 싶고 적성이 맞는 이를테면 예술가, 탐험여행가, 학자, 연구자 등이 되기보다는 가능하다면 무조건 대기업에 취직해야 했다. 먹고사는 것이 급선무였기 때문이다. 나도 대기업에 들어가 당시에는 토요일에도 6시 30분까지 일했다. 중동사막에서 일할 때는 1년에 한 달 휴가였고, 노동자들 중에는 돈을 더 받기 위해 그 한 달 휴가를 반납한 사람도 많았다. 우리 세대는 지금 이렇게 해외 여행을 자주 하지만 부모 세대는 희생이 많았다고 덧붙였다. 집 팔고 논과 밭을 팔아 자식들을 교육시킨 경우가 흔했다.'고 말해줬다.

집 팔고 논과 밭을 팔아 교육시켰다는 말을 할 때, 갑자기 눈물이 났다. 복학해서 나와 내 바로 밑 여동생과 대학이 겹쳤을 때에 우리 집도 비슷한 경험이 있었기 때문이다. 노스 요크 무어스 황야에서 과거 이야기를 영국인들에게 들려줄 줄은 몰랐다. 이처럼 외국에 오면 다 애국자가 되고, 또한 우리를 좀 더 객관적이고, 좀 더 깊이 있게 반추해보는 의미 있는 기회를 갖게 된다.

필립은 내게 될 수 있는 대로 빨리 자기가 가지고 있는 것 같은 상세지도

가 그려져 있는 안내서를 구입하라고 충고했다. 그의 안내서는 5판인데, 최신 것은 8판이라며 짐 운반 업체 사람에게 내일 아침 부탁하면 저녁 때는 큰 배낭 짐과 함께 갔다 줄 것이라고 덧붙였다. 이렇게 대화와 양떼몰이 구경을 같이하며 약 25분간을 이곳에서 쉬었다.

2시 15분경에 울타리문을 지나 다시 출발했다. 곧바로 네 방향, 즉 양쪽 클리블랜드 웨이길, 비크 힐스(Beak Hills) 그리고 브로튼 뱅크(Broughton Bank) 방향을 가르키는 목재 팻말을 지났다. 아까 양들과는 소속이 달라 남아있는 양들과 말들을 보며 돌담옆으로 가파른 산을 10분 쯤 오르니 다시 황야가 시작되었다. 이곳은 이름이 바뀌어 콜드 무어(Cold Moor) 황야다. 석판이 깔린 길 양편에 헤더꽃이 만발했고, 왼쪽에는 절벽에 가까운 낭떠러지, 그리고 그 너머엔 평평한 농지나 목초지 마을과 도시가 있었다. 더 멀리에 북해가 보였고 오른쪽은 마찬가지로 산위의 황야였다.

날씨는 고르지 못해 파란 하늘과 먹구름이 뒤섞여 보였다. 왼쪽의 '캐럴라인의 화산' 부근에서 시커먼 구름 기둥이 땅과 구름 사이에 세워져 있었다. 그

것은 분명 회오리바람이고 그곳에 비가 내릴 것으로 보였다. 황야는 바람소리
가 세찼지만 아직 비는 내리지 않았다. 30여분을 걷다 보니 이제는 '캐럴라인
의 화산'과 우리 사이의 들판에 아름다운 무지개가 떴다. 우리 모두는 와! 하고
탄성을 질렀다.

　콜드 무어 황야에서의 클리블랜드 웨이길은 그다지 길지 않았다. 산등성
이의 높은 부분에서부터 앞산이 되는 헤이스티 뱅크(Hasty Bank) 끝자락 봉우
리가 되는 웨인스톤즈를 앞으로 바라보며 걸었다. 길은 급경사였다. 2시 50분
에 여전히 콜드 무어 황야에서는 마지막 문으로 돌담문을 지났다. 몇분을 더
걸어 가장 낮은, 두 산 사이로 짐작되는 곳의 돌담을 지났는데, 양옆 돌기둥만
있고 문이 제거된 상태였다. 여기서 필립부부와 헤어져야 했다. 그들은 황야 아
래 어느 마을에 예약된 숙소가 있는 듯 했다. 그들은 오른쪽 샛길로 가고 나는

계속 오르막으로 산을 올랐다. 2시 55분경에 헤이스티 뱅크의 첫문이되는 돌 담문을 지났다. 나중에 보내주면 의외의 선물로 보며 즐거워할 그들을 생각하 며 멀리 보이는 필립부부의 걷는 모습을 줌으로 끌어당겨 한참을 동영상에 담 았다.

3시 5분경에 웨인스톤즈(Wainstones) 바위군(群)에 도착했다. 바람이 제 법 세차게 부는 속에서 5분여 동안 이 바위들을 살펴보았다. 온갖 글자들이 바 위에 새겨져 있었다. 근래에 새겨진 것, 오래 전에 새겨진 것, 시간이 없어 자세 히 관찰할 수는 없었으나 청동기 시대부터 뭔가 새긴 흔적이 있다고 한다. 자 넷은 한 달 전 예약 때, 그리고 또 어제 이메일에서 이 근처가 전화가 잘 터진 다며 이 주변에서 전화를 하라고 했다. 웨인스톤즈에서 길을 따라 멀지 않은 곳의 더 높은 곳에서 자넷에게 전화를 했다. 전화를 받는 자넷의 목소리는 맑 고 명랑했고, 특히 친절이 베인 목소리였다. 약 30분 걸릴 거라면서 클레이 뱅 크 톱에서 기다리겠다고 말하며 끊었다. 클레이 뱅크는 B1257 자동차도로를 말한다. 이 도로에서 가장 높은 고갯길을 클레이 뱅크 톱이라고 이름 붙였을

것으로 추측된다.

길은 여전히 잘 다듬은 석판이 깔려있어 걷기 편하게 되어있었고 헤더꽃은 장소적 특징 때문인지, 종류가 달라서 그런지 많이 져있어 색깔이 나지 않았다. 멀리 1시 방향에서 먹구름이 몰려왔고 이번 여행에서 처음으로 천둥소리를 들었다. 내리막길을 조심히 걸어 거의 내려와 돌담문을 지나는 즈음에 갑자기 우박이 쏟아졌다. 미리 우의를 입어놔서 큰 문제는 없었으나 마지막 몇 분을 매우 조심히 산길을 내려와 자동차길 B1257도로 고갯길 클레이 뱅크 톱에 이르러 3시 50분경에 미리 와서 대기하며 와이퍼가 열심히 앞 유리를 닦고 있는 은회색 도요타 승용차에 뛰어들었다. 서양 사람들, 특히 서양 여자들의 나이를 잘 모르겠으나 사람 좋게 보이는 노부인이었고, 몸집이 좀 있는 자넷은 반갑게 나를 맞아주었다.

빗속에서 그녀의 차를 타고 약 10분 쯤 가면 촙 게이트(Chop Gate) 마을의 도로에서 자넷의 집 석조 이층건물 스톤 크로프트(Stone Croft) B&B에 도착했다. 그녀의 20대 여자 조카와 조카 친구가 와있었다. 남편은 몇 년 전에 타계했다고 말했다. 투숙객 손님으로는 내가 오늘밤 유일했다. 내방은 2층으로 모든 것이 다 갖춰진 옹 스위트(en suite)였다. 창문은 크게 도로 쪽으로 나있고 전망이 좋았다. 침대 두 개가 있었고, 침구며 찻잔이며 모두가 좋은 호텔만큼 고급스러웠다. 확실히 요크셔의 B&B는 좀 달랐다. 가격도 약간 비싼 편이었다. 자넷은 80년대 후반부터 90년대 전반까지 부산에서 외국인 학교 선생으로 6년간 근무했다고 말했다. 몇 년 전에 책을 낸 한국인의 책에 자기가 나왔다고 자랑했다.

요크셔에 들어와서는 사람들이 좀 격식을 차린다는 느낌을 받았다. 먼저 그녀는 나에게 미리 도착한 짐을 확인시킨 후 응접실에 앉혔다. 그녀가 내놓은 차와 간식을 먹으면서 나는 A4용지에 인쇄된 조식목록, 도시락 등의 란에 원하는 대로 표시를 해야 했다. 처음에는 내일 점심으로 도시락을 안 싸고 소식가이니 아침에 토스트 두 조각을 버터와 잼을 발라 겹쳐 가져가면 되는데 그래도 괜찮겠냐고 물으니 쾌히 그러라고 했다.

차와 그녀가 만든 맛있는 케이크 빵을 맛보니 아주 맛이 있었다. 집에서 만든 것인데도 고급 베이커리 것 못지않았다. 솜씨가 좋은듯했다. 나는 다시 말을 바꾸어 점심도시락도 해달라고 하고 아침식사종류도 그녀가 결정해달라고 했다. 그녀의 결정이 가장 좋을듯해서다. 자넷은 내가 빨래해놓은 것을 건조기에 넣어 말려줬다. 저녁식사로 이곳에서 유일한 음식점 벅 인(Buck Inn)이라는 곳에서 돼지고기를 먹었다. 먹을 것이 마땅치 않고 닭고기는 질렸기 때문이다.

짐 운반 업체 셔파 밴(Sherpa Van)은 그로몬트에서 윗비까지는 CTC 구간이 아니라서 운반할 수 없고, 윗비에서 스카버러 1건은 35파운드라고 이메일 답신을 보내왔다. 이 문제를 자넷과 의논하였다. 자넷은 아는 택시기사에게 전화하여 문의했는데, 윗비와 스카버러는 이곳에서 너무 먼 거리라서 만족할만한 답을 구하지 못했다. 자넷과 나는 결국 그로몬트(Grosmont) 호텔에 가서 그곳 직원과 의논하는 것이 좋을 것 같다는 결론을 내렸다. 11시경에 잠자리에 들었다.

사용한 비용

£1,00 물 / £1,50 볼펜 / £40,00 B&B / £5,00 내일 도시락 / £13,39 석식 / £1,50 물

샬럿 브론테의
'북쪽 외로운 황야'가
이곳일까?

촙 게이트(승용차) → 클레이 뱅크 톱 → 라이언 인(승용차) → 로즈데일 이스트 (걸은 거리 14.4km)

새벽 1시경에 추워서 잠에서 깼다. 장롱 속에 있는 얇은 이불을 추가하고 또 비장의 봄 내의를 꺼내 입고 이불속으로 들어갔으나 만족스럽지 않았다. 다시 일어나 어둠 속에서 아래층으로 내려가 스마트폰의 어플 손전등을 켜들고 "실례합니다!(Excuse me!)"를 연발했으나 반응이 없었다. 남자가 없는 여자들만의 집에서 문을 두드려서까지 깨울 수는 없었다. 칠흑 같은 밤에는 영국에서는 꼭 유령이 나타나고야 말지 않던가? 한국 귀신보다는 영국의 유령이 더 무섭다는 것을 알고 있는데……. 더 이상 칠흑 속에서 헤매지 않고, 누구를 깨운다는 것을 포기했다.

여분의 이불을 확보하려는 생각으로 내방 위층의 이웃 방을 열었더니 누군가 곤하게 자고 있었다. 다행히도 자넷이었다. 그녀를 깨워 자초지종을 이야기하니 이불을 찾아 주었다. 그것을 덮고 나중에 보니 장롱 속에 두꺼운 외투 혹은 잠옷 같은(예전 007 영화에서 숀 코너리가 호텔에서 멋지게 걸쳤던 것이 생각났다. 나는 왜인지 어디서든 이 옷만 보면 007 영화의 숀 코너리가 생각난다) 옷까지 입었다. 사실 그 크기 때문에 입었다기 보다는 둘러쓴 정도였다. 그 이후 안정을 되찾고 잠이 들었다. 이후 6시까지 푹 잘 수 있었다. 아침식사는 훌륭했다. 영국식 조식이었는데 맛은 일류호텔 뷔페음식 수준이었다. 점심도 부탁했기에 싸주었는데 샌드위치, 주스, 과일 등이었다.

오늘은 모처럼 하루 내내 맑았다. 아침 숙소에서는 아주 맑았으나 걷는 동안에는 그래도 구름이 제법 있었다. 모처럼 우의를 한 번도 착용을 하지 않았던 날이다. 다른 안내서를 구하기 위해 필립이 이야기한 대로 아침에 정중한 편지를 써서 봉투에 담아 배낭위에 올려놓았다. 현지인 자넷에게 보여 감수를 받기까지 해서 나름대로는 심혈을 기울인 성의 있는 편지였다. 내용은 '이제까지 내 짐을 운반해 주셔서 고맙고, 헨리 스테드맨의 안내서 Coast to Coast 최신판을 사다 주시면 고맙겠고, 가격을 모르니 오늘 이메일로 가격정보를 알려주시면 내일 아침에 돈을 남기겠다'는 아주 정중한 부탁을 담은 편지였다. 그러나 필립의 생각과는 180도 다른 반응의 쪽지를 오후에 오거스트 게스트하우스(August Guest House) B&B에서 받게 된다.

아침식사 중 자넷의 조카 로라(Laura)가 식탁에 앉고 자넷도 앉아 식사를 같이 했는데, 자넷은 조카 로라 자랑을 했다. 그녀는 박사학위를 가졌다고 했다. 내가 무슨 박사냐고 물으니 로라가 대답하기를 18세기와 19세기 프랑스와 영국의 정치사회적인 것에 대한 학위라고 답했다. 나는 기왕 물었으니 좀 아는

체라도 해야겠다고 생각했다. "아 그렇군요! 당시 프랑스와 영국도 정치사회적으로, 특히 이데올로기가 복잡했죠? 뭐 몽테스큐 등……."이라고 대꾸하자 로라는 "네. 몽테스큐……. 맞습니다."라 응대해 줬다. 나는 시간이 없어 좋은 이야기를 더 나눌 수 없음이 안타깝다며 자리를 떴다. 8시 30분까지는 배낭을 지정된 장소에 놓아둬야 하기에 아침은 바빴다. 어려운 주제들이지만 시간이 많다면 이것저것 이야기를 들었을 터인데 아쉽기도 했다.

자넷과는 어제 나를 태웠던 클레이 뱅크 톱 장소로 향하면서 그제서야 서로 나이를 이야기했다. 우리는 동갑내기로 그녀는 1월생 나는 12월생임을 알게 되어 마주 보며 서로 웃었다. 사실 거의 1년 차이지만, 한국에서는 '동갑내기'라는 동질감을 강조한다는 것을 한국에서 살아보아서 알고 있기에 서로를 보고 웃었을 것이다. 날씨가 좋아 5분 만에 장소에 도착했다. 9시 30분이었다.

자넷이 돌아간 뒤 나는 걷기 시작했다. 어제 심한 우박 속에서 내려왔던 클리블랜드 웨이길은 왕복2차선 클레이 뱅크(B1257)도로를 가로질러 연결되있다. 이곳에는 클리블랜드 웨이길 표지 목재말뚝팻말이 있었고 바로 이어 목재 울타리문을 지나야했다. 문에는 '화재 극히 위험(EXTREME FIRE RISK)'이

적힌 노랑바탕천이 걸려있었다. 왼쪽으로 담이 길 따라 한동안 계속 이어져 있었다. 길은 오르막인데 석판이 깔려있어 걷기가 편했다. 첫 울타리문에서부터 약 10분 간격으로 두 번째 문을 지나 세 번째 돌담문에 10시경에 이르렀고 마침 문 옆에 있는 목재 긴 의자에 앉아 짐 운반 업체 셔파 밴(Sherpa Van)에게 스마트폰으로 어제 받은 이메일에 대한 답신을 써서 보냈다.

셔파 밴은 그로몬트에서 윗비까지는 불가능하고, 윗비에서 스카버러까지는 35파운드로 가능하다고 했다. 이것만이라도 배낭운반서비스를 이용할지 여부를 알려줘야 했다. 나는 그로몬트에서 윗비까지 짐 운반 서비스를 하는 업체를 여전히 찾아보고 있는 중이니 계약된 기존 서비스 외 추가 서비스에 대한 조치를 당분간 취하지 말기를 요청했다. 또 추가 서비스가 필요하다면 차후 연락하겠다는 이메일을 급히 써서 보내고 다시 길을 재촉하였다. 클리블랜드 웨이길을 양갈래로 표시하는 목재 팻말을 지나 이제 본격적인 황야에 접어들었는데, 먼저 카 리지(Carr Ridge) 능선을 지나 우라 무어(Urra Moor) 황야(최고 높이 해발 450m) 속으로 들어갔다.

10시 25분경에 첫 돌무더기, 다시 5분을 더 걸어 30분경에 두 번째 돌무더기를 만났다. 돌탑이라고 말하기에는 큰 돌, 중간 돌, 작은 돌이 무질서하게 흐트러져 쌓여있는 돌 군집이었다. 이곳에서 마침 지나가는 초로의 남자에게 내 사진을 부탁했다. 멋 없는 돌무더기를 피해서, 왔던 저 밑 황야 아래 평야와 더 멀리 북해 방향을 배경으로 한 장, 그리고 앞으로 가야 할 끝없는 황야를 배경으로 한 장 찍었다. 하지만 두 사진 모두 헤더꽃밭 사이였지만, 역광이 아닌 평야와 북해방향의 배경사진이 더 멋있게 나왔다. 역시 사진은 빛이 중요했다. 헤더꽃은 져가는 시기인듯했다. 더 아름다웠을 때가 있었을 것이다.

돌무더기에서 약 1분을 걸어가 만난 목재 말뚝은 흰 바탕의 원에 청색화살표로 내 앞길과 좌우 길을 안내 하고 있었는데, CTC길이나 클리블랜드 웨이 길에 대한 것은 없고 무조건 다 승마길(BRIDLE WAY) 표시만 있었다. 그리고 노스 요크 무어스 국립공원이 표시되어 있었다. 지금까지의 경험으로 승마길이라는 것은 도보여행자도 다닐 수 있는 길이다. 곧 이어 어제 캐럴라인이 알려준 대로, 오른쪽으로 헤더나무를 태운 곳을 지났다. 하얗게 변해버린 헤더나무 줄기가 넓은 면적의 땅을 덮고 있었고, 그 아래는 파란 풀이 돋아나 있었다. 어디선가에서 들꿩의 울음소리가 들렸다.

10시 40분경에 길 왼쪽에 오래된 돌비석이 서있는 곳에 이르러 지나온 길 쪽을 바라보았다. 어제 지나왔던 웨인스톤즈 봉우리, 더 멀리 앨릭 폴커너 추모명패가 있는 봉우리, 그 전에 넘었던 산등선이 멀리 보였다. 다시 10분을 걸어 왼쪽 헤더꽃 사이에서 옛 돌기둥과 길가 화살표 길안내 말뚝을 발견했다. 하지만 역시 승마길 표시뿐이었다. 그래도 이제까지 걷고 있는 제일 넓은 길을 계속 걸었다. 길은 이제는 자동차가 다닐 수 있을 만큼 넓은 비포장길이었다. 나는 자주 길 옆으로 옛 돌비석을 만났는데, 안내서에서는 경계석(boundary stone)이라 되어 있다. 옛날 경계를 표시했던 것으로 생각한 것 같다. 물론, 확실한 증거는 없고 추측일 것이다. 그림과 낙서 같은 상형문자로 보이는 것이 돌비석에 있었다. 만약 상형문자라면 로마시대 이전, 역사 이전에 새겨져 세워졌을 것이다.

비교적 깔끔한 넓은 간판을 만났는데 '브랜스데일 무어 황야에 오신 것을 환영합니다(Welcome to Bransdale Moor).'라는 제목의 간판이었다. 안전한 도보여행을 위해 독이 있고 보호종인 살무사(adder), 그리고 진드기(tick)를 조심할것과, 불조심할 것을 당부하며, 붉은 들꿩(red grouse), 쇠황조롱이(merlin),

마도요(curlew), 링 헤더(ling heather)를 소개하고 있었다. 주변에 보이는 것이 링 헤더인 듯 했다. 그리고 야생 조류둥지를 보호하기 위하여 개는 꼭 줄로 묶어 다니라는 주의 글도 있었다.

간판의 정보에 따르면 전 세계 링 헤더의 70%가 영국 섬에 서식한다고 한다. 안내서에는 주변 지명으로 브랜스데일이라는 곳이 있지만 브랜스데일 무어 황야는 표시해 놓고 있지 않은데 내 생각으로는 황제 아래 왕이 있듯이 북 요크 황야, 즉 노스 요크 무어스 황야는 여러 작은 황야로 구성되어 있고, 우라 무어 황야는 그 작은 황야 중 하나며, 그 지방에서는 또 다시 작은 황야로 나뉘어 부르는 나름의 이름을 지었을 것으로 추측 했다. 하지만 간판의 소개글을 읽어보니, 그것보다는 그냥 '브랜스데일에 있는 황야'라는 의미로 말한 듯 하다. 간판에는 있는 이 황야를 소개하는 글을 아래에 옮긴다. 이를 통해 이 곳 황야의 특징을 알 수 있을 것 이다.

〈브랜스데일은 노스 요크 무어 황야에서 특별과학 관심지역 중 일부입니다. 뿐만 아니라 독특한 식물과 야생동식물이 서식하는 건조고원지대이기 때문에 국제적으로 중요 지역이 되어 있습니다. 이곳에는 국립공원 중에서 가장 높은 지대로 빼어난 경치가 있으며 우라 다이크(Urra Dyke) 제방 같은 인류가 오래전부터 이용했던 긴 역사를 가지고 있고, 로즈데일(Rosedale) 철광석 탄광과 러들랜드 리그(Rudland Rigg) 쇼에서 보인 옛 석탄광산과 연결된 표준규격의 철로선 노반(路盤)이 있습니다. 사격 쇼에 사용할 들꿩의 방목 및 관리에 따른 일자리를 창출하는 황야입니다. 이곳은 조용히 즐길 수 있는 접근 가능 지역이며, 보고 즐길 수 있는 것이 많은 반면, 야생동식물이 생존을 위하여 의존해야 하는 생태계와 땅을 존중해 주기 바랍니다.〉

이는 국립공원에서 마련한 정보간판이 아니고 브랜스데일 지역에서 만든 것이다. 그 때문인지 철자도 틀리고, 윗글에서 직역한 대로 문장도 문법을 이탈하여 매끄럽지 않다. 하지만 이 지역 황야의 특징을 알기에는 충분했다.

길은 소형 자동차 한 대가 다닐 수 있을 만큼의 넓이였고 비포장도로였다. 사방팔방 모두 약간 철이 지난 듯한 색조의 헤더꽃으로 뒤덮여 있었고 길은 저 앞 지평선까지 뻗어있었다. 황야에 들어설 때부터 오른쪽으로 멀리 하늘 높이 솟아있는 직선 안테나가 이제 4시 방향으로 보였다. 한참을 걸어 11시경에 왼쪽으로 사람얼굴형상이 새겨져 있는 옛 경계 표시석에 이르렀다.

여기서부터는 길이 약간 왼쪽으로 휘더니 다시 거의 직선으로 뻗쳤다. 길가 오른쪽의 물웅덩이를 지나 11시 10분경에 오른쪽으로 또 하나의 길이 있었으나 그냥 직선으로 진행했다. 앞길도 오른쪽 길도 모두 다 지평선까지 거의 일직선으로 뻗어있었다. 말뚝팻말의 원형속의 화살표도 승마길이라며 직선 방향을 가리키고 있고, 또 내 안내서도 길이 급격히 오른쪽으로 꺾이지 않기에 앞길이 100% 맞다.

11시 15분경에 길 왼쪽에 돌과 흙으로 된 진지모양의 ㄷ자형 시설물을 만났다. 처음으로 보는 들꿩 사격장(grouse butt)이다. 흰 페인트로 9를 써놓은 것으로 봐서, 근처에 여러 개의 사격장을 일정한 간격으로 만들어 놓고 차례로 전진하며 그곳에서 앞에 보이는 들꿩을 사격하는 것으로 보였다. 평평한 황야에서 사냥꾼 자신을 들꿩으로부터 은폐할 시설물이 바로 이 사격장일 것이다. 이곳 주변에서 잠시 휴식을 취하며 간식을 꺼내 먹었다. 그사이 한 남자가 조깅하며 내 앞을 지나갔을 뿐 그 외에는 인적이 거의 없었다. 간혹 이름 모를 새의 울음소리(아마 들꿩 소리일 듯하다)만 들렸다.

그곳에서 약 25분간 쉰 후 11시 40분경에 다시 길을 나섰다. 하늘은 하얀 구름과 파란하늘이 반반이었다. 바람은 적당히 불어 걷기에 좋았다. 약 10분을 더 걸어 큰길과 작은 길이 서로 만날 때 마침 자전거 여행자 일행 3명과 개를 데리고 걷는 도보여행자 한 사람을 만났고, 자전거 여행자들에게 물어 지금 내가 가는 길이 분명히 클리블랜드 웨이길과 CTC길이라는 것을 확인했다.

어제부터 오늘 아침까지는 노스 요크 무어스 황야의 서북쪽 가장자리를 걸었다면 이때쯤은 황야 깊숙이 들어와 있다고 보였다. 사방팔방 모두가 황야였다. 시인이라면 이런 깊숙한 황야를 노래했을 것이다. 샬럿 브론테(Charlotte Bronte)의 시도 예외가 아닐 듯 싶다.

Speak of the North! A lonely moor
Silent and dark and tractless swells,
The waves of some wild streamlet pour
Hurriedly through its ferny dells.

Profoundly still the twilight air,
Lifeless the landscape; so we deem
Till like a phantom gliding near
A stag bends down to drink the stream.

And far away a mountain zone,
A cold, white waste of snow-drifts lies,
And one star, large and soft and lone,
Silently lights the unclouded skies.

어느 외로운 황야인 북쪽을 말해보라!
고요하고 어둡고 끝없는 언덕들,
황야의 이름 없는 실개천 물줄기가

서둘러서 고사리 계곡을 흐른다.

너무나도 고요한 석양의 하늘,
활력을 잃은 대지: 슬며시 곁에서 나타난 유령처럼
한 마리의 수사슴이 개울물을 마시러 구부릴 때까지
우리는 그렇게 생각한다.

그리고 저 멀리 산위에는,
차갑고 하얀 눈 더미가 쌓여있다.
그리고 크고 포근하고 외로운
별 하나 구름 한 점 없는 맑은 하늘을 고요히 비춘다.

　제인 에어의 작가, 브론테 자매의 큰언니 샬럿 브론테의 〈Speak of the
North! A lonely moor〉라는 시다. 그녀의 동생 에밀리의 소설《폭풍의 언덕》은

그 배경이 북쪽의 외로운 황야 이곳 북쪽 요크 무어스(North York Moors) 황야라고 여러 사람들이 이야기한다. 하여튼 나는 오늘 그 황야 깊숙이 걷고 있다.

12시경에 다시 큰길로 나오고 쇠로된 간단한 자동차 차단 문(말과 양 그리고 사람은 쉽게 얼마든지 넘나들 수 있다)을 지나 12시 5분에 드디어 클리블랜드 웨이길과 작별할 지점에 이르렀다. 이 길은 30도 정도로 급격히 북으로 꺾였고, CTC 웨인라이트길은 오던 길의 자연스런 연장선으로 큰길로 그대로 뻗어갔다. 이곳은 브로워스 크로싱(Broworth Crossing) 교차점이라고 한다. 지금은 흔적을 찾기 힘들지만 이곳은 한때 중요한 철도교차점이었다. 이곳은 로즈데일(Rosedale) 골짜기에서 철광석을 운반했던 철로였다. 이곳에는 여전히 오래된 목재말뚝 방향표시 팻말이 있었고, 클리블랜드 웨이길 양방향을 표시해주었다. 또한 기둥에는 CTC 웨인라이트길을 알리는 aw 문자도형을 품고있는 녹색 동그라미가 청색화살표 속에 있었다. 오랜만에 보는 반가운 녹색 방향표지였다. 요크셔 데일스 국립공원이 노스 요크 무어스 국립공원으로 바뀐 것 말고는 같은 표지였다.

길은 옛 철길답게 자주 둑처럼 주변보다는 높았다. 여전히 황야지만 오전에는 사방이 황야만 보였다면 오후 길은 오른쪽으로 좀 더 낮은 푸르름이 있는 골짜기 아래 세상을 볼 수 있었다. 골짜기에는 목초지가 있고, 사람이 사는 곳으로 오늘 밤의 내 숙소도 저런 곳일 것으로 미리 생각할 수 있었다. 여전히 헤더군락지가 많았지만, 꽃은 지는 분위기라서 그런지 원래의 색을 나타내지 못했다. 예전 철로였기에 길은 급격히 꺾이는 것은 없고 대신 꺾이더라도 완만히 넓게 꺾였다.

길가에는 조각돌들을 담은 황색 혹은 검은색의 사각형의 작은 플라스틱 그릇이 자주 있었다. 하지만 이 것이 무엇인지는 알 수 없었다. (나중 데번신 사삼인방과 필립부부에게 이메일로 알아본 결과로 들꿩을 위한 먹이 또는 물을 담는 그릇이라는 결론을 얻었다.) 많지는 않았지만, 양들이 헤더꽃 사이를 헤집고 다녔다. 예전 스코틀랜드 스카이(Skye)섬을 여행할 때 만났던 각다귀 (midge)들이 주변에 윙윙댔다.

1시 5분경, 길 왼쪽 가에 앉기 좋은 큰 돌을 발견했다. 마침 저 앞 골짜기에 푸른 들이 보여 트인 경치가 맘에 들기도 하여 이곳에서 자넷이 싸준 도시락 점심을 먹었다. 약 20분 동안의 식사 도중, 앞으로 자전거 여행자들이 지나갔고, 각다귀가 좀 더 많이 들끓었다. 나중에 보니 뒤편에 도랑이 풀 더미 속에 감춰 있었다. 편하게 앉을 돌만 생각했지 뒤에 있는 각다귀의 서식지 도랑은 생각 못한 것이다. 샬럿 브론테의 시에는 실개천(streamlet)이지만 지금은 나에게 각다귀가 서식하는 도랑(ditch)일 뿐이다. 아니면 샬럿 브론테는 황야사이의 넓지 않은 푸름이 있는 골짜기의 실개천을 이야기했을 수도 있다. 노스 요크 무어스(North York Moors)가 넓게 다 포함하니 말이다 고원의 헤더 군락지도, 골짜기의 목초지도 모두…… . 이렇듯 황야는 시(詩)도 있고, 현실도 있다.

이제 판데일 무어(Farndale Moor) 황야다. 1시 45분경에 열십자로 가로지르는 샛길과 만났고 이곳의 표지 말뚝에는 승마길 표지만 써있었다. 나는 안내서대로 샛길 말고 오던 큰길을 앞으로 계속가면 된다. 길은 계속 넓고 편한 편이었고, 완만한 곡선과 자주 흙을 북돋아 만든 둑 모양의 지반으로 여전히 옛 기찻길로 여겨졌다. 멀지 않은 골짜기 평야가 언뜻 보였다. 이어서 하이 블랙키 무어(High Blakey Moor) 황야에 들어섰다.

2시 10분경에 나와 반대방향으로 걷는 4인 가족을 만나, '아는길도 물어가라'는 속담대로 라이언 인(Lion Inn)으로 가는 길이 맞는지 물어 확인했다.

2시 30분경에 드디어 라이언 인 주변 건물이 멀리 눈에 들어왔다. 이즈음 주변에 들꿩 낌새를 느끼고 배낭에서 카메라를 꺼내 망원줌으로 관찰하다가 숫컷 들꿩을 찍는데 성공했다. 이제까지 암컷만 보아왔는데 수컷은 처음 봤다. 우리나라의 장끼와 비교할 수는 없지만, 나름대로 암컷에 없는 장식이 있다. 눈 위에는 짙고 넓은 빨간 눈썹이 있었다. 주변은 오래전에 불태워져 지금은 흰색으로 변한 죽은 헤더나무 줄기와 그 후 듬성듬성 자란 헤더나무의 꽃 사이에서 두리번거리다 나에게 포착된 것이다.

    빤히 보면서도 20분 이상을 더 걸어 2시 52분에 라이언 인(Lion Inn) B&B에 도착했다. 이곳은 이 주변 황야에 위치한 유일한 숙박시설이다. 넓은 주차장에는 이때 수십 대의 차로 붐볐다. 이는 맥주, 음료, 음식을 먹을 수 있는 카페(bar)도 운영하고 있기 때문이리라. 앞 도로는 왕복 2차선으로 잘 포장된 자동차 도로로, 제법 붐볐다. 대형버스가 멈추는 것을 보면 시외버스도 다니는 듯했다. 라이언 인 B&B 홈페이지의 설명에 따르면 이곳 지명은 블랙키 리지(Blakey

Ridge)이고 노스 요크 무어스 국립공원에서 가장 지대가 높은 곳으로 해발 1,325ft(404m)다. 로즈데일 골짜기와 판데일 골짜기를 한눈에 바라볼 수 있는 곳이다. 바(카페)는 정오부터 밤 10시까지 영업한다. 황야에서는 천국 같은 이곳에 석 달 전에 예약을 시도 했으나 이미 남아있는 방은 없었다. 대신 오면서 오른쪽으로 언뜻언뜻 보였던 푸르름이 있는 골짜기 저 아랫마을인 로즈데일 이스트(Rosedale East)라는 마을에 있는 오거스트 게스트 하우스(August Guest House) B&B에 예약을 해두었다. 그리고 이곳에 도착하면 전화하기로 되어 있었다. 나는 이곳에 도착하자마자 먼저 0044를 앞에 넣고 전화를 했다. 남자가 반갑게 받았다. 그러나 10분 후에 온다는 사람은 20분은 족히 된 후에야 도착했다. 뭐 그럴 수도 있다고 생각하며 넘어갔다. 크게 신경 쓸 일은 아니었기에, 편하게 그 사이 주변을 구경했다.

한참 후 3시 15분을 넘어서야 도착한 남자는 마이클이라고 자기를 소개하는 초로의 남자였다. 가는 길은 라이언 인 앞 도로의 북쪽이었다. 이 또한 여전히 CTC길이다. 이 길을 조금 가다가 오른쪽 차도 롯 로드(Knott Road) 도로로 꺾었다. 그래도 여전히 CTC길이다. 그의 설명으로 알게 된, 도로와 CTC길이 갈리는 곳을 지나 한참을 가다가 도착 5분 전 쯤부터는 점점 아래로 비탈져 내려가더니 주변 대지는 헤더꽃에 사로잡힌 황야의 굴레에서 서서히 벗어났다. 그리고 '젖과 꿀'이 흐르는 동식물이 정상적으로 살아갈 수 있는 푸르른 녹지대에 이르렀다. 계곡길로 접어들었을 때에는 한가하고 아름다운 집이 띄엄띄엄 있었고, 목초지가 보이는 곳 중 한 곳으로 들어갔다. 드디어 로즈데일 이스트(Rosedale East) 마을 외곽 초입에 있는 오거스트 게스트 하우스 B&B에 도착한 것이다. 이때 시간은 3시 30분, 라이언 인에서 약 15분이 걸렸다.

방은 그들이 빌려온 불어로 옹 스위트(en suite)다. 이는 다 갖춘 방이란 말이다. 특히 화장실을 갖춘 방이라는 말이다. 요즈음 걷고 있는 이곳은 행정구역으로는 노스 요크셔(North Yorkshire)를 지나 지금은 이스트 라이딩 오브 요크셔(East Riding of Yorkshire), 줄여서 이스트 요크셔(East Yorkshire)다. 동쪽으로 갈수록 방과 집기가 더욱 고급스러워지고 갖추어진 듯하다. 도시의 호텔처럼 어제 자넷의 집에서부터 페트병 물이 제공되었고 더욱 고급스럽게 보이는 커피 잔과 찻잔, 그 외 따르는 것들이 놓여 있었다. 물론 TV도 있었다. 며칠 전까지만 해도 TV가 갖추어진 B&B는 드물었다. (하긴 약간 더 비싼 편이긴 하다.) 마이클의 설명에 따르면 빨래는 공짜로 해준다고 했다. 그런데 약간의 기부금을 내도 사양하지 않겠다는 식으로 말을 했다. 타인이 세탁기 등 집기를 만지는 것을 싫어해서 나름대로 만든 규칙인 듯했다. 투숙비는 49파운드인데 1파운드를 더해 50파운드 주고 빨래 감을 몽땅 내놓았다. 남편보다는 좀 더 나이가 들어 보이는 부인 메리가 금세 빨래를 해 건조기에 넣고 말렸다.

이집은 우리가 TV화면에서 눈에 익은 영국 가정집의 모습이었다. 앞에 정원이 있고 정원 쪽으로 ㄷ자 모양으로 튀어나온 세면 중 두 면을 유리창으로 만들어, 밖의 정원을 집안에서 볼 수 있고 정원에는 새 먹이통을 달아둬 새가 수시로 와서 쪼아 먹을 수 있게 했다. 그것을 실내에서 쌍안경으로 볼 수 있게 하는 시설이다. 영국인들은 새를 먹이고 관찰하기를 무척 좋아한다. 과거 내가 아는 어떤 집에서는 새를 너무 먹여 과적수송기가 활주로에서 이륙을 힘들어하듯 날아오를 때 힘들어한 덩치 큰 새를 본적이 있다. 여기서는 그 정도는 아닌 듯했다.

내 배낭은 이미 도착하여 마이클이 2층 내방에 미리 갖다 놓았다. 아침에 부탁했던 책은 없고 대신 짐 운반인의 한 줄의 쪽지가 있었다. 이는 다음과 같았다 "죄송하지만 우리는 그런 종류의 서비스는 제공하지 않습니다. 운반인 조

(I'm sorry we don't provide that type of service. Jaw(Sherpa)" 나는 이 쪽지를 받고 조금 겸연쩍은 마음이 들었다. 세상에는 여러 짐 운반 회사와 여러 운반인이 있고 다 같을 수는 없으니 내 잘못은 아니라고 생각했다. 그러나 필립을 살짝 원망했다. 그리고 또 같은 말이라도 꼭 저렇게 써야했을까! 영어에는 우리말 못지않게 좋은 표현들이 많음에도 너무나 냉정하게 느껴지는 표현이었다.

저녁식사는 사람이 많아 겨우 6시에 예약한 동네 음식점 더 코치 하우스 인(The Coach House Inn)에서 후추넣은 카레로 했다. 마이클이 차로 데려다주고 데리러왔다.

저녁을 먹은 후, 날씨가 한없이 좋아 숙소 주변을 산책했다. 멀리 황야가 보이고 황야 아래에는 숲이 있었다. 가까이는 사방이 모두 푸른 초원이고 집들이 띄엄띄엄 자동차와 함께 길 옆에 있었다. 양들은 한가히 풀을 뜯었고, 석양

은 노을을 뿌리고 서서히 저물어 갔다. 새 모이통이 있는 정원까지 둘러보고 2층 내 방으로 들어왔다. 나의 일은 아직 끝나지 않았다. 짐 운반 업체 셔파 밴 (Sherpa Van)에게 윗비는 생략하고 그로몬트(Grosmont)에서 8월 27일 월요일 아침에 배낭을 수거해서 스카버러 놀랜스(Norlands) 호텔에 가져다 놓을 수 있냐고 묻는 이메일을 보냈다. 주말이라 일을 하지 않으면 낭패다. 나는 28일에나 놀랜스호텔에 투숙하는데, 불편하지만 하루정도는 큰 짐 없이 윗비에서 잠을 자고 진행할 수 있을 것 같았다. 이런저런 걱정을 뒤로하고 10시 20분경에 잠자리에 들었다.

사용한 비용

£49.00 B&B / £1.00 빨래 / £11.95 석식

비디,
소설 《폭풍의 언덕》을
읽어보았나요?

로즈데일 이스트(승용차) → 라이언 인 → 글레이스데일 → 그로몬트 (걸은 거리 20.3km)

4시 조금 넘어 눈을 떴는데, 잠시 화장실을 다녀온 다음에는 더 이상 잠들지 못했다. 이러한 일은 이번 여행에서 두 번째다. 내일부터 어떻게 짐을 처리하느냐 때문에 고민해서일까? 이후 6시 30분에 기상했다. 아침 식탁은 작은 원탁으로 앞과 오른쪽이 유리창으로 된 돌출거실에 있었다. 옆의 장방형 식탁에는 두 사람 용의 식사 집기가 차려져 있었고, 그것을 보니 나 말고 간밤에 두 사람이 더 숙박을 했을 것으로 짐작했다. 또, 그들은 나처럼 일찍 아침식사를 하지 않는 것을 보니 CTC 도보여행자는 아닐 듯 싶었다.

시리얼을 먹는 동안 마이클이 가져온 식사에는 좋은 호텔 뷔페에 있는 것은 다 있었다. 영국식 조식으로 달걀 프라이, 삶은 토마토, 검은 푸딩, 삶은 버섯, 삶은 콩, 햄, 소시지, 진한 커피, 요구르트, 토스트, 버터조각, 꿀, 물, 오렌지주스, 설탕 등이 다 있었다. 이 모든 것이 호텔과는 달리, 무늬 있는 도자기와 유리잔, 그리고 그릇에 담겨있었다.

문제는 마이클이 이것저것 주며 나에게 너무 많은 것을 물으며 주변에서 맴돈다는 것이다. 또 부엌은 식당에서 멀리 있어 뭘 주문하면 그 말을 전달하러 먼 부엌에 있는 부인 메리에게까지 가서 말해야 했다. 물론 정면으로는 정

원의 꽃과 새를 보고, 오른쪽으로는 멀리 황야를 보며 식사하는 것은 참 좋았다. 하지만 이렇게 부엌이 멀어 번거로웠기에 불편했다. 마이클은 짐 운반 업체 셔과 밴에 맡길 큰 배낭을 그냥 방에 두면 자기가 처리하겠다고 말했다. B&B마다 다들 자기들만의 독특한 특징들이 있어 그것도 약간은 나에게 흥밋거리였다. 그 무거운 것을, 깨끗하지도 않을 것을 좁은 층계와 복도를 휘저으며 옹색하게 운반하다가 집안 시설물을 손상시키기도 할 것 이다. 하지만 수많은 경험을 통해 내린 나름대로의 현명한 결정일 것이다. 때문에 그의 의견을 존중하기로 했다.

9시 15분경에 메리의 환송을 받으며 마이클의 차를 타고 출발했다. 어제와는 반대로 곧장 점점 비탈길을 올랐는데, 5분도 채 안되어 드넓은 황야로 올라갔다. 마이클에 의하면 지금이 헤더꽃의 절정기이지만, 올해 이상기후로 일조량(日照量)이 아주 많았기 때문에 꽃이 아름답지 않다고 했다. 필요 이상의 일조량이 헤더꽃을 망쳤다는 것이었다. 안타까운 일이다.

마이클은 나를 태우고 내가 원한다면 라이언 인 B&B까지 안가고 도중에 CTC길을 만나자마자 내려 주겠다고 했다. 하지만 나는 그의 제안을 마다하고

라이언 인까지 가서 그곳에서부터 다시 걸어오겠다고 했다. 그곳에서 내리면 1시간 거리를 단축하는 셈인데 그러고 싶지는 않았다. 라이언 인 B&B에서 묵었음직한 사람으로 짐작되는 사람들이 한두 명씩 걸어오고 있었다. 마이클의 말로는 라이언 인 B&B에 투숙하려면 늦어도 1년 전에는 예약해야 한다고 했다. 라이언 인 B&B를 몇 백 미터 남긴 지점에서 또 다시 필립부부를 만났다. 차를 멈추게 한 후 그들과 반갑게 인사하고 "될 수 있는 대로 천천히 걸으세요, 나는 곧장 내려 뒤 따르겠습니다."고 말하고 차를 타고 라이언 인 B&B로 향했다.

라이언 인 B&B에서 내리니 마이클 차가 한국의 현대차임을 발견했다. 마이클이 떠난 후 그 자리에서 서둘러 사진과 동영상을 찍고, 오늘의 행진을 시작한 시간은 9시 30분이었다. 날씨는 흐렸다. 마이클 말로는 오늘 하루 내내 맑을 거라고 했는데, 한 시간 반쯤 걸은 후부터 종일 비가 왔다. 오늘도 황야였다. 황야는 글레이스데일에 거의 가서야 끝났다. 어제와는 약간 다른 토양이었다. 서둘러 걸어 필립부부를 따라잡은 시간은 10시 5분이었다. 라이언 인 앞 도로를 걷다가 오른쪽으로 꺾어 어제 밤에 묵은 B&B로 가는 길인 롯드 로드 길에서였다. 그들은 라이언 인에서 묵었는데 1년 전에 예약을 했다고 했다. 10시 25분경에 오른쪽 길가에 '로즈데일 3, 피커링 13, 카슬턴 6'이라고 쓴 교통거리 표가 있었고 왼쪽에 CTC길로 포장된 샛길이 있었다. 대형화물차는 갈 수 없다는 글이 쓰인 파란 바탕의 큰 간판이 서있었다.

이제 큰길을 벗어나 황야 속으로 들어갔다. 오늘부터는 동영상을 필립부부를 위해서 그들 앞에서도 찍었다. 캐럴라인은 익숙하지 않아서 어색해했지만 즐거워했다. 하지만 필립은 여전히 큰 반응이 없었다. 10시 35분경에 이제까지 걸었던 포장된 소로(小路)에서 오른쪽으로 꺾어 거친 길로 들어섰다. 이곳에는 우리가 가야 할 방향 글레이스데일 6마일이라는 문구와 'COAST TO COAST'라는 문구가 선명한 말뚝이 있었고, 큰 울타리문이 있었다. 울타리문 옆이 터져있어, 그곳으로 CTC길로 들어섰다. 그곳에서 5분쯤 더 가면 길 왼

쪽에 돌로 지은 건물이 있는데 잠겨있었다. 안내서에는 트로프 하우스(Trough House)라고 되어있는데 사냥용 오두막이다.

　점점 나빠지는 날씨에 바람을 맞으며 걸었는데, 우리 말고도 한 사람의 도보여행자가 간편하게 차려입고 우리를 지나갔다. 이제 우리는 글레이스데일 무어(Glaisdale Moor) 황야에서도 좀 더 높은 하이 무어(High Moor) 황야를 걸었다. 해발고도는 350~410m 정도였다. 약간씩 뿌리던 비는 11시 15분경부터 제법 세차게 내렸다. 미리 우의를 입은 터라 큰 문제는 없었다. 오른쪽으로는 황야만 보였고 왼쪽으로는 바로 푸른 계곡으로 그레이트 프라이업 데일(Great Fryup Dale) 계곡이었다.

　이쯤에서는 빗속이라서 그렇게 보이겠지만 헤더꽃은 거의 다 진 듯 보였다. 이 애처러운 헤더는 에밀리 브론테의 시를 연상시켰다. 그녀의 말을 빌리자면 '비바람 속에서 높이 파도치는 헤더(High waving heather, neath stormy blasts bending)'라고….

　단순한 CTC 방향표시 목재말뚝을 지나 11시 30분경에 울타리문 너머 포

장도로를 만났다. 이곳에 있는 목재말뚝은 도로 북쪽방향으로 글레이스데일 3과 1/2마일을 표시하고 있었다. 주변에는 '단비 무어스 단지에 오신 것을 환영합니다(Welcome to Danby Moors Estate).'라는 문구의 안내 간판이 있었다. 이전의 안내문구와 대동소이했고 역시 노랑바탕에 붉고 검은색의 글자와 무늬를 넣은 불조심벽보도 있었다. 단비 무어스는 널리 공인된 황야 명칭이라기 보다는 단순한 단지명칭이라고 이해를 했는데, 확실한 것은 알 수 없다. CTC길은 이제 북동쪽방향으로 포장도로와 함께했다. 비바람 속에서 포장도로를 20분쯤 걸으니 길안내 말뚝 팻말이 나왔는데, 글레이스데일 2와 1/2마일, 트로프 하우스 3마일 이라고 표시되어 있었다.

그렇다면 아까 지나친 그 허술한 건물이 거리 기준이 될 정도로 중요하단 말인가? 이후부터는 포장길도 끝났고 길은 여전히 넓지만 자갈과 흙길인 글레이스데일 리그(Glaisdale Rigg) 능선 길을 따라 걸었다. 날씨만 좋았더라면 북해의 푸른 바다와 황야 아래의 녹색 들을 바라보면서 걸었을 터인데 궂은 날씨로 능선길 주변의 저가는 빛바랜 헤더꽃만 비바람 속에서 보았다. 길은 글레이스데일 무어 황야 중에서 하이 무어(HIgh Moor) 황야를 벗어나 로 무어(Low Moor) 황야 가장자리 능선으로 이어지고, 줄곧 해발고도 260m를 넘지 않다가 이윽고 해발고도 150m의 글레이스데일까지 이어진다.

나는 비바람 속에서도 사진과 동영상을 찍었고 그동안 필립부부로부터 뒤처졌다. 하지만 한참 가다보면 그들과 다시 합류하게 되어 있었다. 아침에 물을 많이 마셔서 그런지 어젯밤 잠을 설쳐서 그런지 소변이 자주 마려웠다. 그들이 멀리 앞서가니 나는 자유롭게 길 가에서 소변을 눌 수가 있었다. 돌아가신 아버지께서 말년에 자주 오줌을 못 참으실 때, 갑자기 누어 옷에 젖으면 내가 "아버지 천천히 좀 누시지"라고 말하면 섭섭하여 "나오는데 어쩔 것이냐?"고 반문하시던 모습이 생각났다. 과거 일은 다 후회스러운 것…. 황야를 홀로 걸으며 이렇듯 오만 생각이 다 난다. 대도시 생활 속에서 느끼고 생각 할 수 없었던 것들이 생각나고 반추하고 반성하고 아쉬워하게 된다.

비가오고 바람까지 세차게 부는 속에서도 황야는 나에게 계속 뭔가를 일깨워주는 듯했다. 12시 5분경에는 길가 왼쪽에 투박한 옛 경계석을 만났는데, 이끼 긴 석면에 로마자 T, H, C, A, D 등의 글짜가 새겨져 있다. 오래 전의 경계석에 로마자는 나중에 새긴 듯했다. 12시 30분경에는 울타리문을 만났다. 글레이스데일 리그 능선길의 끝으로 보였다. 문을 지나서 몇 분을 걸으니 농장 창고건물이 나오고 곧바로 마을이었다. 글레이스데일 외곽이다.

나는 더 걸어 그로몬트(Grosmont)까지 가야 했지만, 필립과 캐럴라인은 이곳에 숙소가 있었다. 비는 계속오고 아직 점심을 못 한 상태였다. 나의 제안으로 펍(pub)에 들러 뭐 좀 먹고 가기로 했다. 찾아 들어간 곳은 디 안클리프 암스(The Arncliffe Arms)라는 곳으로 그들은 맥주만 마시고 난 수프를 원했는

데 없다고 했다. 그럼 커피를 시켜 마시고 가지고 온 빵조각을 먹으면 안 되냐고 물으니 외부음식을 먹으면 안 된다고 답했다. 그래서 어쩔 수 없이 양이 적은 새끼양(lamb) 고기를 시켰다. 필립과 캐럴라인도 조금 맛보도록 했다. 그러면서 오늘 비바람 때문에 못 다한 이야기를 시작했다. 과묵한 필립 때문에 항상 수다를 절제하는 캐럴라인이 먼저 말을 꺼냈다.

캐럴라인　비디, 소설《폭풍의 언덕》을 읽어보았나요?

나　그럼요. 읽었지요!

캐럴라인　영어로요?

나　번역판으로 읽었습니다. 애거서 크리스티 탐정물은 거의 영어 원문으로 읽었지만《폭풍의 언덕》은 원문으로 읽지 못했습니다.

캐럴라인　네. 그래요.

나　영화로도 여러 번 만들어졌지요? 몇 개 보았는데 옛날 만들어진 흑백영화는 꼭 연극 같더군요. 배우들이 연극처럼 연기하는 것 같더라고요.

캐럴라인　(웃으며) 그래요. 연극처럼 연기하지요. 저도 본 적이 있어요.

나 그런데 소설의 배경이 어딘가요? 확실히 말예요. 요크셔 데일스인가요? 아니면 노스 요크 무어스인가요? 다들 그 배경이 노스 요크 무어스라고들 하던데 맞나요?

캐럴라인 노스 요크 무어스라고 생각해요.

(폴린과 타미는 모른다고 했고, 조가 그랬듯 캐럴라인도 노스 요크 무어스라고 했다. 그래서 당분간은 나도 그렇게 생각하게 되었다.)

우리는 《폭풍의 언덕》의 배경이 되었음직한 여러 곳의 황야에 대하여 이야기했고, 소설 내용에 대해서도 이야기 했다.

하루 종일 오는 빗속에서 따뜻한 점심식사를 하고 나오니 속이 든든했다. 필립은 나에게 자세히 가는 방법을 알려주었고 그들은 그들의 숙소로 향했다. 철도 굴다리 'Bridge MBW2/81' 밑을 통과하여 서로가 손을 흔들어 인사했고 그들은 사라졌다. 나는 굴다리 전에서 CTC 팻말표시가 가르키는 대로 오른쪽 샛길의 좁은 다리를 통과하여 이스트 안클리프 우드(East Arncliffe Wood)숲으로 들어갔다. (이후로는 필립부부를 만나지 못했다.)

주변에는 에스크 강(River Esk)이 있어 물소리가 들렸다. 글레이스데일에서부터 그로몬트까지 CTC 웨인라이트길, 에스크 강, 그리고 철도 이 세 개는 가까이 적당한 간격으로, 서로 엉키며 함께 간다. CTC길 안내 녹색 원 속의 aw 문자도형 팻말을 지났고, 개에 줄을 묶고 다니라는 주의 팻말을 지나며 3시 35분경에 이제까지의 빽빽한 숲이 끝나고 울타리문을 만났다.

문을 나오면 포장도로로 연결되고 길가 나무사이로 보이는 주변이 들과 밭이었다. 팻말이 가르키는 엑턴 브리지(Egton Bridge) 마을 쪽으로 갔다. 길은 여전히 포장된 길이었다. 가다가 길 왼쪽 돌벽에 우의를 벗어 걸어두고, 아직 먹지 않아 남아있었던 과일을 먹으며 잠시 쉬었다.

다시 걸어가는데 길에 한두 마리 들꿩이 나타나기 시작하더니, 점점 제법 많아졌다. 조금 더 걸어 길옆 이미 수확이 끝난 밀밭에 수백 마리의 들꿩들이 이삭을 쪼며 헤집고 다녔다. 야생이 아니고 주인이 있는 사육 들꿩으로 보였다. 3시 5분경에 에스크 강 위의 다리에 도착했는데, 주변에 이름이 없어 이 다리가 엑턴 브리지(Egton Bridge) 다리인지 어쩐지는 알 수가 없었다. 내 짐작으로는 이 다리도 엑턴 브리지 다리고, 이 마을이름도 다리 이름대로 엑턴 브리지 마을일 것이다.

그 다리를 지나 길 오른쪽 가로 10분쯤 걸으면 가는 쪽으로 몇 십 미터 앞 길 건너 길 가에 성 헤다 천주교 교회(St. Hedda's Roman Catholic Church)가 보였다. 이때 바로 오른쪽으로 석조 문기둥이 양편에 있는 넓은 길이 있었다. 이 길은 목재 말뚝 길안내 화살표로 CTC길임을 표시하고 있었다. 석조 기둥에는 사유지 도로라고 표시되어 있었다. 이제 오른쪽으로 꺾어 이 사유지로 가야 했다. 만약 날씨가 좋았더라면 이 마을을 좀 더 구경했을 것이다. 교회 너머 가까이에 엑턴 철도역과 포스트게이트 인(Postgate Inn) B&B가 있다. 성 헤다는 7세기의 이 지방 출신 기독교 성자였고, 숙박업소가 차용한 포스트게이트는 니콜라스 포스트게이트(Nicolas Postgate)로 17세기 신구교의 갈등 속에서 82세의 나이로 순교한 천주교 사제였다. 그는 교수형 후 능지처참을 당했으니 종교적으로 격렬한 시대를 살았던 인물이다. 엑턴 브리지에서 태어났고, 요크에서 처형되었고, 그의 시신의 일부도 엑턴 브리지 마을에 묻혀있다. 황야의 순교자(Martyr of the Moors) 또는 황야의 착한 사마리아인(The Good Samaritan of the Moors)이라는 별명도 가지고 있다.

CTC길 안내 화살표가 가르키는 대로 오른쪽으로 꺾어 사유지 도로에 들어섰다. '그로몬트 1과 1/2마일' 표시도 같이 있었다. 오늘은 2.4km만 더 가면 된다. 길 이름은 바나즈 로드(Barnard's Road)길이다. 주변을 엑턴 장원(莊園, Egton Manor) 또는 엑턴 에스테이트(Egton Estate)라고 했다. 상업적으로 이용하는 듯했다. 길 밖 숲속의 전경을 구경하며 걸었다. 철망 울타리에 라마(llama)에게 먹이를 먹이지 말라는 주의문을 붙여놓은 것을 보아서 외국산 귀한 동물도 있는 듯 했다. 3시 35분경에는 철도 굴다리를 통과했다. 비가 심해졌다. 비가 오락가락했으니 여전히 주황색 우의를 미리 입은 상태였다. 길은 비포장 시골 작은 길이고, 길 양편으로는 푸른나무가 촘촘히 있었다. 우리나라에서 흔히 볼 수 있는 질경이도 있고 곤충도 있고 새도 제법 많았다. 사람 사는 동네 같았다. 황야만 벗어나면 뭐든 다 살고 있었다. 이곳 북(노스) 요크 무어스에서의 무어(황야)사이의 골짜기에서는 황야와는 대조적으로 보기에는 이렇듯 '젖과 꿀이 흐르는' 옥토였다.

굴다리에서부터 몇 분을 지나니 길 앞을 철봉울타리문+목재쪽문이 가로막았다. 차량과 가축을 동시에 막는 문으로 보였다. 쪽문을 통과한 후 빗속을 걸어 3시 50분경에 아름드리 큰 나무를 만나고 바로 옆의 포장된 자동차 길에 접어들었다. 기둥에 CTC길 표시를 한 목재말뚝은 그로몬트 철도역 방향을 표시하는 목재화살표가 붙어있었다. 역 부근에는 숙소가 있어 두말없이 그 방향으로 향했다. 강위의 석조 다리를 지나고 운동장(Sports Field)과 주차장 팻말을 차례로 지나 철로 굴다리를 만났는데, 그 앞에 그로몬트(GROSMONT) 경계 간판이 크게 있었다. 이제부터는 그로몬트다. 굴다리를 지나니 성곽 안에 들어온 듯 마을이 눈에 확 들어왔다. 그로몬트 철도역 부근에는 4시경에 도착했다. 이곳에서 가장 좋아 보여 골라 예약했던 그로몬트 하우스(Grosmont House) 호텔을 빗속을 누비며 찾기 시작했다. 역 주변에서부터 구글 위성지도를 펼쳐

보았지만, 자세히 보여 주지 않았다. 이처럼 영국에서는 구글이 가끔 말을 듣지 않을 때가 있다. 결국 이 사람 저 사람에게 여러 번 물어 찾았는데, 4시 20분에야 하얀 그로몬트 하우스 호텔에 도착했다.

규모가 큰 호텔로 기대를 했는데 실제 호텔은 기대에 못 미쳤다. 작은 방이지만, 그래도 있을 것은 다 있었다. TV, 커피포트, 건조대 등……. 물가가 비싸다보니 어쨌든 작은 공간에 오밀조밀 경제적으로 만들어 놓은 것이 훤히 보였다. 작아도 화장실이 붙은 옹 스위트(en suite)였다. 안내하는 여자가 뭘 마시겠냐고 물어서, 우유 한 잔 따끈히 마시고 싶다고 하니 금방 데워 왔다. 비치된 맛좋은 비스킷을 우유와 함께 먹으며 빗속의 노고를 풀었다.

안내하는 여자는 영어가 약간 어눌한 중국계로 보였는데 소통이 잘 안 되어, 바퀴달린 의자에 앉아있던 크리스라는 백인남자에게 내 배낭 운반에 대하여 이야기했다. 택시회사에 전화해줄 것을 부탁 했더니 흔쾌히 해주었다. 전화하면서 "한 일본인 신사가 부탁하는데…" 이렇게 저쪽에게 말을 해서 나는 급히 한국인이라고 바로잡아 주었다. 27일 YHA 윗비(Whitby) 유스 호스텔, 28일 스카버러의 놀랜스 호텔에 3시까지 배낭을 운반하고 42파운드였다. 돈은 모레 아침 9시에서 9시 30분 사이에 YHA 윗비 유스 호스텔에 도착하여 직접 나에게 받겠다고 하고 마무리를 지었다. 크리스는 42파운드면 괜찮은 가격이라고 말했다. 짐 운반 업체 셔파 밴에서는 나중에야 답신 이메일이 왔다. 컴퓨터고장으로 답신이 늦었다고 하면서 그로몬트에서 스카버러까지는 자기회사에 운반체계가 구축되어있지 않다며 할 수 있는 다른 업체의 전화번호와 이메일을 알려줬다. 좀 더 일찍 알려주었으면 좋았을 터인데 이미 택시회사와 해결했음을 알리고 이제까지 서비스 받은 것에 대한 고마움을 표시하며 다음에 또 이용할 일이 있으면 연락하겠다는 답신으로 마무리했다.

저녁식사는 호텔에서 대신 예약해준 스테이션 타번(Station Tavern) 선술집으로 정했다. 7시는 너무 붐벼서 6시 30분이나 7시 30분이면 좋겠다고 해서 7시 30분으로 예약했다. 이곳은 B&B와 펍(pub)을 같이 운영하고 있었다. 시간 맞추어 가니, 중년남녀 손님으로 인산인해였다. 시골마을에 웬 사람들이 이렇게 많은지……. 어떤 여자는 커다란 개까지 끌고 와 있었다. 중년남녀가 갈 곳이 이곳뿐일까? 그런데 남녀 모두가 몸집이 컸다. 이상하게도 날씬한 사람은 한 사람도 없었다. 식사를 하는 사람들도 있었지만, 대부분의 사람들이 맥주, 포도주 등 주류를 앞에 한 잔 놓고 담소하거나 또는 침묵하고 있었다. 이곳에서 키 작고 왜소한 사람은 내가 유일했다. 그들 눈에는 일본인이나 중국인으로 보이는 내가 생소했는지 빤히, 혹은 힐끔힐끔 나를 쳐다봤다. 저 친구가 무엇을 하며, 뭐라고 말하는지가 무척 궁금하다는 표정이 역력했다.

이곳에서 먹은 닭고기 카레는 어제도 먹었던 것인데, 어제 것보다 훨씬 맛이 좋았다. 식사를 하면서 옆자리에 이 마을 사람 같지 않은 꽤 도시풍으로 보이는 한 쌍의 중년 남녀에게 "왜 이리 사람들이 많습니까? 무슨 날입니까?"라고 물으니 여자가 웃으며 자기들도 여행자인데 알 수 없다고 답했다. 날씨가 궂으니 다들 한 잔하고자 선술집으로 모인 듯 했다.

호텔에 돌아와서 이불 하나 더 얻어들고 방으로 왔다. 어제 그제 밤에 추웠던 경험이 있었기 때문이다. 특히 그제 밤은 심했다. 볼펜심이 터져 여행조끼를 얼룩으로 망쳤다. 건조대를 믿고 급히 세탁했다. 내일 아침까지는 말려야 한다. 11시 10분에 잠자리에 들었다.

사용한 비용

£7.95 점심 / £10.95 석식 / ₩101,147 호텔

스니턴
무어 황야에서
헤매다

그로몬트 → 리틀벡 → 하이 호스커(버스) → 윗비 (걸은 거리 18km)

새벽 3시가 조금 넘어 깨어 화장실 후 다행히 잠이 들었다. 5시 50분경에 일어났다. 새벽에 창문 덮개를 열어보니 아름다운 둥근달이 보였다. 아침식사는 중국인 직원이 알뜰하게 제공했다. 과일을 잘게 조각내어 퍼가서 먹도록 하고 영국식 조식은 분량이 많지 않도록, 푸짐하지 않도록 했다. 어제 주문서에 넣었던 뜨거운 물은 잊고 주지 않았다. 주문했던 요크셔 차는 가져왔는데 차 주전자는 양모로 짠 덮개를 만들어 싸져 있었다. 구운 토스트도 수건만한 덮개로 쌌다. 주변 다른 투숙객들에게 이것이 요크셔식이냐고 물으니 그렇다고 했다.

토스트 네 조각 중 두 조각을 먹고, 나머지 두 조각은 꿀과 버터를 발라 점

심으로 챙겼다. 어제부터 이 중국인 직원과 아르바이트로 온 듯 보이는 젊은 중국인 직원은 서비스 정신이 약간 부족한 면이 있는 듯 보였다. 뭔가 부탁을 하면 귀찮은 듯한 반응을 종종 보여 나를 불편하게 했다. 어제 볼펜 잉크가 범벅이 되어 세탁한 여행조끼는 아침에도 건조대에 열을 넣어준 덕분에 잘 말라 오늘도 계속 입을 수 있게 되었다.

택시기사 눈에 잘 띄도록 문 가까이 잘 보이는 곳에 신경 써서 배낭을 두고 9시 35분경 호텔문을 나섰다. 이때만큼은 날씨가 너무 좋았다. CTC길을 찾는데 시간이 걸렸고 큰길로 나와 중년부인을 만나 길을 물어 비탈진 큰길을 올라갔다. 어제 빗속에서 헤맸던 곳인데 좀 더 걸으니 표지판이 나타났는데 직진은 슬라이츠와 윗비 방향, 오른쪽으로 고스랜드와 피커링방향이었다. 지도상으로만 보면 분명 윗비 쪽으로 가야하는데 아는 길도 물어가라는 격언대로 안내서를 꺼내 보니 '피커링과 고스랜드 방향 안내표지를 따라서 확 트인 황야가 나타날 때까지 가라.'고 써있어 윗비 쪽을 마다하고 안내서 설명에 따르기로 했다.

사실은 어디로 가던 결국에는 길이 서로 만날 것이지만 안내서를 따르는 것이 현명할 것 같았다. 길은 포장도로였다. 가끔 자동차나 오토바이가 지나갔다. 그리고 출발할 때는 그렇게도 좋던 날씨가 바람이 제법 불고 빗방울도 한두 방울 떨어졌다. 하지만 큰비는 오지 않았다. 10시 35분경 길 왼쪽으로 북해가 보였다. 길은 계속 완만한 오르막 경사길이고 길가에는 질경이 등 풀이 나 있었다. 길에는 가축 통행방지용 쇠격자판이 깔려있고 그 옆에 울타리문이 있었다. 나는 밑에 있는 함정구덩이가 좀 무섭지만 쇠격자판위를 조심히 밟고 통과했다. 자동차가 지나갈 때는 쇠격자살과 바퀴가 마찰하는 소리가 제법 크게 들렸다. 차종에 따라서 소리가 달랐고, 내리막으로 갈 때보다는 오르막으

로 올라올 때의 소리가 더 컸다. 쇠격자판문에서 5분쯤 더 오르막길을 걸어올라 10시 45분경에는 헤더꽃이 져 진갈색으로 뒤덮인 황야에 진입했다. '둥지 튼 새를 조심하라'는 팻말이 보였다. 같은 팻말을 오늘도 자주 보며 걸었다. 거기에는 개를 풀어 놓지 말고 줄로 묶어 다니라는 글귀도 있었다. 여전히 노스 요크 무어스 국립공원이름으로 만들어 놓은 팻말이었다. 이제 슬라이츠 무어 (Sleights Moor) 황야로 들어섰다. 길은 여전히 자동차가 다닐 수 있는 포장도로다. 가끔 불탄 후 회복되기 전의 하얀 헤더나무 줄기가 보이는 헤더군락지가 보였다.

11시 10분에 멀리 자동차길 A169도로가 보이는 곳에서 CTC길 안내 목재말뚝을 만났다. 리틀벡 2마일(LITTLEBECK 2mls)이 표시된 팻말로 A169도로에 도달하는 샛길이다. 이 샛길로 가니 11시 25분경에 철조망울타리를 만났고, 디딤대문을 넘으니 바로 왕복2차선 A169도로를 만났다. 여기에 세워진 목재말뚝의 CTC길 안내대로 길을 따라 자동차 소음을 견디며 북해가 보이는 북동쪽으로 걸었다.

    이때 내가 서서 스마트폰에서 뭔가 열중할 때 휙 나를 앞질러 지나간 약간 통통한 젊은 여자 뒷모습을 보았는데 그녀는 몸집과는 달리 번개처럼 빨랐다. 순식간에 내 앞을 스쳐 지나가 점점 멀어져 한동안 내 시야에서 어른거리다 사라졌다. 이렇게 북해를 앞에 두고 10~15분쯤 A169도로를 따라 걸으면 오른쪽에는 때 늦은 분홍 헤더꽃이 드문드문 보였고, 거의 대부분은 진밤색으로 변해버린 헤더꽃밭 사이에 샛길이 있었다. 여기에 CTC와 리틀벡 마을을 동시에 가리키는 목재말뚝팻말이 있어 그 샛길로 접어들면 바로 철조망 울타리의 목재문을 만나 통과할 수 있었다. 해발고도 240~250m 정도로 슬라이츠 무어 황야의 끝자락이었다. 이제 곧 해발고도 100~150m정도의 농장지대로 들어섰다. 11시 55분경에 비포장소로에 이르렀고, CTC길을 안내하는 아무런 표시도 없어 짐작으로 내리막길인 동북 방향으로 걷고 바로 길을 가로막는 철조망의 울타리문을 통과했다. 이때 나는 혼자 독백으로 "코스트 투 코스트 길표시를 해

주면 어디가 덧나냐? 에이고 참!" 하며 투덜댔다. 답답했기 때문이다.

약간씩 뿌려지는 비를 맞으며 비탈길을 내려왔다. 이제는 황야가 아니고 비포장소로(小路)였다. 그리고 길가에는 나무가 많았다. 한참을 걸어 12시 5분경에 포장소로와 만났고, 리틀벡을 가르키는 표지판을 만났다. 나는 계속 그쪽으로 가기만 하면 된다. CTC 웨인라이트길은 리틀벡 마을을 통과하기 때문이다. 마침 개와 함께 산책 나온 부인을 만나 내가 가는 길이 CTC길임을 확인했다. 길은 힐톱 팜(Hilltop Farm) 농장 앞을 지나는데, 철제 봉을 매우 듬성듬성 얽혀 만들어 개 정도는 얼마든지 자유롭게 드나들 수 있는 커다란 문에 붙여 놓은 경고문이 이채로웠다. '문 안에 개를 풀어놓았으니 조심하세요! 도움이 필요하면 종을 울리세요!' 아마 개가 황소만큼 덩치가 큰 모양이다.

12시 15분경에 리틀벡 마을에 진입했다. 작은 침례교회와 더불어 건물 몇 채있는 마을을 이리저리 구경하고 있는, 배낭을 멘 젊은 두 남녀 여행객이 있어 CTC길을 물었더니 그런 것은 전혀 모른다고 답했다. CTC 웨인라이트길에는 전혀 관심이 없는 그냥 여행자인 모양이다. 처음 만난 긴 의자에 잠시 앉아 쉬다가 먼저 길을 알아보고 나서, 맘 편히 휴식도 취하고 싶어서, 안내서를 더듬으며 포장도로를 따라가다 길 오른쪽 가에 드디어 고색창연한 길안내 목재말뚝을 발견했다. 노스 요크 무어스 국립공원의 진녹색 원(圓)속 노란 화살표, 그 화살표 속의 연녹색 작은 또 다른 원(圓)에 웨인라이트의 CTC길 표시인 aw 문자 도형(로고)이 말뚝에 부착되어 있었다. 화살표 판자도 붙어있는데, 'FALLING FOSS'와 'CTC'가 동시에 써있었다.

이웃에는 키가 작은 목재말뚝이 하나 더 있었는데, 내가 가고자 하는 곳은 리틀 벡 우드(Little Beck Wood)숲이라고 써있었다. 어찌된 사연인지는 모르겠으나, 동네 지명을 말할 때는 'Littlebeck'이라고 붙여 썼으며, 그 외에는 'Little

Beck'이라고 띄어 쓴다는 것이 특이했다.

이 두 개의 목재말뚝 외에 근처에는 철조망을 쳐 놓은 숲으로 통하는 울타리문과 나를 위한 목재 긴 의자가 있었다. "휴!" 나는 이제야 맘을 놓고 의자에서 쉬며 뭔가 먹을 수 있었다. 숲에서 울타리문을 통과해서 나오는 사람들이 있어, "여기서 얼마나 더 가야 점심을 먹을 수 있는 카페가 있습니까?"라고 물으니 1시간 쯤 더 가야한다 했다. 이곳에서 싸온 토스트 두 조각 겹친 것과 남아있는 과자를 먹고 가다가 카페가 나오면 수프나 한 그릇 먹으면 되겠다고 생각했으나 불행히도 점심은 이것으로 끝이었다.

숲길은 길었다. 간단한 요기를 하고 출발한 시간은 12시 55분, 충분히 휴식을 취했지만 먹는 것이 시원치 않아 내 몸은 불만이 많았다. 그러나 앞일을 모르니 1시간 후면 수프에 빵을 또 먹을 수 있다는 기대감을 가지고 출발했다. 그로몬트 하우스 호텔에서 조식 때 토스트를 적게 주니 달랑 두 조각밖에 가져오지 못했고, 과일도 작게 쪼개서 줘서 가져올 수가 없었다. 한국에는 많은 구멍가게나 편의점도 없었다. 철조망울타리의 울타리문을 지나면 바로 빽빽한 숲이다. 길은 리틀 벡(Little Beck) 개울과 함께 지근거리에서 같이 가다가 지류인 메이 벡(May Beck) 개울과 숲이 끝날 때까지 같이 간다. 출발해서 몇 분 후 바로 숲에 대한 안내 간판이 세워져 있었다. 깨알 같은 글과 그림으로 숲을 소개하고 있었다. 나름 요약했지만 긴 내용이다.

리틀 벡 우드숲 자연보호지역에 오신 것을 환영합니다.

면적은 26헥타르 이상이고, 떡갈나무가 주며, 물푸레나무, 오리나무, 개암나무, 마가목 등이 있습니다. 봄에는 야생 히아신스, 숲바람꽃, 앵초, 보라색 난초꽃이 만발합니다. 습한 곳에서는 연복초, 괭이눈을 볼 수 있습니다. 이렇듯 이곳은 노스 요크 무어스 황야에서는 보기 드문 꽃이 풍부합니다. 검은 수레국화, 들국화, 단풍털이풀 사이로 나비가 납니다. 자주색 야생난초꽃이 년 중 후반기에 볼 수 있습니다. 이끼, 버섯, 무척추동물이 서식하고 이중에서 몇몇 종은 멸종위기종 목록에 기록되어있습니다. 노루가 많아 일 년 내내 발견되며, 오소리, 여우, 산토끼, 수달도 서식하고 있습니다. 오색딱따구리, 나무발발이, 동고비도 숲속에 살고 있습니다. 개울을 따라서 물까마귀를 볼 수 있고, 고사리과 식물사이로 멧도요를 볼 수 있습니다.

웨인라이트의 유명한 CTC길 위에 당신은 서있습니다. 이 길은 서쪽 숲을 통과하여 자연보호지역의 동쪽부분에 위치한 공공 도보길을 따라 갑니다. 숲의 서쪽지역은 1986년 이래 신탁(Trust) 소유며, 특별과학관심지역(SSSI)입니다. 리틀 벡 개울은 노스 요크 무어스 황야에서 흘러 2억년 동안 회색 쥐라기 혈암(이판암, 셰일)을 관통하면서 진흙으로 되어 바다에 이릅니다. 18세기에 알루미늄을 뽑아내기 위하여 혈암을 채취하게 되었는데 알루미늄은 방직과 무두공업에 사용되는 귀중한 화학물질이기 때문입니다.

신탁(Trust)은 특별한 이 숲 지대의 연령, 구조, 구성의 다양성을 유지시키는데 목적을 둡니다. 숲 지대가 건강하다면 관리가 거의 필요 없습니다. 그러나 숲에서 선별적으로 외래종 나무를 벌목하는데, 이는 토종나무의 자연적 재생을 돕게 됩니다. 자연보호지역 서쪽부분의 목초지와 관목지에서는 양과 가축이 풀을 뜯도록 하고 있습니다. 이는 자연적인 땅으로 유지시키기 위함이며, 그곳에 적합한 동식물이 깃들게 하기 위함입니다. 목초지에서는 늦여름에 풀을 베어 건초를 만듭니다. 지역 자원봉사자들이 일을 많이 하고 있습니다. 합류하지 않으시겠습니까? 환영받으실 겁니다.

· 사진만 찍고, 발자국만 남기세요.

· 개를 잘 관리하세요.

· 요크셔 야생 신탁(Yorkshire Wildlife Trust)에 참여해 주십시오. 구경 잘 하십
  시오!

숲 안내간판을 바로 지나니 주변 마을 주민으로 보이는 여자 세 사람이 개
를 안고 내 쪽으로 왔다. 나들이가 끝나고 집으로 돌아가는 모습이었다. 5분쯤
걸은 후 목재다리를 건넜고, 판자를 댄 오르내리는 계단을 지나 약 50m 길이
의 판자길을 걷고 다시 목재다리를 만났는데, 중년남녀 두 사람이 다리에서 놀
고 있었다. 다리를 지나면 이제는 효용성이 없어 버려진 듯한 허물어진 이끼
낀 돌담사이를 지났다. 한 때는 돌담문이 있었겠지. 또다시 판자를 댄 계단을
지나 1시 25분경에 허미티지(The Hermitage)에 도착했다.

곁에서 보기에는 큰 바위로 보였는데, 들어가는 문이 있고 속이 텅 비어있
어 궂은 날씨를 잠시 피하기에 좋을 듯했다. 리틀벡 마을 선생이었던 죠지 첩
(George Chubb)이 자신이 혹은 누군가를 시켜서 만들었다고 한다. 꼭대기에
는 두 개의 의자가 있는데 한 의자에 앉아서 소원을 말하고 나서 다른 의자에
앉으면 그 소원이 이루어진다고 한다. 속으로 들어가는 입구 위에는 죠지 첩의
첫글자 GC와 당시의 연대 1790이 새겨져 있다.

오른쪽으로 돌아가면 대문자로 'THE HERMITAGE'가 새겨져 있고, 이
외에도 수많은 낙서가 이끼와 함께 큰 바위모양의 허미티지를 뒤덮고 있다. 단
지 몇 분을 지체하여 잠시 구경 후 폴링 포스(Falling Foss) 폭포로 향했다. 계
속해서 오른쪽으로 개울 물소리가 들렸고 숲은 이제까지와는 달리 곧게 하늘

로 뻗은 나무들이 주변에 많았다. 허미티지에서 5분쯤 걸어 두 갈래 길에 목재 길안내말뚝을 지나 다시 5분쯤 걸어 오른쪽에 빗살무늬와 상형문자 같은 것이 새겨져 있는 돌기둥을 만났다. 나는 이런 돌기둥이 신비로웠다. 내 입에서 "이 집트 같은 먼 다른나라 것만 연구하지 말고 자기나라에서 이런 돌기둥을 연구 하면 오죽 좋을까?"라고 혼자서 중얼거렸다. 그 방면에 전혀 문외한인 내 눈에 는 정말 연구가치가 있는 돌기둥으로 보였고, 빗살무늬와 상형문자도 신비로 웠기 때문이다.

  다시 5분쯤 걸으면 또다시 목재말뚝길안내가 나오고 어린이를 데리고 온 젊은 부부와 마주쳤다. 근처에는 여러 사람소리가 물소리와 함께 들렸다. 1시 45분경에 폴링 포스 폭포수에 도착했다. 폭포는 20m정도로 바위절벽을 배경 으로 떨어졌다. 바로 근처에는 폴링 포스 티 가든(Falling Foss Tea Garden)이 라는 카페가 있었다. 간이판매대가 있었고 주변에 옥외 탁자와 의자가 여러 개 있었다. 그런데 카페에는 사람들이 족히 20명은 줄을 서 있었다. 그 외에도 사 람들이 많이 있어 이 숲속의 사람들은 여기에 다 모여 있는 듯 보였다. 오늘 은 한국인으로서는 이해가 힘든 '늦여름 법정공휴일(Late Summer Bank Holiday)'이라서 가족 나들이객들로 가득 차 길게 줄을 서야 음식을 살 수 있는 형편이었다. 나는 포기하고 갈 길을 재촉 하였다. 늦여름 법정 공휴일이란 8월의 마지막 월요일을 쉬는 공휴일을 말한다. 잉글랜드, 웨일스, 그리고 북아일랜드가 이에 따르고 스코틀랜드는 법정 공휴일로 지키지 않는다.

다리를 건너 카페 구역을 나오니 바로 목재길안내말뚝이 화살표로 CTC 길을 안내하여 오른쪽으로 돌면 바로 몇 십미터의 판자 길을 만날 수 있다. 조금 후에는 목조다리를 지나고, 2시 7분에는 철조망울타리의 울타리문을 통과했다. 이제 리틀 벡 우드숲의 거의 끝자락에 도착한 것이다. 보이지는 않았지만 여전히 개울물소리가 들렸다. 메이 벡(May Beck) 개울이다. 2시 20분경에 이제 자동차가 다닐 수 있는 길에 도착했다.

바로 이때 나이로 보아 부자지간으로 보이는 도보여행자복장의 청소년과 장년 두 사람이 내 뒤에서 휙 나타나 도로를 건너 바로 난 샛길로 사라졌다. 그들의 행동이 너무 빨라서 뭘 물어볼 겨를이 없었다. 오늘은 이상하게도 만난 도보여행자들이 모두다 번개처럼 지나가 버렸다. 나는 급히 안내서를 꺼내어 현재의 위치를 확인해보았다. 그리고 구글 위성지도로 나의 현재의 위치도 확인하였다. 여기서는 예각으로 급히 꺾어 가야한다. 그래서 그들이 갔던 샛길이 아니라 넓은 오르막길로 가야한다. 때마침 중년 아주머니가 나타나 그녀에게 지도가 그려진 내 안내서를 내밀며 갈 길을 확인까지 받았다.

앞서 본 두 남자가 간 샛길로 가도 크게 문제될 것은 없어 보였다. 그러나 정해진 CTC 웨인라이트길이 아닐 뿐이다. 나 같은 이방인은 가능한 한 안내서대로 가야한다. 길은 바로 오른쪽으로는 다리가 있었는데, 그 너머에 주차장이 있었다. 왼쪽 오르막길을 구글 지도에서는 메이 벡 팜 트레일(May Beck Farm Trail)길이라 한다. 주차장이 만원인지 길가에 자동차가 줄줄이 주차되어 있었다. 모두가 리틀 벡 우드 숲에 놀러온 사람들이며 그들의 대부분은 이때 쯤에는 폴링 포스 폭포 주변에서 그들말로 '은행휴일(Bank Holiday)'을 즐기고 있을 것이다.

오르막 길을 약 20분을 걸어 오르니 앞이 탁 트였다. 탁 트인 앞과 옆에 보이는 곳이 스니턴 로 무어(Sneaton Low Moor) 황야다. 조금 전에 지나온 리틀 벡 우드숲은 해발고도 180m 정도고 이 황야는 해발고도 220~230m 정도다. 이런 근소한 고도차이가 풍부한 생태계를 보여주는 숲과 헤더나무와 들꿩만이 좋아하는 황야로 갈라놓았을까? 이 경우에는 고도보다는 개울, 리틀벡 개울의 존재여부가 숲과 황야를 결정지었을 것이다. 북아프리카 이집트에서 사막과 옥토를 가르는 것이 나일강이듯 이곳에서의 나일강은 리틀 벡 개울인 것이다.

스니턴 무어 황야는 2차 대전 때 특이한 경험을 했다. 황야의 어느 지역은 독일 폭격기로부터 특히 야간에 심한 공습을 당했다. 당시 가짜로 미들즈브러(Middlesbrough) 주변 티사이드(Teesside)에 있는 철강화학공업단지로 위장했다고 한다. 가짜 공업지대의 용광로 불과 가짜 가로등 불빛, 가짜 전차시설 불빛은 독일폭격기를 효과적으로 잘 속였던 모양이다. 영국인들은 황야를 여러 모로 잘도 이용하고 있다는 생각이 들었다.

미들즈브러는 북한에게는 뜻깊은 도시다. 1966년 런던 월드컵에서 북한은 이탈리아를 꺾으면서 아시아에서 최초로 8강에 진출하였다. 이때 경기를 했던 곳이 미들즈브러다. 북한선수 박두익이 골을 넣은 자리에 지금도 축구화형태의 기념비가 있다고 한다. 우승했던 영국인들은 북한사람들을 만나면 고맙다고 했다는데, 이유는 강팀 이탈리아를 북한이 꺾어주었기 때문에 영국이 우승했다고 생각해서였다. 반면 이탈리아는 1966년을 기억하기도 싫어할 터인데, 2002년 한일 월드컵 때 한국에 져, 북이든 남이든 코리언에게는 결정적인 경기에 지는 묘한 징크스를 남겼다.

오르막길을 올라 탁 트인 황야에 이른 시간은 2시 40분경이었다. 바로 눈앞의 황야는 황야라기보다는 내 눈에는 반황야였다. 반황야란 순전히 내가 생각해낸 말로, 목초지라고 하기에는 뭔가 섭섭하고 그렇다고 황야라고 부르기에도 식물이 잘 살고 있는 곳을 말한다. 이곳이 바로 그런 곳으로, 곳곳에 철조망으로 경계지어져 있었고 양들이 풀을 뜯고 있는 모습이 간간히 보였다. 처음에는 우마차가 지나갈 수 있을 만큼 넓은 길을 아주 잠시 걸으니 커다란 철봉 울타리문이 가는 길을 가로막았는데, 주변에는 철조망 울타리가 처져있었다. 이 문을 통과하여 철조망 울타리를 오른쪽에 두고 걸었다. 길은 곧 좁아져 없어지고 울타리문을 또 지나 이어서 사그라지는 헤더꽃 사이의 황야로 접어들었지만 CTC 웨인라이트길의 표시는 발견되지 않았다. 이제 완전히 길을 잃은 것이다. (아니 이곳에서는 아예 CTC길 표지를 생략했는지도 모른다.)

멀리지만 북해가 눈앞에 보였고, 또, 아직은 보이지 않지만 자동차가 다니는 길이 곧 보일 터이니 아무리 길을 잃는다 하더라도 위험하지는 않기 때문에 CTC길 표지 설치에 소홀했을 수도 있다고 좋게 생각하기로 했다. 먼 배경으로 북해를 두고 멀리서는 삼지창 사지창으로 보이는 화살표 판자를 붙인 목재 말뚝을 향해 헤더꽃 사이의 도보 길을 걸어 부지런히 가보았지만, 사방 모두가 보행로(FOOTPATH)라고만 표시되어 있었다. 누가 보행로라는 것을 모를까봐 이런 영양가 없는 표시를 했을까? 네 방향 각각 어디를 향한다고 써넣어야 하지 않겠는가? (나중에 구입한 헨리 스테드맨 안내서에는 내가 지참한 안내서의 길과 약간 달리 CTC길을 표시해 놓았다. 그리고 이곳에서 살무사(adder)를 조심하라는 문구도 있었다.) 그중 하나 북해쪽 그러니까 동쪽을 향한 길을 택해 걸었다. 가다가 넓은 헤더나무를 태웠던 장소를 지났는데 불탄 뒤의 헤더

나무의 잔해는 하얬다. 인간의 유골처럼말이다.

　도중에 남녀 혼성으로 구성된 젊은 도보 여행자를 만나 길을 물어보았으나, CTC길에 관심이 없는 사람들이었다. 내 안내서 지도에다 현재의 위치를 찍어달라고 부탁했더니 아주 엉뚱한 곳에 찍어주어서 도움이 되지 않았다. 그들과 헤어지고 내 갈 길을 계속 걸어야 했는데, 가끔 원 속의 화살표그림으로 길을 안내하는 목재말뚝을 발견했지만 CTC길 안내가 아니었다. 또는 어느 목적지를 안내하는 것도 아닌, 단지 보행로임을 표시하는 것이었다.

　헤더군락지를 벗어나 고사리과 식물사이의 길을 걸을 때는 길이 너무나도 좁아 양손에 든 철재지팡이를 짚을 공간이 없어 한동안은 지팡이를 사용하지 않고 걸어야 했다. 3시 35분에 철조망울타리의 울타리문을 나와 바로 지척의 A171 도로와 B1416 도로가 거의 직각으로 만나는 지점에 3시 39분에 도착했다. A171 도로의 도로 표지판에는 '윗비 7', '스카버러 14'가 쓰여있었다. 아마 마일이 생략되었을 것이다. 안내서 지도에는 이곳을 스니턴 코너(Sneaton Corner)라 한다. CTC길에서 동남쪽으로 한참 멀어진 위치였다. 스마트폰을 꺼내 구글 위성지도에서 내 위치를 확인했고, B1416도로를 따라 스니턴(Sneaton) 방향, 즉 북서쪽으로 한참을 거슬러 올라갔다. 약 10분을 자동차 소음을 들어가며 샛노란 들꽃이 만발한 길가로 직선으로 걸어가다가, 도로가 왼쪽으로 휘어지는 지점에서 오른쪽으로 난 샛길을 발견했다. 바로 CTC길이다. 오른쪽으로 철조망울타리의 목재울타리문이있고 이 문의 연장선이 CTC길이다. 내 기억으로는 이곳에는 CTC길이라는 표시가 없었지만, 안내서 지도와 스마트폰 구글지도상의 내 위치를 확인하고 확신을 가지고 철조망울타리의 목재울타리문을 3시 50분경에 통과했다.

리틀 벡 우드숲에서 황야로 올라와 거의 최단거리로 B1416 도로까지와 스니턴 코너쪽으로 걷다가 중간에 왼쪽에 있는 이 울타리문으로 오는 길이 정식 CTC 웨인라이트길인데 나는 황야를 헤매면서 그 3~4배를 더 걸어 왔던 것이다.

이제 이 여정의 마지막 황야가 남아 있다. 크게 보면 스니턴 로 무어 황야의 일부겠지만 이것을 그레이스톤 힐즈(Graystone Hills)라 한다. 해발고도는 190~200m다. 안내서 지도에 들꿩 사격대 표시가 많은 것을 보면 마을과 도시가 가까워 사람들이 쉽게 접근하여 들꿩 사냥을 즐기는 곳으로 이용하는 황야로 보였다. 울타리문을 출발해서 약 15분을 걸어 4시 10분경에야 드디어 'COAST TO COAST'를 노란 화살표와 함께 세로로 크게 새겨 놓은 목재말뚝을 만났다. 내 입에서는 저절로 "이제야 뭐, 코스트 투 코스트?(여기저기 많이 세워 둔다고) 어디가 덧나냐?"라는 푸념어린 불평이 나왔다. 나의 이기적이고

내 중심적인 푸념이었다. 아마 내가 길을 잃지 않고 제 길로 찾아 왔다면 이런 안내 표지를 못 보지는 않았겠지……. 하지만 많이 세워두었다면 내가 길을 잃을 확률을 확 줄였을 것이다. 아무튼 별 탈 없이 여기까지 찾아 왔으니 다행이었다.

이 그레이스톤 힐즈 황야는 방금 전에 왔던 황야와는 달리 헤더꽃이 제 색깔을 유지하고 있는것도 제법 있어서 좋았다. 10분을 더 걸으니 다시 똑같은 말뚝팻말이 나왔다. 20m는 족히 될 거리를 판자를 깔아 다리를 만든 곳은 아마 우기 때는 위험한 늪지대 일 것이다. 이번에는 5분 만에 같은 모양의 말뚝팻말을 만났다. 길은 좁고 고르지 않아 편하지만은 않았으나 길을 잃고 헤맬 가능성은 거의 없을 듯 싶었다. 앞으로는 아직도 멀지만 북해가 보이고 오른쪽으로는 지대가 평평하지 않아 보이지는 않았지만 멀지 않은 곳에 A171 자동차도로가 있어 길을 잃어 사고 날 확률은 영(零)이었다.

하늘에는 적당히 구름이 있어 햇볕걱정도 없었고 바람도 적당히 불어줘 걷기에 좋았다. 나는 무의식중에 트로트 노래가 입으로 흘러 나왔다. "망설이다가 가아~버린 사아람~~! 다시 또 쓰을쓸히 낙엽은 지이고 찬 서리 기러기 울며 나는데~~~~" 김추자의 〈임은 먼 곳에〉로 시작하여 정원의 〈허무한 마음〉으로 연결되는 '내 맘 대로의 흥얼거림'이었다. 혼자 걸으면 이것뿐이랴! 말도 안 되는 영어 가사로 팝송을 부르며 가기도 한다. 혼자 걷는 도보여행은 이래서 좋다. 옆에 누가 있다면 이런 헛소리에 가까운 흥얼거림이 있을 수 있겠는가?

4시 30분경에는 철조망 울타리의 울타리문을 만났다. 통과하니 양들이 반겼다. 이제 반황야다. 푸른 목초지였는데, 헤더나무 대신 내 허리만큼 큰 억센 풀이 널려있었고, 그사이에 양들이 풀을 뜯고 있었다. 북해바다는 한층 더 가까이 보였다. 길이 없는 곳을 10분쯤 걸으니 철조망으로 둘러싼 목장을 나가는 울타리문을 통과하였다. 길이 있는데 좁고 자갈길인데 길 양옆은 덤불숲이었다. 큰 나무, 작은 나무, 고사리과 식물, 검은 딸기나무 등이 얽혀있었다. 이 길을 10분정도 걸으니 드디어 앞이 확 트인 곳으로 나왔다. 한적한 시골 포장소로(小路)를 만나고 세로글로 COAST TO COAST가 있는 목재말뚝 화살표판에는 '호스커 1마일' 반대 방향으로 '리틀벡 5와 1/2 마일'이라 써있었다. 리틀벡에서부터 이제까지 8.8km 밖에 안 된다는 말인가? 아마 황야에서 덤으로 4km이상을 더 걸었을 것이다. 이제 호스커는 1.6km밖에 안 남았다. 코앞이다. 오늘의 목적지 호스커방향으로 걸었다. 몇 분을 걸으니 지역안전 공동체명으로 기둥에 다음과 같은 경고문이 붙어있었다. '경고, 당신은 순찰지역에 들어왔습니다. 의심스러운 차량의 상세정보가 녹화됩니다.' 인적도 차량도 없는 나 혼자만의 걸음걸이지만 이런 한적한 곳에서도 결코 혼자일 수 없는 것이 현대인이다. 내 경우에는 사생활 운운보다는 좀 더 안전하다는 것에 더 마음이 갔다. 혹시라도 피치 못해 소변을 볼 때만 방향을 조심하면 될 것이다.

수확이 끝난 밀밭을 오른쪽에 두고 걸었으며 잠시지만 숲 사이 길도 걸었다. 소로도 이름이 있는 경우가 많은데, 처음 스테인스에이커 레인(Stainsacre Lane)길을 가다가 백 레인(Back Lane)길로 바꿔 가면 5시 5분경에 미턴 힐 팜(Mitten Hill Farm) 농장 건물들이 오른 쪽에 있었다. 농장에 속하는 건물인지 어쩐지는 모르겠으나 다른 건물과는 길하나 사이를 두고 개인집 같은 단층건물이 있었는데, 집 마당으로 들어가는 울타리에 지붕높이의 깃발 봉에 무슨 깃발이 바람에 나부끼고 있었다. 자세히 보니 청색바탕에 커다란 접시모양의 백장미가 그려져 있었다. 짐작은 하면서도 마침 모처럼 누군가가 지나 가길래 물었다.

나　실례합니다만, 저 건 무슨 깃발입니까?

남자　요크셔 기입니다.

나　그럼 저 건물이 관공서 건물인가요?

남자　아니요. 개인집인데요.

나 개인집에도 요크셔기를 답니까? 오늘이 무슨 날인가요?

남자 아닙니다. 요크셔 사람인 것을 자랑스럽게 생각하여 개인집에도 다는 사람이 있습니다.

나 네, 알겠습니다. 감사합니다.

영국인들은 달아야 할 깃발이 많은 듯 하다. 유니언 잭, 즉 영국기, 그리고 잉글랜드기, 웨일스기, 스코틀랜드기, 북아일랜드기를 각 각 달아야 할 것이다. 또, 자신의 고장의 깃발, 예를 들면 요크셔기 등 자랑스러운 고장 기를 또 달아야 할 거다.

백 레인길은 로 호스커(Low Hawsker) 외곽을 지나 오늘 황야에서 마주쳤던 A171 도로를 만나 가로질러 하이 호스커(High Hawsker)로 이어진다. 백 레인길 끝이 하이 호스커에서 B1447 도로와 만나 삼거리를 만드는 곳에 5시 20분에 도착했다. 오늘 걷기는 여기서 끝났다. 이제 버스를 타고 윗비로 가야한다. 몇 달 전에 호스커에서 숙소를 예약하고자 무척 노력했으나 실패하고 차선책으로 윗비의 YHA 윗비 유스 호스텔에 예약했다. 하이 호스커 도롯가 버스정류장에서 잠시 기다려 푸른색 X93 2층 버스를 탔다. 나는 이때부터 내일 아침 이곳으로 돌아올 때까지 CTC 웨인라이트길 밖에 존재 할 것이다.

10~15분정도 지나 윗비 버스정류장에 5시 50분경에 도착했다. 윗비(Whiby)는 바이킹어(Old Norse)로 'White Settlement'라는 의미다. 영국문학에서 고영시(古英詩)의 시조라고 하는 캐드먼(Cadmon)이 7세기에 살았던 곳이고, 브람 스토커(Bram Stoker)의 소설 드라큘라(Dracula)의 탄생지다. 브람 스토커는 1890년 윗비에 머물렀고 윗비 대수도원 유적과 교회묘지 등에 관심

287

이 많았다. 1897년에 출간한 드라큘라 소설 중에서 드라큘라의 영국 상륙 후의 배경이 윗비인데 그중에서도 이스트 클리프(East Cliff) 절벽위의 윗비 대수도원 유적, 성모마리아 성공회성당의 수많은 묘지가 이 소설적 배경이 되고 있다.

나는 버스에서 내려 저 무시무시한 소설의 배경이 된 이스트 클리프 절벽 위를 바라보았다. 드라큘라가 활보했던 거기에 YHA 윗비 유스 호스텔이 있기 때문이다. 피곤하고 지쳤으니 택시를 타고 올라 갈 수도 있었으나, 좀 더 걸어 드라큘라가 배에서 내려 해변을 걸어 곧장 이용했던 199계단을 이용하기로 했다. 지나가는 시민에게 물어가며 에스크 강가를 따라가다가 다리를 건너서 좀 더 가다가 왼쪽으로 처치 스트리트거리를 따라가서 바다가 보이는 곳에서 오른쪽으로 199계단을 찾아 올랐다. 세어 보지는 않았으나 정말 계단이 199개는 충분히 될 듯싶었다. 계단을 다 올라가니 수많은 묘지석이 왼쪽으로 있었고, 묘지석 가운데에 성모 마리아 성공회성당이 있었다.

성당 주변의 묘지석의 숫자는 수백 개는 될 듯싶었다. 왼쪽에 묘지석과 성모마리아 성공회성당을 두고 오른쪽 담 밑 길을 걸어갔는데, 나들이 나온 사람들, 삼발이를 고정해놓고 아름다운 윗비 시가지를 위에서 사진을 찍고 있는 사람을 지나며 갔다. 앞 담넘어 윗비 대수도원 유적이 조금 보였다. 유적 전에 오른쪽 문으로 들어서면 YHA 윗비 유스 호스텔로 들어가는데 들어가서도 한참을 찾아 6시 10분경에 유스 호스텔 접수대에 도착했다. 애비 하우스(Abbey House)라는 식당 겸 카페의 주문 판매대가 유스 호스텔 접수대와 그 기능을 같이했다.

혹시 드라큘라의 소설적 배경에 관심이 있다면 구글 위성 지도에서 윗비(Whitby)를 찾아 들어가서 에스크 강 어귀 오른쪽으로 바다와 맞닿는 곳에서 'Church of St. Mary'를 찾으면 그 주변에 수백 개의 묘지석 그림자를 볼 수 있다. 나무로도 보이나 묘지다. 주변에 'Whitby Abbey(윗비 대수도원)' 유적, 그리고 예전 종교 시설물이었던 내가 투숙했던 'YHA Whitby(유스 호스텔)'이 있는데 묘지석 사이의 성모마리아 성당과 삼각형을 이루어 이웃하고 있어 밤의 드라큘라에게는 참으로 어울릴 환경임을 느낄 것이다.

　유스 호스텔 접수대에서 투숙수속을 하고 안내를 받아 종교 시설물 냄새가 물씬 나는 건물 내로 들어가 2층 숙소에 안내되었다. 2층 침대 4개로 8인용 침실로 화장실과 샤워실이 실내에 따로 있고 옷장도 침대 옆에 세워져 있었다. 내 배낭은 이미 도착해 있었다. 나는 창문에 좀 더 가까운 곳의 침대 아래층을 잡아 짐을 풀었다.

　7시 조금 못되어 식당 카페에 가서 고심 끝에 고른 닭고기 티카 샐러드(Chicken Tikka Salad)를 시켜먹었다. 하지만 이것만으로는 약간 부족하여 이어서 빵을 사서 먹었다. 내일 스카버러에 숙소 예약이 되어 있지 않다면, 내일 하루를 더 연장하여 윗비에서 여유 있게 천천히 이곳저곳을 구경하면 좋겠으나, 그렇지 못하여 저녁식사 후 피곤했지만 유스 호스텔 주변만이라도 살펴보고자, 왔던 길로 다시 가서 살펴보았다. 묘지 비석으로 둘러싸인 성당이며 저 아래 방파제와 수평선의 북해만 구경하고 방으로 돌아왔다. 빨리 씻고 자야 했다. 오늘은 10시 30분도 되기 전에 잠자리에 들었다.

사용한 비용

£15.00 숙박 / £6.25 내일 조식 / £7.25 석식 / £1.75 석식(빵) / £2.60 버스

아!
드디어
로빈 후즈 베이!

윗비(택시) → 하이 호스커 → 로빈 후즈 베이(버스) → 스카버러 (걸은 거리 6.7km)

4시 넘어서 눈을 떴고, 그 후 잠을 깊게 자지 못했다. 어제 이곳 남자 직원의 말대로 6시 30분이 아침식사 시작이라고 해서, 7시에 가서 제일 먼저 시작하려고 시리얼을 우유에 타서 먹으려 했으나 7시 30분부터 시작이라고 제지당했다. 모처럼 내가 재차 확인했던 것인데. 영어가 모국어가 아니다보니 아주 신경을 써서 시간과 장소문제는 확인에 확인을 거듭하는데도 사람 사는 곳에서는 가끔 이런 착오가 생긴다.

계획보다 늦은 아침식사를 끝내고 준비해서 부랴부랴 짐을 꾸려 9시경에 나오니 벌써 에스크 택시(Esk Taxi)는 대기하고 있었다. 50대로 보이는 기사가 차밖으로 나와서 트렁크를 열었다. 내짐을 그가 넣었는지 내가 넣었는지 기억이 없다. 나는 그에게 가는 길이니 추가 비용없이 나를 태워 호스커(Hawsker)에 내려줄 수 있느냐고 물었다. 다행히도 그는 흔쾌히 그렇게 하겠다고 했다. 택시는 9시 3분에 나와 짐을 싣고 출발했다. 가는 길은 자동차가 붐비는 큰 길이 아니고 자동차가 거의 없는 시골 지름길이다. 큰 밴 자동차 하나만 우리와 지나쳤다. 날씨는 기가막히게 맑았다. 어제 이탈한 CTC길, 자세히 말하면 '백 레인길 끝이 하이 호스커에서 B1447도로와 만나 삼거리를 만드는곳'에 정확히 9시 10분에 도착했다. 7분이 소요되었다. 나는 운전기사에게 어제 배낭

운반비와 오늘 운반비로 45파운드를 주고 거스름돈을 받지 않았다. 3파운드를 팁으로 준 것이다. 내린 곳에서 한 참 팻말을 배경으로 사진을 찍었다. 마지막 날이라 이제 심적으로 여유롭다. 이곳 길안내 팻말은 로빈 후즈 베이(Robin Hood's Bay)까지 2와 1/2마일, 스카버러(Scarborough)까지 17마일로 표시되어있다. 이제 십리만가면 끝이다.

9시 42분, 드디어 출발이다! 마지막 장도가 시작되었다. 여느 때보다 여유 있게 천천히 걸었다. 5~6분을 B1447 자동차 도로를 따라 걸으면, 길이 거의 90도로 꺾이는 지점에 이르게 된다. 왼쪽에 세련된 석조 간판이 있었는데, 'NORTHCLIFFE & SEAVIEW HOLIDAY PARKS(노스클리프와 시뷰 휴일 공원)'라는 대문자 글과 그 아래 검은 별 다섯 개가 깔려있었다. CTC길은 여기에서 자동차 도로 B1447을 오른쪽으로 90도로 꺾어 보내버리고 이제까지 걸었던 방향으로 난 포장된 샛길로 들어섰다. 이 길의 이름은 보텀즈 래인(Bottoms Lane)길이다. 몇 분을 더 걸으니 눈앞에 푸른 북해가 보였고 길 왼쪽으로 하나의 기둥 위아래에 붙어있는 두 개의 흰바탕 표지판을 만났다. 자동차 속도

제한 20(마일)표지판과 직진해서 800m가면 노스클리프 휴일공원이고 중간에 우회전하면 시뷰 휴일 공원이라는 길안내 표지판이다.

시뷰 휴일공원 앞을 지나서, 무조건 바다 쪽으로 간다는 선입견을 갖고 걷다가 잠시 길을 헷갈렸지만 굽어지더라도 포장도로만 따라가면 된다는 확신을 가졌다. 이후로는 길을 잃을 걱정은 없었다. 눈을 감고서라도 찾아갈 것 같았다. 굽어지는 길을 따라가면 길은 일단 숲으로 들어가더니, 이어 곧 노스클리프 휴일공원에 도착했다. 여기서 목적지 로빈 후즈 베이를 가르키는 낡은 길 안내 목재말뚝을 연속으로 두 개 만났다. 휴일공원 내 두 번째 말뚝에는 로빈 후즈 베이까지의 거리가 3마일임이 표시되어 있었다. 나는 혼자 중얼 거렸다. "여기에서 뭔 코스트 투 코스트 안내냐? 다 왔는데!"라고 말이다. 이제까지 걸었던 과정 중에 표시 팻말의 부재로 고생했던 기억이 많았던 추억(?)에서 하는 푸념이었다. 이 3마일 팻말이 가르키는 방향은 왼쪽으로 있는 휴일공원 내 이동식 주택 단지다.

이동식 주택단지에 들어섰다. 10시가 넘었는데도 대부분의 사람들이 아직 일어나지 않았는지 주변은 조용했다. CTC길은 주택단지를 벗어나 뻗어있지만, 붉은 팻말에 차량은 더 이상 가지 말라는 글이 있었고, 길 가운데 차량 운행 방지 막대를 박아두어 차량이 물리적으로 주택단지 너머로는 갈 수 없도록 해 놓았다. 이제 이동 주택단지를 뒤로하고 바로 앞에 북해가 있고 바다와 나 사이 왼쪽과 앞에는 오컴 우드(Oakham Wood) 숲과 잔디가 있었다. 길은 내리막이며 계속 바다 쪽으로 향했다. 시간은 10시 15분이었다. 포장된 길은 잔디밭사이 길로 200~300m 쯤 내려가면 숲과 맞 닿았다. 포장길은 여기서 끝이었다. 이 길을 내려가면서 오른쪽에 작은 숲과 작고 허름한 못이 있고, 처음 나비와 나방에 대하여 설명되어있는 간판을 만났다.

거기에는 멧노랑나비, 독나방 등 총 9종류의 나비와 나방에 대하여 사진과 더불어 설명되어있었다. 나비목(目)(lepidoptera)은 적어도 5천만 년 전부터 지구상에 나타났다는 등의 여러 정보 가운데 나에게 흥미를 준 정보로, 영국에는 나비가 59종 뿐이라는 사실이 흥미로웠다. 한반도는 거의 300종 가까운 나비가 서식하고 있는데 말이다. 나비에 관한 한 우리가 매우 부자다. 수백 종의 다양한 나비를 보면서 자랄 수 있는 한국의 어린이들과 단지 많아야 59종의 나비 속에서 자라는 영국 어린이들과는 정서적인 면에서 다를 것이다. 총 59종이라면 사실 사람이 볼 수 있는 나비의 종류는 몇 종류 안 될 것이다.

바로 근처에 또 다른 간판이 있는데 못에 사는 동식물에 대한 정보가 있었다. 개구리, 잠자리, 물방개, 소금쟁이, 수련 등을 사진과 함께 설명하고 있었다. 이 모든 정보가 나 같은 CTC 도보여행자를 위한 것이라기보다는 노스클리프와 시뷰 휴일공원를 찾는 사람, 특히 이동식 주택 이용자들을 위하여 만들어 놓은 것으로 보였다. 그것은 내가 어릴 때 같이 놀던 것과 모양이 똑같은 동식물들이었다. 다시 걸어 숲과 맞 닿은 곳에 철제 봉으로 된 문이 있었는데, 문 너머로는 별로 세련되어 보이지 않은 시설물들이 있었다. 안내서에 의하면 오수처리시설이다. 이곳에서부터는 편한 포장길이 아니라 있는둥 마는둥 하는 길을 찾아 걸어야했다. 숲가에는 야생화목초지(The Wild Flower Meadow)라는 제목의 간판이 있었는데, 각종 야생화를 사진과 함께 설명하고 있었다. 이를 대충 보고 길을 재촉했다.

길은 이제 뻔했다. 여전히 내리막길로 숲을 왼쪽에 둔 목초지에 선명하게 보인 푸른 잔디길을 걸어 바다 쪽으로 오면, 10시 29분 드디어 북해와 접한 도보길과 만났다. 이 길은 나와 25일 토요일 황야 깊숙한 곳, 브로워스 크로싱(Broworth Crossing) 교차점에서 헤어진 클리블랜드 웨이(Cleveland Way)길이

다. 여기서 다시 만나 목적지 로빈 후즈 베이까지는 CTC 웨인라이트길과 같이 했다. 북쪽으로는 바다로 돌출한 절벽해안이 보였다. 사실 느끼지는 않았지만 이때 서서 걷는 곳이 절벽 위 길이었다. 주변에는 누렇게 변한 갈대 키만한 풀이 많이 있었다. 처음에는 바다 쪽으로 철조망이 쳐 있었다. 그 너머는 위험한 절벽이었다. 적당한 곳에 캠코더를 놓고 내 모습을 동영상으로 담았다. 배낭 속에 든 카메라까지 꺼내서 자동으로 내 모습을 찍었다. 영국 동해인 북해와 닮은 절벽 위 길에 드디어 도착한 것을 사진과 동영상으로 남기고 싶어서였다.

CTC 웨인라이트길은 아직 끝나지 않았어도 이 지점이 영국섬 서쪽에서 동쪽끝까지 걸은 그 지점이 되기 때문이었다. 이제 여유롭게 천천히 남쪽 로빈 후즈 베이방향을 향해 다시 걷기 시작했다. 바다는 호수처럼 잔잔했고 갈매기 소리는 절벽 위의 CTC길까지 충분히 들렸다. 하늘은 맑은데 구름은 적당히 있었다. 길 오른쪽에는 자주 철조망 혹은 돌담이 있었는데, 여기라고 양이 없겠는 가? 당장 보이지는 않았지만 양을 보호하고 가두는 용도일 것이 분명했다 . 바다 끝 수평선에 검으스레 한 것이 펼쳐져 있었는데, 남쪽지방의 도버해협이면 몰라도 이곳은 대륙이 보이지 않을 것이다. 구름일 듯했다. 해안 절벽위의 길은 구불구불, 제법 오르락내리락했고, 낭떠러지 밑의 바다도 가끔 보였지만, 길로만 걷는다면 충분히 안전했다. 흙길, 잔디길 그리고 석판길이었다. 나와 같은 방향으로 가는 사람은 거의 없었고, 오는 사람이 가끔 있었다. 대부분 가족단위였다. 아마 내가 지나온 노스클리프와 시뷰 휴일공원의 이동식 주택에서 지내는 사람이 대부분일 듯했다.

10시 50분경에는 이제는 허물어진 문이 없는 돌담을 넘었다. 바람소리와 함께 파도소리가 나에게까지 들렸다. 하얀 바탕의 내셔널 트러스트 간판이 서 있었다. 쓰레기를 버리지 말고, 불을 지피지 말고, 식물을 손상시키지 말고, 개를 잘 간수하라는 문구였다. 그리고 보텀 하우스 팜(Bottom House Farm) 농장이라고도 써있었다. 길은 약간의 오르막과 내리막이 있으나 비교적 편한 평탄한 길이며 바다 쪽에는 오래된 돌담이 풀 속에 감춰져 있었고 오른쪽에는 계속 철조망울타리가 쳐 있었다. 11시 5분경에 아주 오래 전에 문이 없어졌을 또 다른 돌담사이를 지났다. 이때는 주변이 온통 푸르렀다. 누런 가을 같은 색을 지닌 풀은 없었다.

11시 15분경에는 오늘 길에서 바다 쪽으로 가장 많이 돌출된 부분인 노만비 스타이 뱃츠(Normanby Stye Batts)를 지났다. 영국 지명은 매우 다양한 역사와 의미가 있어 흥미로운데 스타이는 눈에 난 '다래끼'라는 뜻이라서 바다로 돌출된 이곳을 눈에 난 다래끼 모양으로 본 것은 아닐까 추측해 보았다. 가는 방향으로 앞 절벽이 보였다. 길 오른쪽에는 여전히 철조망이 쳐 있었고 그 너머 목초지에는 노란 들꽃이 푸르거나 누런 목초 가운데에 산재되어 피어있었다. 앞에 있는 절벽 위만 돌아가면 목적지가 나올까? 희망을 품고 다시 걸었다. 고사리과 식물사이의 석판길을 내려가고 다시 오르기도 하는 계곡까지 내려가다 다시 올라 11시 25분경에 다시 문 없는 돌담을 만났는데 다시 내셔널 트러스트의 하얀 간판이 있었다. 이번에는 베이 네스(Bay Ness)곶이라 써있었다. 옆에는 내셔널 트러스트 간판보다 키가 큰 허름한 목재말뚝에 유난히도 긴 화살표 판자를 붙여놨는데, 그 화살표에는 'TO RAILWAY PATH(철로길 쪽)'이라고 써있었다. 돌담을 따라가면 철로길이 있는 모양이다.

오늘 길은 보통 해발고도 60m정도의 평탄한 길인데, 돌담을 지나 고사리과 식물 사이로 내려가는 길은 이번에는 다시 느낌상 해발고도 10m 이하까지 계곡으로 내려가다가 다시 올라갔다. 11시 30분경 또 다른 문 없는 돌담을 지났고, 이제 해발고도 60m의 평탄한 길을 걸었다. 돌담은 이제 바다 쪽이 아닌

길 오른쪽에 있었다. 이때 오던 길 쪽을 바라보니 해안 돌출 부분이 두 곳 보였다. 하나는 멀리, 또 하나는 바로 전에 지나온 가까이 보이는 노만비 스타이 뱃츠였다.

썰물이기에 물위에 있지 않고 흙위에 있었다. 이 돌출 절벽은 단단하게 보이지 않은 흙 벼랑 절벽이라서, 세월 따라 바람 따라, 또는 바닷물에 씻겨 점점 허물어지고 깎아질 것이다. 그래서인지 애처롭게만 보였다. 돌담이 바다를 가리고 있지 않으니 파도소리가 더 크게 들리는듯했다. 곧장 돌담은 바다 쪽으로 자리를 옮기더니 이내 없어졌고 이제 계속 철조망울타리가 길 오른 쪽에 있었다.

정오가 되어 드디어 로빈 후즈 베이(Robin Hood's Bay), 즉 로빈 후드의 만(灣)이 보였다. 만의 일부만 보였고, 마을은 아직 보이지 않았다. 철조망 울타리를 따라가다가 돌담과 만나는 곳에서 목재문을 통과하고 몇분을 더 바다 쪽의 철조망 울타리를 따라 걷다가 다시 허름한 목재 긴 의자가 있는 울타리 문을 지나 이어서 육지 쪽의 철조망을 따라 완만한 오르락내리락 길을 걸었다. 그러던 중 오늘 세 번째로 내셔널 트러스트의 하얀 팻말이 나타났다. 협조 및 주의사항은 없는, 장소 이름인 로켓 포스트 필드(ROCKET POST FIELD)만 보였다.

바로 전 울타리문을 통과한지 10여분이 지나 썰물의 만과 마을의 일부가 보이는 곳에서 다시 울타리문을 통과했다. 이제 바다 쪽의 철조망을 따라 몇분을 걸으니 다시 울타리문을 만났다. 이 문을 통과하니 문 앞에 목재 긴 의자가 바다 쪽으로 있었다. 앉아서 바다 쪽 전망을 보며 쉬고 가라는 듯 보였다. 이제까지의 의자와는 달리 제법 세련되고 시멘트 받침 바닥 위에 설치된 것이 이채로웠다. 앉아보지 않고 가면 서운할 의자였다. 썰물 때로 바닥이 다 보이는 만과 마을의 상당 부분이 보였다. 이곳에서 앞 전망을 동영상과 사진에 담고 지나가는 소풍객에게 부탁하여 내 사진도 두 장 찍었다.

이곳에는 또 다른 특이한 것이 있다. 바로 이곳 철조망 울타리 너머 육지 쪽 목초지에 이상스럽게 생긴 기둥이 있었다. 이는 로켓 기둥(ROCKET POST)이다. 이것은 해난구조원들을 훈련시킬 때 사용했던 기둥으로, 침몰하는 배를 향하여 구조줄을 던질 때를 가정하여 훈련시킬 때 이용했던 훈련용 기둥의 모조품이었다. 그리고 이곳의 이름도 로켓 포스트 필드(ROCKET POST FIELD)였다. 이제 육지 쪽의 철조망울타리를 따라가다 보면 바다 쪽으로 노스 요크 무어스 국립공원이 설치한 간판이 세워져 있는데 로켓 포스트를 이용하여 구조요원들이 훈련하는 모습의 그림이 있었고, 로켓 포스트가 어떻게 사용되었는지, 실제 구조사례 등을 그림과 글로서 설명하고 있었다. 한 때는 이런 로켓 포스트가 노스 요크셔 해안 절벽을 따라 많이 세워져 있었다고 하니 늘 일상적으로 훈련을 했던 것 같다. 지금 세워져 있는 기둥은 실제 것과 똑같은 모조품이라고도 설명되어있었다.

로켓 포스트 설명 간판에서 몇 분을 더 걸어가서 12시 29분에 울타리문을 통과하면 이제까지의 환경과는 딴판으로 길 양쪽은 내 키보다 더 큰, 잘 다듬어진 나뭇잎 푸른 벽을 시작으로 개인 주택 울타리로 이어졌다. 12시 32분에 시내 길이 문 너머로 보이는 울타리문을 만났다.

나는 직감적으로 이 울타리문이 이번 도보여행에서의 마지막 돌담/울타리문임을 느꼈다. 몇 초지만 잠시 문 앞에서 멈춰 섰다. 문에 대한 아쉬움이었을까? 아니면 지긋지긋해서일까? 시원섭섭한 마음이었던 것 같다. 디딤대문 등을 포함하여 아마 수백개의 돌담과 울타리의 문을 넘거나 지나면서 나름의 정

도 들었을 것이다. 이번 여행에서 가장 인상 깊은 것 중 하나는 날마다 통과해야 했던 울타리문을 비롯하여 여러 종류의 문일 듯 싶다.

드디어 문을 나오니 CTC길 안내는 없었고, 목재말뚝에 클리블랜드 웨이길 안내 화살표가 있었다. 처음에는 클리블랜드 웨이길 안내대로 걸었다. 자동차 도로인 B1447 도로로 나왔는데 여전히 클리블랜드 웨이길이고 호스커 2와 1/2(마일), 윗비 5와 1/2(마일) 팻말을 지났다. 걷는 내내 그렇게도 갈망했던 길안내 푯말 따위는 이제 필요 없었다. 무조건 해변 쪽으로 가면된다. 주차장과 로타리를 지나 12시 45분경에 화살표와 더불어 '옛마을과 해변(OLD VIL-LAGE AND BEACH)'이라고 써있는 안내 판자가 있었고, 바로 주변에 클리블랜드 웨이길은 해변길과는 오른쪽 직각으로 결별을 고하는 목재 길안내말뚝이 서있었다. 주변은 넓지 않은 잔디밭과 여러 개의 긴 의자가 있었고 아래로 수평선과 만을 바라볼 수 있어 나들이객들이 제법 있었다.

나는 해변 방향으로 계속 걸었다. 마지막으로 걷는 길은 뉴 로드(New Road)길이다. 이제 내리막길이고, 사람들은 자동차가 다니는 길을 피해 길 양쪽 보도로 가는데 나는 왼쪽 보도를 택했다. 처음 약 1분 동안은 층층대를 내려

가더니 보도는 없어지고 길은 이내 좁아져 자동차와 사람이 같이 가는 관광객을 부르는 골목길로 변했다. 드디어 영국동해 북해 해변 로빈 후즈 베이만(灣)에 도착했다. 8월 28일 화요일 12시 54분이었다. 8월 10일 금요일에 세인트 비스를 출발한지 19일만이었다.

　해변과 접해서 3층 높이의 하얀 더 베이 호텔(The Bay Hotel)이 있다. 호텔 1층에는 웨인라이트의 바(Wainwright's Bar)가 있다. 내가 도착했을 때는 주변은 관광객이 붐벼 소란스러웠다. 안내서는 이곳에 들러 맥주 한 잔을 들이켜야 하는 것을 잊지말라고 했다. 물론 304km를 힘들게 걸어왔기에 이제 여유를 가지라는 수사일 것이다. 점심때였다.

　이제 마지막 의식(세리머니)을 위해 해변에 나가야 한다. 금강산도 식후경이라 일단은 웨인라이트의 바에서 점심을 먹기로 했다. 호텔 1층인 웨인라이트의 바 문은 잠겨있었고 대신 "위층 바가 열려있음(UPSTAIRS BAR OPEN)"이라고 글이 붙어 있었다. 주변 사람들에 의하면 2층도 같은 바라고 했다. 건물 왼쪽에 밖에서부터 층계로 2층 바로 들어갈 수 있었다. 바에는 사람들이 많았다. 멀리 관광객들이 꿈틀대는 물 빠진 만이 보이는 창가에 자리를 잡고 나는 맥주대신 조각 빵과 가정식(式) 수프(Homemade Soup of the Day with Sliced Bread)를 주문했다. 빵은 두 조각이 나왔다. 여기에다 배낭에 있는 과일과 과자를 더하니 충분했다. 먹으면서 창을 통해 썰물 때의 로빈 후즈 베이만(灣)을 바라보니 감개가 무량했다. 무사히 여기까지 온 것에 대하여 다행이고 감사한 마음이 들었다. 카페 내 주변이 시끄러웠지만 내 마음은 이상스럽게도 고요하고 차분한 느낌이 들었다 마치 창 너머 북해처럼.

1시 50분경에 바를 나왔다. 이제 마지막으로 할 일이 있다. 해변으로 가는 길로 바에서 나오자마자 왼쪽으로 불과 몇 십미터만 거면 해변이었다. 돌아올 때는 이 길로 오기로 하고, 바에서 나와 똑바로 앞으로 길건너 있는 층층대길 옆에 '해변으로 가는 길'이라는 표시가 보였는데, 아직은 해변이 보이지 않는 이 길로 가기로 했다. 층층대를 올라가니 눈앞으로 바로 해변 쪽으로 내려가는 층층대가 있어 내려가니 길이라면 너무 넓고 마당이라면 너무 좁은 공터 겸 길이 있었는데, 열 개쯤 되는 긴 의자가 서로 사이를 두고 두 줄로 바다를 향하여 있었고, 나들이객들은 이 긴 의자에 앉아서 바다를 보고 있었다. 여기서 바다 쪽을 향하여 사진을 찍으며 한 젊은이에게 부탁하여 내모습도 사진에 담았다. 사진에는 내 다리를 잘라놓아서 맘에는 썩 들지 않았다. 언제 남에게 부탁한 내사진이 잘 찍힌 적이 있었더냐? 이곳 한 긴 의자에는 꽤 나이 들어 보이는 두 노파가 같이 앉아있었는데, 그들은 처음부터 나를 뚫어지도록 바라보았다. 내가 시선을 줘도 흔들림 없이 시종일관 나를 무표정으로 관찰했다. 그러고 보니 이곳에서는, 아니 이 마을에 들어서서부터 길에서도 바에서도 해변에서도 모두가 나 말고는 모두 백인이었다. 이 두 미스 마플(Miss Marple)들은 심심하던 차에 이 지방에서는 보통 자주 볼 수 없는 구경거리를 발견한 것이다. 국제화가 많이 되었다고 생각되는 영국일지라도 대도시 외에는 여전히 코카서스 인종이 대부분이라 타 인종 여행객은 여전히 주목을 받기 마련이다. 혹시나 특이한 발음과 어법으로 그들의 말을 구사한 '소리'가 들렸다면야 그날 구경거리로는 금상첨화일 것이다. 그래 당신들 연세에 스마트폰에 열중할 수도 없을 것이고, 내가 기꺼이 흥미거리가 되겠다고 생각하며, 그렇지만 나도 이제 늙어가는 볼품없는 사람이라고 속으로 말하고 그들의 시선을 무시하며 해변으로 내려갔다.

2시 5분경에 물 빠진 해변을 밟았다. 걸코 아름나운 해변은 아닌네도 사람들이 많았다. 해변은 많은 부분이 평평한 바위 바닥이고, 그 위에는 다시마 같은 바다 식물이 덮여 있었다. 일부분은 모래였다. 바위 위는 다행히도 미끄럽지는 않았다. 멀리 수평선 너머는 보이지는 않지만 아마 독일 혹은 네덜란드 혹은 덴마크일 것이고 좌우 양쪽은 영국 동해안 특유의 절벽이 보였다. 모래 해변에 사람들은 휴대 의자 위에서 모래 위에서 혹은 자그마한 텐트 속에서 바다를 바라보고 있었다.

이제 이 번 도보여행에서 중요한 마지막 의식, 출발하기 전 세인트 비스 아일랜드해 해변에서 주은 조약돌 두 개 중 하나를 이곳에 옮겨 놓은 의식을 치르기로 했다. 나는 될 수 있는 대로 육지에서 먼 곳으로, 물이 빠져나간 후의 해변 바위 바닥 위를 조심스럽게 밟고 몇 백 미터 바다 쪽으로 걸어 나갔다. 나 말고도 가까이는 아니지만 몇몇 행락객은 먼 이곳까지 나와 있었다. 먼저 조약돌을 던질 장소를 정한 후 세인트 비스 해변에서부터 간직한 조약돌 하나를 미리 꺼내 오른손에 쥐고 왼손에는 지팡이 두 개를 포개들고 먼저 적당한 곳에 설치해논 카메라와 캠코더를 작동시킴과 동시에 카메라의 작동소리를 기분 좋게 들어가며 지정한 장소에 달려가 오른팔을 번쩍 들고 바닷물 쪽으로 힘껏 조약돌을 던졌다.

　　그 사이 연속으로 카메라 셔터소리가 시원스럽게 들렸고 나는 조약돌을 던진 후에도 카메라를 보며 자세를 바꿔 잡기까지 하는 여유를 부렸다. 최종 마무리 '의식'은 이렇게 성공적으로 마쳤다.

　　집에 가져갈 비슷한 크기의 조약돌은 배낭에 여전히 있었다. 이렇게 큰 의식을 끝내고 이제 해변주변을 둘러 보았다. 썰물 때라 멀리까지 물이 빠져 있었고, 나는 좀 멀리까지 나와 '행사'를 했다. 제법 많은 사람들도 멀리까지 나와 있었다. 행락객 중에는 정원에서 새를 관찰할 때 사용했을 쌍안경을 가지고 있어 아마 멀리서 나의 요란스런 행동을 놓치지 않고 쌍안경으로 관찰했을 미스 마플, 포와로, 그리고 셜록 홈즈가 있었을 것이다. 나는 제법 긴 이 해변을 남쪽 먼저 그리고 북쪽을 걸어 살펴보았다. 해변의 남쪽 끝과 마을과 가까운 북쪽 끝만이 어느 정도 모래사장이 있고 그 외에는 뭍과 가까운 곳에 거친 모래밭이 남쪽 모래밭과 북쪽의 모래밭 사이의 좁은 회랑처럼 있을 뿐, 만의 바닥은 돌과 평평한 바위가 펼쳐져 있다. 행락객들에게 결코 편한 장소는 아닐듯하다. 북쪽 모래밭에 이르러서는 이제 밀물 때가 되어 모래밭이 점점 줄어들었다. 이제 떠날 때다. 오늘의 숙소가 있는 스카버러를 찾아가야 한다.

3시 20분경에는 뭍으로 올라와 점심을 했던 더 베이 호텔 앞으로해서 마을 쪽으로 올라오면서 여러 사람들에게 스카버러행 버스를 어디서 타느냐고 물었는데, 신기하게도 아무도 아는 사람이 없었다. 거의 가 차를 몰고 온 그들 말로 'holidaymaker(행락객)'였던 것이다. 더 올라와 B1447 도로 가까이 가서 어느 노부부 중 여사가 남편을 제쳐두고 오던 길을 되돌아가며 나를 안내해 주었다. (어디든 남자보다는 여자가 더 친절하다.) 마침 한 버스가 앞 이마에 'SCARBOROUGH(스카버러)'라는 번쩍거리는 전광 글씨를 달고 오고 있어 나는 헐레벌떡 길을 건너뛰어 갔다.

버스는 내 생각과는 다른 쪽에서 멈췄다. 그때서야 우리와는 방향이 반대라는 생각이 떠올랐다. 다행히도 사람들이 많이 내려 버스는 정류장에 오래 섰

다. 나는 급히 뛰어가 탔다. 버스비를 내고 앞 노인석에 앉았는데 캠코더가 없다. 카메라를 메고, 캠코더와 두 개의 등산용 지팡이를 들었으나 돈을 지불하려면 그 중 하나는 어디에 내려놓아야 했다. 당황하고 허둥지둥 버스 운전기사 쪽으로 가서 바로 뒷자리 의자에 놓여있는 캠코더를 발견하고 "오! 하느님!!" 하고 외치며 가슴을 쓸어내렸다. 이것을 잃어버리면 큰일 중 큰일이기 때문에 놀란 것이다. 며칠 동안의 기록이 들어있기 때문이다. 휴!

로빈 후즈 베이에 숙소 예약이 마땅치 않아서 그 주변을 살피던 중 바로 아래에 스카버러가 있다는 것을 알고 이곳에서 하룻밤을 머물고 싶었고 그래서 이곳 호텔에 예약을 했던 것이다.

스카버러라는 단어는 우리 세대에 낯설지 않은 말이다. 60년대 후반기에 사이먼과 가펑클의 노래 스카버러 페어(Scaborough Fair, 스카버러 시장)이라는 유명한 노래 때문이다.

　69학번으로 당시 대학교 1학년 때 서울 어디에서든 날마다 주변에서 들렸던 노래였다. 당시의 여건으로 팝송의 노래가사를 쉽게 구할 수 없었다. 맘에 든 국내 유행가 신곡이 라디오에서 나오면 가사를 급히 받아 적는 사람도 있었다. 당시 잡지에서는 엉터리 해설이 난무하던 때였는데, 어떤 잡지였는지는 기억에 없는데, (아니, 잡지가 아니고 라디오 DJ의 해설인 것도 같은데) 참으로 그럴듯하게 해설을 해서 그대로 믿을 수밖에 없었다. 그 엉터리 해설에 의하면, 오래전 졸업했던 모교가 있던 곳이 스카버러 시장 근처였고, 학창시절을 추억해서 부르는 노래인데, 학창시절 같이 재미있게 지냈던 여학생들의 이름이 파슬리, 세이지, 로즈마리와 타임이라는 것이다. 하긴 영미에는 로즈마리라는 여자이름도 있으니 오해할 만도 했다고 생각된다. 우리는 아니 최소한 나는 이 엉터리 해설을 굳게 믿고 이 노래를 들을 때면 외국영화의 장면을 상상하면서 영국의 어느 지방의 학교와 남녀학생들의 우정과 사랑을 상상하며 나의 그것과 교차해서 생각했던 것으로 기억한다. 지금도 시적인 영어가사를 듣고 해독하는데 무리가 있지만 대학교 1학년 때에 가사 없이 영어 노래를 이해한다는 것은 무리였다. 엉터리 언론의 결과이기도 했다. 이제는 이 노래가 유행했던 나의 초년대학생 시절과 불과 인구 500만 때의 서울 생활을 기억의 세계로 불러오는 것이 스카버러 페어다. (파슬리, 세이지, 로즈마리와 타임이 들어있는 감미로운 이 노래를 이틀 후 요크 민스터에서 듣게 된다.)

　버스를 탄지 약 50분쯤 후인 4시 27분에 스카버러에 도착하여 버스기사에게 호텔이 있는 웨이데일 가(Weydale Ave.)를 모른다고 했다. 구글 위성 지도로 검색하니 호텔이 종점 역에서 충분히 걸을 수 있는 거리였다. 걷는 것에는 이골이 난 사람이라 별 문제 될 것이 없었다. 내려서 구글 위성 지도를 따라 쉽게 찾아갈 수 있었다. 가면서 거리풍경, 공원, 공동묘지를 보았다. 놀랜스(Norlands) 호텔은 작지만 깨끗하고 아름다웠다. 피스홈공원(Peasholm Park)과 노스 베이(North Bay 北灣)와 접한 해변에서 그리 멀지 않은 곳에 있다.

내 방은 2층이었고, 작지만 깨끗하고 있을 것은 다 있었다. 아침에 헤어진 배낭이 방에서 나를 기다리고 있었다. (이곳에서 하루를 더 지내면서 젊은 시절에 상상했던 스카버러를 더 음미하고, 공원, 해변, 시장, 성(城), 유적지 등을 둘러보았어야 했는데 그러지 못해서 아쉬움을 갖게 되었다.)

저녁식사는 나가서 사 먹어야했다. 7시 넘어 찾아간 곳은 제너러스 조지(Generous George)라는 영국 내 체인 펍 레스토랑이었다. 조용한 곳은 아니고 행락객들이 쉽게 접근할 수 있는 길가에 주차장을 두고 바삐 영업하는 그런 곳이었다. 저녁 차림표를 아무리 보아도 크게 당기는 것이 없었다. 그냥 3일 연속 닭고기 카레였다. 쌀밥이 눈에 띄어서였다. 닭고기 티카 마살라(Chicken Tikka Masala)였다. 음식 이름 아래 수식어는 길지만 간단히 말하면 '닭고기 카레'다. 가격은 저렴하게 6.79파운드였다. 해러게이트에 사는 헝가리 친구 라자리가 메일을 보내왔다. 긴 메일이었는데, 내용이 요크셔 지방의 여행 안내서를 방불케 했다. 번역하여 옮겨본다.

하이 비디(BD),

도보 여행을 거의 끝냈다는 소식을 듣게 되어 기쁩니다. 추억이 되고 즐거운 경험이 될 것 같네요. 비디, 업무차 갑자기 오늘 오후에 매우 중요한 일로 부다페스트에 가야해서 죄송스럽게 생각해요. 나머지 일정을 위해 앞으로 해야 하고 봐야하는 몇 가지를 추천해 드릴게요.

스카버러

노스 베이(북만)과 사우스 베이(남만)은 볼만합니다. 그리고 두 만을 가르는 곳 (headland)에 성(城)유적은 필수적으로 봐야합니다. 노스 베이(북만)에서 곶까지 걸어 올라가면 성모 마리아 교회(St. Mary's Church)를 지나게 되는데 이곳에 앤 브론테(Anne Bronte)가 묻혀 있습니다.

스카버러에서 요크까지(종점이 리즈(Leeds)인데 버스 이마에 써있음) 2층 버스 Coastliner(843번)를 탈 수 있는데 시간표는 www.yorkbus.co.uk/times를 참조하세요. 기차역 버스정류장 시간은 출발지 출발 10분 후가 됩니다. 요크까지는 약 90분이 소요됩니다. (몰턴[Malton]에서 5분간 짧게 정차합니다.) 이 버스는 기차보다 저렴합니다.

요크

해러게이트(Harrogate)에 오는 대신 요크에 하루를 지낼 것을 권합니다. 이곳은 로마점령기에서부터 바이킹 침입기를 거쳐 튜더시대와 내란기까지의 영국 역사 2000년을 볼 수 있는 영국 내 유일한 도시입니다. 나는 (민스터[Minster]지구라고 명명된 대성당 내의) 이 도시를 걷는 것을 매우 좋아합니다. 여기에는 4~5개의 유명한 박물관이 있는데 취향에 따라 골라서 보세요.

· 요크셔 박물관(Yorkshire Museum) − www.yorkshiremuseum.org.uk

· 국립 철도 박물관(National Railway Museum) − www.railwaymuseum.org.uk

· 조빅 바이킹 센터(Jorvik Viking Centre) − www.jorvikvikingcentre.co.uk

· 요크 초콜릿 이야기(York's Chocolate Story) – www.yorkschocolatestory.com

· 요크성 박물관(York Castle Museum)(재현된 빅토리아시대의 거리가 있음)
  – www.yorkcastlemuseum.org.uk

민스터는 가볼만 합니다. 입장료는 탑을 포함해 16파운드입니다. 그러나 교회의 예배에 참석하기 위해서 입장한다면 공짜로 입장이 가능합니다. 그러나 탑은 볼 수 없습니다.

하워스(Haworth)의 브론테 자매집

하워스에 가려면 리즈(Leeds)를 경유해야 합니다. 요크에서 리즈까지 시티잽 버스(CityZap bus)를 탈 수 있습니다. 요크 기차역 맞은편에서 탑승 할 수 있습니다. 리즈 버스 역까지 50분이 소요될 것입니다. (편도 7파운드로 이 역시 기차보다 쌉니다.) 이후 교통편으로 가장 편한 방법은 키슬리(Keighley) 행 기차를 타고 다시 버스로 갈아타는 것입니다. 스킵턴(Skipton)까지 가는 노던 레일웨이(Northern Railway)기차가 있는데 25분 소요됩니다. 여기서 8분쯤 걸어 버스역에 가서 정류장(Stand) E에서 오크워스(Oakworth)행 B2 브론테 버스가 있습니다. 14분이 소요될 것이고, 브론테 목사관 박물관 외에 소설 《폭풍의 언덕》(Wuthering Heights)에 영감을 주었던 황야까지 걸을 수 있습니다.

리즈(Leeds) - 런던

리즈에서 런던 킹스 크로스까지 직통 운행하는 LNER 기차가 30분마다 있습니다. www.lner.co.uk에서 기차표를 예매하세요. 기차역에서 구매하는 것의 1/3 가격입니다. 단지 문제점이 있습니다. 바로 그 기차만을 타야 한다는 거죠. 환

불도 교환도 안 됩니다. 만약에 다른 기차를 타야 한다면 전액을 주고 새 표를 구매해야 합니다.

당신을 만나 좋은 대화를 나누기를 학수고대 했는데 아쉽네요. 또 기회가 있겠지요. 위에서 말한 정보가 요크셔에서의 기억에 남을 시간을 만드는데 도움이 되었으면 합니다. 어떻게 여행을 진행하는지를 알려주고, 도움이 필요하면 이메일 주세요.

안녕히. 라자리(Lazary)

라자리의 장문의 이메일을 세밀히 검토했다. 요크를 중심으로 나머지 일정을 소화하는 것으로 정보를 준 것으로 이해하나, 나는 나대로 계획을 좀 달리 짰다. 그녀의 정보를 검토해보니 요크보다는 리즈에서 2박 하는 편이 나을 듯하여 리즈 기차역 근처 호텔에 2박 예약했고, 런던은 전에 들렀던 한인 민박집 주인에게 카톡 문자를 보냈더니 도미토리는 45세 이상은 안 받고 TV없는 독방을 1박에 70파운드로 권했다. 너무 비쌌다. 그리고 나이 차별이라니! 유럽을 여행할 때면 김치가 있는 한식이 그리워 한인 민박집을 기웃거릴 때가 있는데, 영국의 경우 유스 호스텔, B&B 등 숙박시설이 잘 되어 있어서 대부분 무허가인 한인 민박집은 경쟁력이 없어 보인다.

예전 어느 영국도시에서 미리 예약한 한인 민박집에 새벽에 들어갔는데, 침구가 너무 더러워 방금 내가 주방에서 끓여먹은 라면 값으로 10파운드를 남기고 그 새벽에 나와 중심가 호텔에 간적도 있었다. 물론 친절하고 좋은 민박집도 많지만 기왕이면 동포가 운영하는 숙박시설에 들어가고 싶은 여행자를

섭섭하게 하는 곳도 있어서 하는 말이다. 런던의 마지막 숙소는 시간이 아직 있으니 다음에 천천히 예약하기로 했다.

라자리에게 답장하고 꾸물대다 자정이 넘어 잠자리에 들었다. 걷기가 끝났으니 일찍 잠자리에 들어야한다는 강박관념은 오늘부터 없어졌다. 그러나 긴 하루였다.

사용한 비용

£42.0 택시 / £3.0 운전기사 팁 / £4.50 점심 / £6.79 석식 / £5.30 버스 / ₩54,296 호텔(8월 22일 지불)

브론테 자매의 생활과 문학, 그리고 죽음

스카버러(버스) → 리즈(버스) → 하워스(버스) → 리즈

간밤은 추웠다. 봄 내의를 끼워 입고, 잠옷을 입고, 목도리를 두르고 잤다. 왜 이리 추운지…… 장롱에는 겉보기에 이불 같은 것이 있어서, 여분의 이불로 착각하고 안심하고 자다가 추워서 꺼내 보니 베개 두 개였다.

7시 30분경에 영국식 조식으로 식사를 했다. 도시의 호텔이니 시골 B&B의 그것보다 질이 좋았다. 호텔관리인 프랭크가 그려준 부실한 약도를 들고 시간표에서 본 피스홈 공원(Peasholm Park) 정류장 9시발 Coastliner 843번 버스를 타려고 8시 30분에 호텔을 출발했다. 오늘부터는 큰 배낭을 메고 다녀야 한다.

한참 헤맨 후 가까스로 버스정류장을 찾아 겨우 9시 출발 버스를 타고 2층 맨 앞 왼쪽 좌석에 자리를 잡았다. 가격은 쌌지만 급행은 아니었다. 라자리말은 몰턴에서만 선다고 했는데 그게 아니고 동네마다 서는, 그래서 특히 노인들에게 좋은 버스였다. 우리나라에서는 장거리 버스가 동네까지 와서 실어주지 않기에 동네 사람들은 큰 길가에 있는 버스정류장으로 가야하는데 이 버스는 그렇지 않았다. 주로 스카버러, 요크 그리고 리즈를 잇는 고속도로 A64로 운행했는데, 중간 중간에 소 도로로 빠져나가 작은 동네를 들러 동네 사람들을 실었다. 가격은 13파운드로 저렴했다.

오늘 리즈에서 내려 키슬리(Keighley)행 버스로 갈아타고, 그곳에서 다시 브론테 자매 집이 있는 하워스(Haworth)에 가야했다. 나는 오늘 앉아서 요크셔의 시골을 구경할 수 있어서 좋았다. 2층 버스 맨 앞의 오른쪽 좌석에는 우연히도 꼭 중년 이상의 혹은 노년의 여자들이 탔는데, 엄청난 수다쟁이들만 타서 시종일관 조용할 틈이 없었다. 간간히 해석된 내용은 주로 남의 가정사, 그것도 유독 남자와 엉킨 이야기가 많았다.

11시 10분경에는 요크 기차역 버스정류장에 도착했는데 거의 만석이던 승객의 2/3이상이 요크에서 내렸다. 12시 30분경에 종점인 리즈 시외버스 역에 도착했다. 3시간 30분(210분)이 소요된 것이다. 세어보지는 않았지만 시간표상에 나타난 스카버러에서 리즈까지의 사이에 있는 버스정류장은 20개가 넘었다.

리즈 시외버스 역에서 내려 호텔에 들를 시간이 없으니 무거운 배낭을 메고 서둘러 하워스(Haworth)로 가는 길을 찾았다. 묻고 또 물어서 키슬리를 경유해야 한다는 정보를 얻었다. 서둘러 키슬리행 왕복 버스표를 끊어 12시 50분경에 버스에 탑승했다. 왕복 버스요금은 4.50 파운드였는데, 편도와는 1.20 파운드 차이라고 했다. 중간에 쉽플리(Shipley), 빙리(Bingley)를 거쳐 키슬리(Keighley)를 가는데 뒤에 모두 ley가 붙는 것은 흥미로웠다. 버스 승객 중의 한 중년남자에게 'Keighley'의 발음을 부탁해보았다. 그는 분명히 키플리라 말했다. 스카버러에서 탄 843번 버스에서 한 중년 부인은 분명히 키슬리라 했다. 내 생각으로는 키슬리가 다수 발음이고 키플리가 소수 발음으로 보였다.

버스 안 바로 내 앞좌석 중년 시골 여자는 휴대전화로 크게 누군가하고 통화하는데 흥미로웠다. 분명 영어인데 들어보지 못한 억양이었다. 2시 19분에 키슬리에 도착하여 하워스행 버스를 급히 바꿔 탔다. 출발은 2시 24분. 운이 좋아 바로 연결해서 탔다. 왕복 버스비는 역시 4.30파운드였고, 정확히 20분 후 2시 44분에 하워스에 도착했다. 버스가 끊기기 전에 호텔이 예약된 리즈로 돌아가야 하기에 시간이 촉박하였다. 버스에서 미리 운전기사에게 브론테 자매 박물관을 가려고 하는데 가장 가까운 정류장에 내려달라고 부탁을 했고, 내릴 때는 그는 나더러 내리는 방향에서 똑바로 샛길로 가라고 했다. 내리자마자 왼쪽으로 향한 화살표와 더불어 크게 히스클리프 오솔길(HEATHCLIFFE MEWS)이라는 길안내가 돌담에 붙어있었다. 여기서 캐서린의 연인 히스클리프에게 현혹되면 안 된다. 그 길이 아니고 똑바로 가야한다.

　　2분쯤 바삐 걸어가다 현지인 여자를 만나 길을 물었다. 올라가는 계단을 타고 오른 후 왼쪽으로 돌아 쭉 가면 교회가 있고, 그 교회 뒤가 브론테 자매 박물관이라 알려주었다. 그대로 가니 교회건물로 가는 층층대와 샛길이 오른쪽으로 있는데, 샛길 직전에 육중한 석조건물의 블랙 불(Black Bull) 펍과 마주했다. 그 앞에 엠마즈(EMMA'S)라는 카페가 더 친숙하게 보여 일단 그곳에 가서 수프와 빵조각으로 요기를 했다. 거의 3시에 가까웠지만 아직 점심다운 것을 못 먹어서였다.

　　점심을 먹고 교회 뒤 브론테 자매 박물관에 도착한 시간은 3시 15분경이었다. 브론테 자매 박물관 방문객은 거의가 여자였고, 동양인은 나 혼자였다. 뒤편 접수처에서 6.50파운드를 주고 관람표를 샀다. 65세 이상 성인, 학생 등의 할인가격인데 성인가격은 8.50파운드였다.

　　브론테 목사가 살았던 목사관, 지금은 박물관이 되어 있는 건물은 모습이 주택과는 거리가 있는 모습으로 관공서 건물 모습으로 앞쪽에 현관과 크기와 모습이 서로 같은 아홉 개의 창문이 보이는 2층 석조건물이다. 현관에 들어서서 무겁게 메고 있던 배낭을 먼저 맡겼다. 각방 앞에는 원 속의 숫자로 번호를

붙이고 방 이름을 써놓았다. 내가 들렀던 순서로 설명한다. 대부분의 가구는 브론테 가족의 것이며 실내 장식도 동시대의 것이라 한다.

① 현관(ENTRANCE HALL)

현관에 들어서면 정면에서 2층으로 올라가는 계단이 보인다. 처음에는 현관의 공간이 지금보다 넓었다. 샬럿이 나중 식당을 넓히기 위하여 현관 공간을 그만큼 줄였기 때문이다. 현관 오른쪽 방 서재부터 구경했다.

② 브론테 목사 서재(Mr Bronte's Study)

현관에 들어서서 오른쪽에 있다. 이곳은 브론테 목사의 공간으로, 교구업무를 보았고 어린 아들과 딸들을 가르쳤던 곳이다. 방에 들어서서 정면에 벽난로, 오른쪽에 창문, 방 가운데에 책상으로 사용했을 장방형의 탁자와 의자, 왼쪽에 오르간 같은 피아노가 있다. 이 피아노는 에밀리와 앤이 주로 쳤다. 벽에는 당시에는 존 마틴(John Martin)의 성서화 판화로 장식했는데, 현재의 벽장식의 모습과 유사했을 것이라고 설명되어있다. 중앙 탁자위에는 글씨가 빽빽

하게 들어찬 신문지 크기의 종이가 놓여있고 그 위에는 커다란 브론테 목사가 사용했던 확대경이 놓여있다. 탁자 위와 주변에 찻잔, 작은 궤짝, 접시 등이 놓여있는데 당시 목사가 사용했던 것이다. 브론테 자매의 문학적 소양이 길러진 곳으로 생각된다. 주변은 초등학생 몇 명과 같이 온 듯한 교사의 해설로 시끄러웠다.

③ 식당(Dining Room)

브론테 목사 서재 맞은편의 방으로 방에 들어서서 앞 벽에 벽난로가 있고 벽난로 위에는 흑백색의 샬럿의 초상화가 있다. 방 가운데 몇 개의 의자와 함께 모서리를 둥글게 다듬은 커다란 장방형의 탁자가 있고 위에는 종이, 작은 상자, 찻잔, 봉투 등 어지럽게 흩어져있다. 이곳에서 브론테 자매들은 대부분의 시간을 보냈다고 하니 사람만 빼고 당시를 재현해 놓은 듯했다.

탁자 오른쪽에는 소파가 있고 그 위 벽에는 둥근 석고판에 양각된 목사의 유일한 아들 브랜웰(Branwell)의 초상이 있다. 이 소파는 에밀리가 세상을 떠난 장소이기도 하다. 벽난로 양쪽에는 책이 꽂혀있는 5단의 선반책장이 벽에 붙어있다. 창문은 왼쪽 벽 쪽에 있다. 탁자는 당시 그들이 사용했던 바로 그 탁자다. 브론테 가족의 손 때가 묻어있는 탁자다. 그들이 흘렸던 잉크자국, 표면에 작게 새겨 놓은 'E' 자 등이 그대로 있다. 1861년 패트릭 브론테(Patrick Bronte) 목사가 세상을 떠난 후 팔려 나갔다가 2015년 1월 브론테 협회(Bronte Society)가 다시 사들여 원래 자리로 돌아오게 되었다.

샬럿, 에밀리 그리고 앤 모두 그들 대부분의 작품을 이곳에서 썼다. 세 자매는 밤 11시까지 탁자 주변을 걸으며 책을 읽었고, 서로의 작품 구상에 대하여 토론했다. 에밀리와 앤이 죽은 후에도 샬럿은 잠자기 전에 전과 다름없

이 이제는 홀로 이런 '의식'을 했는데 이때를 당시 목사관 하녀 마사 브라운 (Martha Brown)은 다음과 같이 회상했다. "브론테 양은 홀로 걸었고, 걷는 소리를 들을 때면 내 가슴이 미어졌다." 사실 이런 가슴이 미어지는 장면도 오래는 지속할 수 없었을 것이다. 앞서 간 두 자매를 따라, 샬럿 자신도 5년 후에 따라갔으니…… 방금 전에 세 자매가 흩트려 놓은 듯한 탁자 위를 눈여겨 한 번 더 보고 식당을 나와 부엌으로 향했다.

④ 부엌(Kitchen)

부엌은 서재와 이웃해 있는 방이다. 부엌으로는 작아 보였다. 입구 맞은편 벽에 붙은 요리 스토브가 있다. 터진 벽장에는 접시가 세워져 있고, 서랍이 있는 탁자 위에는 저울 같은 것이 있다.

브론테 목사 사후 새로운 목사 존 웨이드(John Wade)가 부임했는데, 그가 요리 스토브를 치우고 부엌의 기능을 없앤 후 다른 방으로 가는 통로로 만드는 등 대대적인 개조를 했다. 그러나 지금은 거의 원형대로 복원한 상태다.

⑤ 니콜즈의 서재(Mr Nicholls' Study)

작은 방이다. 원래는 건물 밖에 문이 있는 연료 보관 창고였다. 샬럿이 결혼 전에 예비 남편인 아서 벨 니콜즈(Arthur Bell Nicholls)의 서재로 개조해서 출입문을 집안 현관 쪽으로 냈다고 한다. 그는 아일랜드 태생으로 아버지 브론테 목사를 돕기 위하여 1845년부터 부목사로 하워스 교회에 근무했다. 들어서서 맞은편에 창문이 있고 그 앞에 책상과 의자가 있다. 책상 위에는 두꺼운 책 두 권이 펼쳐있고, 스탠드의 전깃불이 켜져 있는데, 작은 배낭을 맨 머리가 하얀 나이든 여자 방문객이 책을 뚫어져라 살펴보고 있었다. 그녀도 브론테 자매의 소설에 심취해서 소녀 시절을 보내지 않았을까?

창문 오른쪽 구석으로는 키가 큰 시계가 벽에 기대어 서 있고, 오른쪽 벽에 벽난로가 있는데, 이는 서재로 개조할 때 만든 것이다. 샬럿이 예비남편을 위하여 1854년 5월 이 서재를 만들고 꾸밀 때, 얼마나 즐거웠을까! 그녀는 바로 다음 달 6월에 결혼했고, 다음 해 3월에 죽었으니 방 개조는 불과 죽기 10개월 전

의 일이었다. 깊이 생각하면 이방도 방문객의 마음을 짠하게 하는 곳이다.

서재에서 나와 2층으로 계단을 올라가면서 벽에 있는 브론테 세 자매의 초상화를 보았다. 1834년 유일한 남자 형제, 샬럿에게는 동생이고, 앤과 에밀리에게는 오빠인 브랜웰의 작품이다. 이는 복제본으로 원본은 런던의 국립 초상화 미술관(National Portrait Gallery)에 소장되어 있다. 영국에서 동시대의 초상화가 드물어 귀중한 그림이며, 더구나 세 자매가 함께 있는 그림은 이것이 유일하다고 한다.

이후 바로 브론테 목사가 잠자러 가는 길에 태엽을 감았던 키 큰 괘종시계를 지나 2층으로 올라갔다. 2층에는 시계 반대 순으로, 하인의 방, 샬럿의 방, 육아실, 브론테 목사의 침실, 브랜웰의 작업실 순으로 되어 있다. 그러나 관람객의 숫자 등을 감안하여 마음 내키는 대로 들어갔다. 처음은 샬럿의 방이다.

⑦ 샬럿의 방(Charlotte's Room)

2층에서 제일 큰 방이다. 수년간 가족들이 형편에 따라 번갈아가며 그때그때 사용했던 방이라고 한다. 1850년 작은 방을 터서 늘렸다. 원래는 브론테 목사 부부 패트릭(Patrick)과 마리아(Maria)의 방이었다. 1821년 마리아 사후에는 그녀의 언니 엘리자베스 브랜웰이 썼고, 조카들에게 가사일과 바느질 등을 이방에서 가르쳤다.

샬럿은 아서 벨 니콜즈와 결혼 후, 부부가 함께 이 방을 썼다. 1855년 샬럿이 남편 아서의 기도 옆에서 마지막 숨을 거둔 곳이 바로 이 방이다. 오늘날에는 샬럿 옷과 그녀의 개인물품을 전시하는 방으로 사용되고 있다. 방에 들어서면 가운데에 밑면과 뒷면 외에는 모두 유리로 된 육면체 속에 샬럿의 옷으로 보이는 짙은 밤색과 흰색의 여자 옷 두벌이 전시되어 있고, 바닥 면에는 우산이 놓여 있다.

그 건너 벽에는 벽난로가 있고 벽난로 위에는 샬럿의 초상화가 걸려있다. 남동생 브랜웰의 화가친구 톰슨(J.H. Thompson)이 샬럿 사후에 그렸다. 벽난로 오른쪽의 진열대 속에는 세 자매의 이모 엘리자베스 브랜웰의 물건이 전시되어 있다. 덧신, 유언으로 에밀리에게 남긴 반짇고리, 방향염병(smelling salts bottle), 그녀의 작은 초상화, 취침모자가 들어있다. 우리에게는 생소한 방향염병이란, 탄산암모늄이나 찐한 향수를 넣은 작은 병인데, 코로 흡입하여 마음이나 기분, 정신을 안정시키기 위한 것이라고 한다.

다른 벽 쪽의 진열장 속에는 샬럿의 물건이 있다. 샬럿이 만든 바늘쌈지, 바느질 함, 안경과 안경집, 집필대(執筆臺, writing desk)가 들어있다. 그녀는 지독한 근시였다.

벽난로 오른쪽 벽의 진열장에는 샬럿이 썼던 여러 종류의 보닛모자가 걸려 있는데, 그중에는 결혼식 때 썼던 것도 있다. 다른 진열대 속에는 그녀가 그림물감, 연필, 아라비아 고무로 그렸던 책에서 베껴 그린 그림이 있다. 이 방 벽지 색깔은 푸른빛인데 현대에는 어울리는 색조가 아니지만 당시 유행했던 색이라 한다. 약 10분 동안 샬럿 방을 둘러보고 난 후 옆방 어린이 놀이공부방으로 갔다.

⑧ 어린이 놀이공부방(The Children's Study)

샬럿의 전기 작가 엘리자베스 개스켈(Elizabeth Gaskell)에 따르면 하인들이 이방을 'children's study'라고 불렀다고 한다. 그래서 이렇게 이름 지었다.

원래는 더 컸으나 1850년 이웃 샬럿의 방을 확장하는 과정에서 작아졌다.

브론테 자매와 유일한 아들 브랜웰이 어린 시절 놀이를 하고 나름의 글짓기도 하면서 많은 행복한 시간을 보낸 방이다. 나중에는 에밀리의 침실로 사용되었을 것으로 추측된다. 좁은 방으로 입구 맞은편에는 창문이 있고 창문에 붙어 침대가 있다. 왼쪽 벽에 붙여 서랍장이 있고, 침대 옆에는 의자가, 침대 위에는 책과 뭔가가 담겨있는 바구니 등이 있다. 서랍장 위에는 책, 접시, 컵, 함(函) 등 여러 가지 물건들이 놓여있다. 1분이면 충분히 살펴보고 나올 수 있다. 바로 옆방은 브론테 목사의 침실이다.

⑨ 브론테 목사의 침실(Mr Bronte's Bedroom)

1821년 부인 마리아가 세상을 떠난 후, 부부방(나중 샬럿의 방)에서 이방으로 침실을 옮겼다. 아들 브랜웰이 알콜과 아편에 중독되고, 정신착란증이 있었기에 밤에 혼자 둘 수 없어 이방에서 같이 지내게 되었다. 현재 있는 침대는 브랜웰이 그린 그림을 토대로 복원한 것이다. 결국 브랜웰은 1848년 이방에서 숨을 거두었고, 19년 후 브론테 목사도 이방에서 세상을 떠났다. 입구에 들어

서면 가까운 왼쪽 벽에서부터 창문 쪽 벽까지 줄로 금지선을 쳐 놓아 모든 유품과 가구에 가까이 접근을 금지하고 있다. 입구로 들어서면 금지선 너머로 침대가 놓여있고 침대 일부를 가릴 수 있는 진홍색 휘장과 함께 침대 천장이 있다. 침대 건너편 벽에는 서랍 가구와 가구처럼 보이는 벽난로가 있고, 벽에는 초상화를 비롯하여 그림이 몇 점 걸려있다. 오른쪽 벽으로 유리창 두 개가 있고 발쪽으로 침대 아래에는 큰 궤짝이 놓여있다. 유리창 쪽에는 의자가 있는데 방금 벗어 놓은 듯한 흰옷이 걸려있다. 온 가족을 먼저 보내야 했던 한 많은 남자의 방이라서 그런지, 눈에는 보이지 않지만 그의 슬픔이 방 이곳저곳에 서려 있을 것이다. 그의 한숨과 눈물 말이다…….

⑩ 브랜웰의 작업실(Branwell's Studio)

브론테 목사의 침실을 나와 들어간 곳은 이집의 유일한 아들 브랜웰의 작업실이다. 이 방은 오랫동안 침실로 사용되었고, 한때는 브랜웰의 작업실로 사용되었기 때문에 그렇게 부른다. 브랜웰은 이름 있는 화가로부터 그림 수업을 받기도 했고, 실제로도 그림을 잘 그렸다. 그는 이 집안 유일한 아들로서 특별한 위치에 있었고, 소년 시절에는 아버지와 브론테 자매들의 자랑이었고 희망이었고 기대를 한몸에 받았다. 그러나 그의 성격적 결함과 사회 적응성 부족이 예술가로서의 성공을 가로막았다. 그는 1843년 요크근처 소프 그린 홀(Thorp Green Hall) 저택의 로빈슨(Robinson) 家의 아들 가정교사로 취직했다. 이곳은 누이 앤이 여자 가정교사로 재직하고 있던 곳이기도 했다. 그러나 그는 오래 근무하지 못했다. 로빈슨 부인 리디아(Lydia)와 바람이 나서 불명예스럽게 쫓겨나고 말았다. 이후 재기하지 못하고 알콜과 아편으로 몸을 망쳐 결국 결핵으로 1848년 31살로 생을 마감하였다.

이 방의 입구로부터 대각선 방 모서리에 문은 ⑪번의 이웃 전시실로 통한다. 브랜웰의 작업실은 빛이 충분히 들어오지 않아 어둡고, 큰 비중을 두지 않아, 방문객들이 전시실로 가면서 짧게 스쳐 보고 가는 통로로 보인다. 어두운 것도 그 이유일 것이다. 이 방의 이름답게, 모든 것들이 어지럽게 보인다. 브랜웰이 그렸을 습작 정도의 여러 연필화가 벽에 붙어있거나 책상 위에 널려 있다. 벽난로 위에도, 방바닥 구석에도 뭔가 무질서하게 있다. 나도 방문객들과 함께 짧게 이방을 지나 좀 더 밝은 다음 방 전시실로 이동했다.

⑪ 전시실(Exhibition Room)

브론테 목사의 후임 존 웨이드(John Wade) 목사가 새로 들인 방으로 브론테 家가 살던 때는 없었던 방이다. 브론테 가족들의 삶의 공간을 희생하지 않고 그들의 유품을 한곳에 모아 전시할 수 있어서 전시실로서 안성맞춤일 듯하다.

1861년 패트릭 브론테(Patrick Bronte) 목사가 세상을 떠난 후, 유품들이 사방으로 흩어지게 되었다. 1893년 설립된 브론테 협회가 흩어졌던 브론테 家의 유품들을 한곳으로 모으기 시작했다.

샬럿의 남편 아서 벨 니콜즈(Arthur Bell Nicholls), 샬럿의 절친 엘런 너시(Ellen Nussey), 하녀 마사 브라운(Martha Brown)이 유품을 많이 가지고 있었다. 마사의 경우 경제적인 이유로 선별해서 팔기도 했지만 1880년 죽을 때까지 가지고 있었던 것들도 있었는데 유언에 따라 그녀의 다섯 자매로 상속되었다. 자매 중 앤 빈즈(Ann Binns)는 상속분을 팔게 되었는데 이는 소장자 중 최초의 브론테 유품 경매였다. 엘런 너시는 그녀가 죽은 1897년 이전에 샬럿의 편지 모두를 처분했다. 니콜즈가 일생 가지고 있었던 것들은 그의 사후 1907년 소더비(Sotheby) 경매에 팔렸다.

브론테 협회는 이때에 그리고 1914년의 경매에서 몇 점을 사들였다. 1928년 양모상인 지방 사업가 하워스 태생의 제임스 로버츠(James Roberts)는 브론테 협회가 박물관으로 사용하도록 브론테 가족이 살았던 하워스 목사관을 3000파운드에 구입하였다. 그동안 소장자들의 기부, 대여, 구매 그리고 미국 필라델피아의 부유한 출판업자인 수집가 헨리 휴스턴 본넬(Henry Houston Bonnell)은 브론테 자매의 원고, 편지, 소설초판, 개인 소지품을 유증해서 그의 갑작스러운 죽음 다음 해인 1827년에 유증품들이 도착해서 이제는 브론테 자매 박물관으로는 세계에서 가장 규모가 큰 박물관이 되었다.

전시실에 들어서면 방금 전의 어두웠던 브랜웰의 작업실과는 달리 환했다. 방 가운데 그리고 방 벽에 붙여서 여러 개의 전시 창을 설치하여 전시물을 전시하고 있고, 그 밑에 깨알 같은 글씨로 각각 이 전시물을 설명하고 있다. 그리고 전시실 곳곳에 파란바탕 LED 조명판을 세워 큰 글씨로 브론테 家에 대하여 제목을 달아 설명하고 있다. 전시물은 브론테 목사 것으로 편지, 잉크병, 안경, 젊은 시절에 출판했던 본인시집, 시계 줄과 열쇠 등, 그의 부인 마리아 것으로 초상화, 감리교 잡지, 방향염병, 소장했던 책 등, 샬럿의 습작연필화, 에밀리의 마호가니 상자, 브론테 아이들이 어렸을 때 놀았던 장난감, 브랜웰의 전투장면 연필화, 샬럿이 보낸 편지, 받은 편지, 샬럿의 풍경 연필화, 장례용 장갑, 샬럿의 작은 책 등이 전시 창 속에 전시되어 있는데, 특히 책, 편지, 육필원고가 많다.

LED 파란색 조명판에는 이 가족의 모든 것이 분산되어 설명되어 있다. 브론테 목사의 어린 시절부터 부부의 결혼, 출생, 사망, 교육, 교우관계, 저술, 질병과 죽음, 샬럿의 결혼, 그리고 브론테 목사의 죽음 등 거의 모든 것이 설명되어 있다. 브론테 자매의 짧은 학교생활, 친구, 여행, 브론테 목사의 재혼 시도 등에 대해서도 알게 되었다. 제일 애석하고 안쓰러운 것으로 브론테 家의 최대의 불행인 죽음에 대해서도 설명해 놓은 글이 있어 번역하여 소개한다.

가족의 죽음(Deaths in the Family)

브랜웰이 31세의 나이로 1848년 9월 24일 갑자기 세상을 떠났다. 이어서 곧 에밀리와 앤이 병이 들었다. 에밀리는 30세의 나이로 1848년 12월 19일 폐결핵으로 사망했다. 앤은 바닷가에서 요양하기를 열망한 나머지 1849년 5월 24일 샬럿과 엘런 너시와 함께 스카버러로 떠나지만, 4일 후 그곳에서 29세의 나이로 숨을 거두었다. 이어지는 가족의 장례식으로 인한 아버지의 고통을 덜어드리기 위하여 샬럿은 동생을 스카버러에 묻고, 홀로 하워스에 돌아왔다. 1854년 샬럿은 아버지 교회의 부목사 아서 벨 니콜즈의 청혼을 받아들이고, 같은 해 6월 29일 하워스 교회에서 결혼식을 올렸다. 비록 짧았지만 결혼생활은 행복했다. 1855년 3월 31일 샬럿 브론테는 임신 초기상태로 세상을 떠났다. 브론테 목사는 사위의 보살핌을 받으며 목사관에서 6년을 더 살다가 1861년 6월 7일 84세로 세상을 떠났다. 아내와 여섯 자녀보다 더 오래 살았다.

같은 남자라서 그런지 나는 브론테 목사를 동정하게 된다. 그의 마음은 속이 새까맣게 탔을 것이다. 이 글에 기록되어 있는 것 말고도 그가 견뎌야했던 가족의 죽음이 세 번 더 있었다. 1821년 9월 아내가 자궁암으로 세상을 떠났고, 1825년 5월 첫째 딸 마리아, 같은 해 6월에 둘째 딸 엘리자베스를 잃었다. 그의 84년간의 생애 동안 아내, 아들, 딸 모두 7명이 모두 그 앞에서 요절한 것을 지켜본 것이다. 그의 심정은 초인이 아니라면 견디기 힘든 심정이었을 것이다. 다행히 성직자라서 견딜 수 있었을 것이다. 그리고 어떻게 하나라도 살려내지 못했나 하는 그에 대한 원망, 안쓰러움, 아쉬움도 남는다. 어떻게 생각하면 이승의 현실에서는 죽은 자 보다는 그 죽음을 바라보는 산자가 더 불쌍하니 말이다……

아래층으로 내려가기 전에 나는 구석 의자에 앉아 있는 관리 직원에게 지금까지 궁금했던 점 하나를 물었다.

> **나** 브론테(Bronte)의 마지막 글자 'e' 자 위에 점 두개가 있는데 그 이유가 무엇인가요?
>
> **직원** 브론테 목사가 그리스를 여행한 적이 있었는데 그때 그리스에 대하여 심취했다고 합니다. 그래서 그리스 식으로 바꿔서 그렇습니다.

나는 평소의 습관대로 그 직원의 말의 진위를 확인하는 과정을 밟으면서 그녀의 말이 완벽하게 옳은 것은 아니라는 것을 알았다. 좀 더 복잡한 문제였다. 그러나 이 여행기가 브론테 家에 너무 길게 머무를 수 없기에 될 수 있는 대로 간단히 설명해본다.

아일랜드인 브론테 목사의 최초의 영국식 성은 'Brunty'였다. 25세인 1802년 캠브리지 세인트 존 대학(St. John's College, Cambridge)에 등록할 때 이름을 'Brontë'로 바꿨다, 이때부터 'Brontë'로 된듯하다. 유래로 두 가지 설이 있는데 그가 그리스 고전에 밝아서 그리스 신이름을 본 땄다는 설과 또 다른 하나는 나폴리 왕으로부터 브론테 공작 칭호를 받은 넬슨을 존경한 나머지 그의 칭호를 본 땄다는 설이다.

바꾼 이유로 당시 아일랜드의 신분이 낮은 집안 출신임을 감추려는 의도였을 것이라고 보는 견해도 있다. 'e' 자 위의 두 점은 'Bronte'가 두 음절로 발음되게 하기 위함이라는 말이 설득력이 있다. 즉 '브론트'로 발음되지 않게 하기 위해서다. 영미인들은 'Brontë'를 '브론티' 혹은 가끔은 '브론테'라고 발음하는 듯 하다.

이직 볼 것이 남아있었다. 아래층으로 내려와 본넬 방으로 들어갔다.

⑫ 본넬 방(Bonnell Room)

이곳에 많은 수집품을 유증한 미국인 헨리 휴스턴 본넬(Henry Houston Bonnell)의 이름을 딴 방이다. 전시물이 고정되어 있지 않는데, 이번에는 주로 에밀리 것이 전시되어 있다. 이곳 전시실의 특징으로 전시물 옆에는 현대의 작가, 방송인, 언론인 등의 글과 사진이 있다. 미완성 연필화 기둥위의 성 시므온(St. Simeon Stylites), 버선같이 긴 스토킹, 전나무 그림, 리즈 도서관에서 대여한 월간잡지(에밀리가 대여했다는 것이 아니라 에밀리 유품인 잡지가 도서관 소유인 듯 했다), 다섯 편의, 소설《폭풍의 언덕》에 대한 신문 비평문을 오린 것(에밀리 사후 그녀의 집필대[几]에서 발견), 브뤼셀 유학시절의 것으로 호텔광고와 동전 4개(에밀리 사후 그녀의 집필대에서 발견), 시 'High Waving Heather'의 초고 등이 있다.

본넬 방을 끝으로 기념품 판매와 매표대 쪽으로 나와 건물을 나갔다. 나중에야 알았지만 브랜웰의 작업실(Branwell's Studio)을 통해서 바로 전시실로 왔고 그 다음에 아래로 내려온 바람에 이층 첫 방인 하인의 방(The Servant's Room)을 빼먹었다는 것을 알게 되었다. 하지만 빨리 호텔이 예약된 리즈로 가야한다는 초조함에 다시 박물관으로 들어가는 것을 포기했다.

⑥ 하인의 방(The Servant's Room)

처음 2층으로 올라와서 오른쪽으로 틀면 바로 하인의 방이다. 처음부터 이 방을 생략할 의도는 없었지만, 결과적으로 그렇게 되었다. 순간적으로 열려있는 문을 통해 방안의 풍경을 기억하는데, 다른 방과는 달리 특별한 가구나 전시물이 없어 깔끔하게 보였다. 브론테 家를 이야기 할 때 하녀이야기도 중요한 요소 중 하나일 듯 싶다. 브론테 협회는 확실하지는 않지만 적어도 하나의 하녀 방이 있었을 것으로 추측하고 그 방이 이 방일 것으로 추정했다. 원래는 뒤뜰에서 통하는 돌계단으로만 출입이 가능했다.

태비(Tabby: Tabitha Aykroyd)는 50대에 목사관에 왔는데, 성격, 모습, 억양이 전형적인 요크셔 하녀였다. 충성스럽고 친절한 하녀로 30년간 브론테 가족을 보살폈다. 그녀는 하녀를 넘어 친구고 가족이었다. 1855년 샬럿이 죽기 몇 주 전에 84세로 세상을 떴다. 또 다른 입주 하녀로 마사 브라운(Martha Brown)이 있었다. 그녀는 교회지기(머슴)의 딸로 1839년 11살에 태비를 돕기 위해 목사관에 입주하여 68세의 태비와 침대를 같이 썼다. 태비가 세상을 떠날 때까지 16년간 같이 방을 쓰며 일했는데 태비 사후에는 유일한 하녀가 되어 브론테 목사와 사위 니콜즈를 돌보았다.

말년에는 브론테 전기에 이름이 거론되고, 또 브론테 유품을 많이 가지고 있다는 것이 알려지기도 하여 제법 유명해졌다. 소장 유품을 전시하는 것을 즐거워했지만 남에게 파는 것은 애착심으로 주저했다. 그녀의 사후 소장품은 그녀의 다섯 자매에게 분산 상속되었고, 그리고 점차적으로 세상에 흩어지게 되었다. 성실한 하녀들의 이야기도 나에게 감동을 주었다. 의도하지 않게 하인의 방을 건너뛰어서 제일 나중에야 하녀 이야기를 하게 되었는데 이야기 순서로는 괜찮은 듯하다.

이제 4시가 훨씬 지났다. 서둘러야 했다. 기념품 매장을 나와 급히 왔던 길로 되돌아 바삐 걸었다. 몇 발자국 나오면 오른쪽에 교회묘지, 왼쪽으로 긴 건물이 있다. 'The Old School Room'이라는 학교 건물이다. 브론테 목사가 1832년에 하워스의 어린이들을 위하여 세웠고 1966년에 복원된 건물이다. 이곳에서 브론테 목사와 자식들 모두가 아이들을 가르쳤다. 1854년 샬럿과 니콜즈의 결혼식 피로연을 이곳에서 열었다. 급히 건물 겉모습과 소개하는 글을 일별하고 오른쪽 교회묘지로 들어섰다.

이곳에 브론테 사람들이 묻혀있는 것으로 알았는데 초입의 석판 위에 붙어있는 설명글에는 다른 이야기가 써있었다. 스카버러 성모 마리아 교회묘지에 있는 막내 딸 앤만 제외하고 패트릭 브론테 목사 본인, 부인, 어릴 때 사망한 두 딸, 세 자매, 아들, 처형 엘리자베스까지 모두가 교회건물 밑 지하실에 묻혀있다는 것이다. 이곳 묘지에는 하녀 마사 브라운과 그녀의 아버지 교회지기(머슴) 존 브라운, 그리고 원래의 하녀 태비가 묻혀있다고 한다. 결국은 묘지방문을 포기하였다.

시간이 더 있었다면 브론테 자매, 특히 에밀리가 자주 갔다는 가까운 황야, 필히 《폭풍의 언덕》에서 그려진 소설 배경이 되었을 것으로 짐작되는 황야에 가보고 싶었으나, 시간이 없어 포기했다. 대신 에밀리가 분명히 밟았을 황야를 가는 길목을 줌으로 잡아당겨 사진을 찍었다.

브론테 가족이 묻혀있는 성공회 교회(St. Michael & All Angels Church)를 지나 큰길로 나와 급히 버스 정류장으로 갔다. 5시경에 2층 버스를 타고 2층 맨 앞 왼쪽 의자에 앉았다. 약 20분 후에 키슬리에 도착하고 이어서 리즈행 단층버스로 갈아탔다.

오늘도 너무 긴 하루였다. 오늘에야 진정으로 CTC 걷기를 끝낸 기분이다. 왜냐하면 CTC길의 적지 않은 부분이 요크셔 지방이었고, 그 중에서도 드넓은 황야였고, 이 황야는 에밀리 브론테의《폭풍의 언덕》배경이었기 때문이다.

이 소설과 영화를 생각하면서 걸을 때가 있었고 사람들과 이에 대해서 이야기도 하며 걸었다. 그래서 소설의 산실 브론테 자매 목사관 박물관에서 끝맺음을 생각했던 것이다.

사실 나의 취향은 브론테 자매 보다는 코난 도일이나 애거서 크리스티다. 그리고 문체가 쉬운 섬머셋 모음이다. 특히 애거서 크리스티가 좋아서, 섬머셋 모음은 영어 공부를 위해 거의 원문으로 읽었다. 하지만 브론테 자매에 대해서는 내가 학창 시절 전공이 영문학이었기에 어떤 의무감으로 관심을 보였을 뿐이다. 그렇다 하더라도 스카버러에서부터 느린 차를 타지 않고 좀 더 빠른 차나 기차로 이동했더라면 좀 더 많은 시간을 하워스에서 보냈을 텐데 아쉬움을 느꼈다.

　요크서 지방을 걸으면서 《폭풍의 언덕》의 배경이 어디일까 궁금해 하면서 여러 사람들에게 묻기도 하면서 그 답을 인터넷 포털에서 찾아보았는데, 결론은 하워스 주변의 황야로 생각하게 되었다. 데번(Devon)주 킹스브리지(Kings-bridge) 출신 폴 톰슨(Paul Thompson)이라는 사람이 만든 《폭풍의 언덕》에 대한 독자안내(The Reader's Guide)》라는 인터넷 자료가 답을 주었다.(https://www.wuthering-heights.co.uk/wh/index)

　그의 견해로는 소설에 나오는 황야(Moor)는 에밀리가 일했던 쉽든(Shib-den)의 골짜기, 아기 때 잠시 살았던 코언 브리지(Cowan Bridge) 주변 황야, 하워스 주변 황야의 복합체인데 하워스 주변 황야가 가장 많이 반영되었을 것이라고 한다. 그리고 그는 소설의 구절을 예로 들면서 저택의 위치까지 밝혀놓고 있다. 소설 4장에서 언쇼 씨(Mr.Earnshaw)가 집에서 리버풀까지 60마일을 걸었다고 언급했는데, 지도에서 도로 길로 하워스에서 리버풀까지 63마일이 된다면서 소설에서 《폭풍의 언덕》의 위치를 하워스 주변이라고 주장한다.

　그렇다면 왜 사람들, 이를테면 같이 걸었던 조나 캐럴라인은 소설의 배경을 하워스에서 가장 먼 황야 노스 요크 무어스로 보았을까? 내 생각으로는 두 가지 이유에서다. 노스 요크 무어스에서 찍었거나 혹은 찍었다고 생각되는 영화와 TV 드라마로 제작된 《폭풍의 언덕》을 보아왔고, 또 한 가지는 황야라고 하면 다른 작은 황야 말고 제일 넓은 노스 요크 무어스를 무의식중에 생각되기 때문이다. 물론 모든 폭풍의 언덕 영화나 TV 드라마가 꼭 노스 요크 무어스 황야에서 찍은 것은 아니다. 하워스가 있는 웨스트 요크서에서 촬영한 것도 있고, 심지어 미국 캘리포니아에서 촬영한 것도 있으니 조나 캐럴라인 같은 사람들이 갖는 《폭풍의 언덕》의 배경에 대한 신념은 순전히 선입견 때문일 것이라고 생각된다.

저녁식사는 호텔 주변 이탈리아 음식점에서 스파게티로 하고 0시 15분에 잠자리에 들었다.

사용한 비용

£13.00 스카버러 → 리즈 Coastliner Bus / £4.30 키슬리 왕복 버스 / £4.30 하워스 왕복 버스 / £4.30 점심 / £13.49 석식 / £6.50 브론테 박물관 / £1.60 캔디, 초콜릿 / £1.10 치약 / £2.20 과일 / £0.20 화장실 / £88.50 호텔(2박)

2000년 세월이 묻어있는 도시, 요크

리즈(기차) → 요크(기차) → 리즈

잠자리에서 일어나자마자 런던 릴리 호텔(Lily Hotel)에서 2박을 예약하기 위해 인터넷 예약에 매달렸다. 한국 내 신용카드 제휴 여행사이트를 사용했는데, 앱 결제하는 경로를 꼭꼭 숨겨둬 그것을 찾는 데 시간을 허비했고 찾은 후에도 에러가 나 결국 두 시간 가까이 매달렸다. 하지만 결국 예약엔 실패했다. 결국 해외 여행사이트로 가서 그곳에서 예약했다. 좀 더 비쌌지만 방법이 없었다. 해당 여행 사이트 해외호텔계약에는 문제가 많다. 귀국 후에 그들을 위해서, 나를 위해서도 항의 이메일을 보내야겠다고 생각했다. 할인해 주기 때문에 또는 작은 애국심으로 국내 사이트를 쓰고 싶어도 불편하다거나 힘들다면 누가 편리한 해외 여행사이트를 두고 국내 사이트를 이용하겠는가?

아침식사는 내가 찾아서 먹는 뷔페식인데 고급스럽고 질이 괜찮았다. 런던 호텔예약에 매달리느라고 시간을 허비해서 10시경에야 호텔을 출발하여 기차역으로 향했다. 요크행 왕복표를 끊는데 편도와 왕복표의 가격 차이는 10펜스라 했다. 거의 같다고 보면 된다. 버스보다 그 차이가 훨씬 작았다.

기차로 요크는 30분도 채 걸리지 않았다. 요크역에 내려 고심 끝에 2층 시내 관광버스를 이용하기로 하였다. 지정된 정류장 어디서든지 내리고 탈 수 있으며 오늘 하루 종일 이용 가능하다고 했다. 오전 9시부터 운행하여 오후 5시

30분에 종료하고, 15~30분마다 있고 한 바퀴 도는 시간은 약 60분이었다. 시내 관광을 이것으로 결정하고, 어르신 할인가 11.50파운드를 지불하고 즉시 버스에 탑승하여 내가 제일 선호하는 좌석, 2층 맨 앞 왼쪽으로 앞과 길 쪽을 아무 장애물 없이 바라볼 수 있는 곳에 자리 잡았다.

　2층은 앞에서부터 절반이 조금 못되는 좌석까지는 천장과 양옆 벽이 있는 실내로 되어있었고, 나머지 뒷좌석은 노천이었다. 타고 내리는 정류장 수는 20개, 헤드폰으로 제공하는 언어는 9개로 영어, 스페인어, 불어, 독어, 이탈리아어, 일어, 중국어, 러시아어, 요크셔 방언이었다. 흥미로운 것은 요크셔 사투리가 들어있는데 어제 키슬리행 버스앞좌석 아주머니가 했던 말이 그것일 것으로 짐작된다. 요크 중요 장소를 거친다는 버스정류장은 내가 탄 곳 '정류장 ⑱기차역'부터 순서대로 다음과 같다. 순서대로 설명한다.

　⑱기차역 → ⑲전쟁추모 공원 → ⑳박물관 공원 → ①전시광장 → ②길리게이트 → ③몽크 바 → ④포스 뱅크 → ⑤피즈홈 그린 → ⑥더 스톤보우 → ⑦클리포드의 탑 → ⑧마거릿 스트리트 → ⑨웜게이트 바 → ⑩요크 바비칸 → ⑪피셔게이트 → ⑫비숍소프 로드 → ⑬사우스 뱅크 → ⑭캠플손 로드 → ⑮마운트 베일 → ⑯더 마운트 → ⑰블로섬 스트리트 →

　⑱기차역 정류장에서 11시 20분경에 타서 버스는 북쪽으로 향한다. 영어로는 헤드폰 없이 큰 소리로 들을 수 있다. 다 이해할 수 없어서 대충 듣고 주변을 구경했다. 그 다음 정류장은 ⑲전쟁추모 공원(Memorial Gardens)이다. 1, 2차 대전 때 전사자들을 추모하여 만든 공원이다. 우즈강 다리를 건넜다.

　다리 바로 다음 ⑳박물관 공원(Museum Gardens)을 지났다. 요크 민스터

를 오른쪽 도로 사이로 좀 멀리 떨어져 보면서 왼쪽도로를 따라 휘어진 길을 버스는 따라 갔다. 이제 ①전시광장(Exhibition Square)이다.

이곳에서는 시작점이라 그런지 약 3분을 정차했고, 그사이에도 열심히 관광설명은 계속되었다. 1번인 이곳에서부터 시작이니 관광 안내 설명도 이곳부터가 시작일 것이다. 광장에는 요크 미술관(York Art Gallery)이 있고, 그 앞 광장에는 이곳 출생 화가 윌리엄 에티(William Etty, 1787~1849)의 흰 동상이 서 있다. 요크 미술관에는 그의 자료가 보관되어 있다고 한다.

다음은 ②길리게이트(Gillygate)다. 이는 거리 이름으로 보였다. 오른쪽으로 돌아 로드 메이어스 워크(Lord Mayor's Walk)길로 접어들었는데, 바로 오른쪽에 요크 세인트 존 대학(York St. John University)이 있다. 안내방송에 따르면 요크에는 두 개의 대학교가 있는데 이 대학은 그중 하나고 학생 수는 약 6,000명이라고 한다. 또 다른 대학으로 동쪽 교외에 자리 잡은 1963년 설립된 요크대학(University of York)이 있는데, 이곳은 학생 수가 16,000명이고, 영국에서 상위 15위 안에든 대학이라고 한다. 요크 세인트 존 대학교 옆을 지나면서 요크대학교를 홍보하는 것을 보면 여기서 멀리 있는 이 대학이 요크의 자랑인 듯 하다. 길은 바로 이전 길과는 달리 길 양옆으로 숲이 있어 좋았다. 조금 더 가면 도시를 감쌌던 옛 성벽이 오른쪽으로 보였다.

버스는 왼쪽으로 돌아 정류장 ③몽크 바(Monk Bar)가 있는 몽크게이트(Monkgate)길로 들어섰다. '몽크 바 정류장'이 아닌 '몽크 바'는 몽크게이트 길로 꺾이는 곳 에 있는데, 버스는 몽크 바를 뒤에 두고 꺾였다. 즉, 그 바로 앞에서 방향을 왼쪽으로 틀어 몽크게이트 길로 접어들었다. 버스 안에서는 부지런해야 몽크 바를 잠깐이라도 볼 수 있다. 처음에는 헷갈렸는데, 요크에서 바(Bar)는 성벽 문루(門樓)로 보면 된다. 몽크게이트 길 주변은 지금은 좀 허름한 곳인데 예전에는 이곳이 수도원 자리였고, 수도승이 성직자와 주민을 가르쳤다고 한다. 다시 오른쪽으로 돌기 직전 로터리에 가니 안내방송은 여기서도 10마일(16km) 멀리 떨어져 있는 하워드 성(Castle Howard)을 홍보했다. 그곳에 가면 성도, 호수도 볼 수 있고 성은 TV 연속극 〈Bideshead〉를 촬영했던 곳이라 했다.

이제 로타리를 270도 정도 돌아 포스강(River Foss)을 따라 각 없는 ㄱ자 형태로 돌았다. 한참 가다가 강가에 정류장 ④포스 뱅크(Foss Bank)가 있다. 뱅크는 은행이 아니라 강둑을 말하는 듯 했는데, 내리고 타는 사람은 거의 없었다. 안내방송은 갑자기 오른쪽을 보라고 했다. 붉은 벽돌의 세인즈버리즈(Sainsbury's) 슈퍼마켓 입구다. 1980년에 이곳 복층 주차장에서 중세유대인의 유골 수백 개가 발견되었다고 했다. 이곳은 영국에서 런던 외에서는 가장 큰 규모의 중세유대인 묘지였다고 했다. (500구 정도 발굴하여 다른 곳으로 이장했고 아직도 500구 이상의 유대인 유골이 주차장 아래에 묻혀있다.)

피즈홈 그린 길에 있는 정류장 ⑤피즈홈 그린(Peasholme Green)을 지나 ⑥더 스톤보우(The Stonebow) 정류장에 멈추었다. 이곳은 중심가에 가까운 곳으로 보였다. 몇 분을 정차하고 내리고 타는 관광객이 제법 있었다. 여기서 바로 커브를 돌면 사거리 교차로인데, 우리 앞 건너편에 독특한 모양의 교회가 떡 서있었다. 세인트 크럭스 교회(St. Crux Church)다.

중세 교회는 다 무너져 내렸고 그 후 다시 지은 건물이다. 신호등 대기로 눈앞으로 교회를 한참을 바라보다가 버스는 교회를 오른쪽에 두는 길에 접어들었다. 그리고 곧 바로 코퍼게이트로 접어들었다. 여기는 요크의 중세거리 중 하나다. 그래서 거리에 관광객들이 붐빈다. 안내방송은 코퍼게이트(Coppergate)의 코퍼가 금속으로 생각할지 모르지만 북쪽 언어(바이킹어) 쿠퍼(Cooper)에서 유래되어 통제조업자를 뜻한다고 했다. (gate도 북쪽언어로 길이나 거리를 뜻한다.) 이곳 코퍼게이트 쇼핑센터(Coppergate Shopping Centre)는 잘 알려진 관광지다.

　버스는 코퍼게이트를 지나 오거리에서 클리포드 스트리트(Clifford Street)
거리에 들어섰다. 길 양쪽에 중세풍의 2~3층 높이의 건물들이 있다. 불과 1분
쯤 더 가면 왼쪽으로 언덕 위에 클리포드의 탑이 있다. 버스는 그 아래 정류장
⑦클리포드의 탑(Clifford's Tower)에 11시 49분에 정차했다. 관광객은 이곳에
서 제법 많이 내리고 탔다. 나는 성(城)에 관심이 많은 터라 차창너머로 관심
있게 살펴보며 계속되는 안내방송도 귀담아 들었다. 그러나 한 바퀴 다 돌고
나서 두 바퀴 때 내리기로 했다. 버스는 3분을 멈췄다가 11시 53분에 출발했다.
삼거리 로타리를 지나 여전히 타워 스트리트길을 따라가다 포스강을 건너고
피카딜리길, 레드 밀 레인(Lead Mill Lane)길, 조지 스트리트길을 짧게 지난 후
⑧마거릿 스트리트(Margaret Street) 정류장이 있는 마거릿 스트리트길을 지
나 오른쪽으로 꺾어 웜게이트(Walmgate)길로 접어들었다. 웜게이트 길 끝자
락에 ⑨웜게이트 바(Walmgate Bar) 정류장에 약 1분 정차했다. 2층 맨 앞에 앉
은 내 눈앞에 아치형 성곽문으로 문루와 웜게이트 망루(Walmgate Barbican)
가 있었다.

이제 버스는 아치형 문루를 통과하여 성벽과 가까운 가장 오른쪽길로 갔다. 바로 정류장 ⑩요크 바비칸(York Barbican)을 지났다. 이곳은 망루가 아니라 시의회가 운영하는 공연장이다. 좌석 1500, 입석 1900석이 있다. 이 주변이 망루가 있던 지역이라서 바비칸(망루)으로 이름 지은 것이다. 정류장 ⑪피셔게이트(Fishergate)도 그냥 지났다. 특별한 관광지가 아니면 내리고 타는 사람들이 거의 없었다.

버스는 바로 포스강을 지나 스켈더게이트 브리지(Skeldergate Bridge) 다리 위로 우즈강을 건넜다. 이때는 12시였다. 다리를 건너서는 바로 비숍소프 로드길이고, 정류장 ⑫비숍소프 로드(Bishopthorpe Road)와 ⑬사우스 뱅크(South Bank)를 차례로 그냥 지났다. 오른쪽으로 꺾어 캠플손 로드길로 접어들었고 정류장 ⑭캠플손 로드(Campleshon Road)도 지나쳤다. 다시 오른쪽으로 꺾어 내이브스마이어 로드(Knavesmire Road)길로 접어들었는데, 가로수가 울창하고 양주변이 모두 잔디밭이다. 크리켓 등을 할 수 있는 시민들의 놀이터고 운동장일 듯싶다. 2분쯤 달린 후 오른쪽 큰길 A1036으로 들어섰고, 정류장 세 개 ⑮마운트 베일(Mount Vale), ⑯더 마운트(The Mount) 그리고 ⑰블로섬 스트리트(Blossom Street)를 차례로 지났다.

앞에는 또 하나의 성벽 문루(門樓)가 나타났는데, 미클게이트 바(Micklegate Bar)다. 이는 요크의 네 개의 중요 옛 문루(Bar) 중 하나다. 버스는 문루를 통과하지 않았고, 바로 그 앞에서 왼쪽 퀸 스트리트(Queen Street) 도로로 방향을 틀어 1~2분 후에 처음 승차했던 정류장 ⑱철도역(Railway Station)에 12시 15분에 도착했다. 55분 정도 소요되었다. 내리지 않고 계속 타고 가서 12시 50분에 정류장 ⑦클리포드의 탑(Clifford's Tower)에서 내렸다.

　이곳은 요크성(York Castle) 터고 클리포드의 탑은 그 성의 아성(牙城)이었다. 탑을 관광하기 전에 뭔가 먹어야 했다. 버스로 왔던 길을 걸어 되돌아가서 중세거리인 코퍼게이트 거리까지 와서 집모양이 예쁜 하얀 카페/바에 들어갔다. 빈자리가 있는 문 근처에 자리를 정하고 나서 카운터에 가서 수프와 토스트를 주문하며, 가격이 4.30파운드라서 5파운드짜리 지폐를 꺼냈더니 구권이라 받지 않는다고 거절당했다. 나는 이 지폐는 어느 상점이나 카페, 혹은 식당에서 받은 것이라며 어이없어 하며 20파운드짜리를 내놓았는데, 이제는 거스름돈으로 잔돈이 마땅치 않은 듯 했다. 그래서 신용카드를 써도 좋냐고 하니 그러라고 했다. 이렇게 약간의 실랑이가 있었는데, 이때 어떤 신사가 번쩍번쩍한 1파운드짜리 새 동전 다섯 개를 내놓으며 나에게 나의 구권 지폐와 바꾸어 주겠다고 말했다. 근처 좌석에서 내가 구권지폐 때문에 곤란한 것을 알고 온 것이다. YHA 버터미어 유스 호스텔에서 있었던 것과 비슷한 상황이었다. 고맙다며 그것으로 바꿔 종업원에게 주고 해결했다. 그리고 그 남자의 자리에 가서

고맙다고 다시 인사하고 내가 가지고 있는 파운드화 새 지폐를 지갑에서 꺼내
보이며 한국의 은행에서는 이렇게 새 돈으로 환전을 해준다. '그런데 영국에
와서 상점이나 카페에서 거스름돈으로 구권지폐를 주는데 다른 카페에서는 안
받겠다고 하니 이 무슨 경우인가?'라고 웃으며 그에게 항의조로 이야기 했다.
카페 건물모양은 아름다우나 맛은 그러지 못했다.

　　카페에서 나와 관광객들이 많이 찾는 코퍼게이트 쇼핑 센터(Coppergate
Shopping Centre)에 갔는데 특이하게도 색색의 우산을 하늘에 매달아 놓았다.
이 거리 끝부분에 바이킹체험관(Jorvik Viking Centre)이 있다. 입장하고 싶었
으나 시간이 없어 포기하고 클리포드의 탑(Clifford's Tower)으로 돌아왔다. 탑
은 가파른 언덕(motte)위에 있다. 약간 전문적으로 말하면 요크성은 형태로 보
면 모트앤베일리 성(Motte and Baily Castle)-마당과 Tower(혹은 Keep)로 불리
는 아성으로 이루어진 성-인데 현재 모트(언덕)위 아성 즉 탑만 남아있다.

먼저 과거의 요크에 대해 될 수 있는 대로 간단히 기술해보면, 역사 이전부터 인간의 자취가 있었지만 생략하고 AD 71년에 로마인이 건설했다. 그 중심은 두 강이 만나는 요크성 주변 일 수밖에 없었다. 거주자들로 로마인 → 섹슨인 → 바이킹 → 노르만인을 거치면서 발달 된 도시다. 'York'는 바이킹어 'Jorvik'에서 유래되었다. 조지 6세가 "요크역사는 잉글랜드역사다"라고 말했을 정도로 역사적 의미가 많은 곳이다. 5세기 로마인 철수 후 앵글족 왕 에드윈(King Edwin)이 이 지역을 정복하고 627년에 기독교로 개종했다. 두 강이 만나는 곳이기에 교역이 활발하였고 무역의 중심지가 되어 부유한 도시가 되었다. 이런 부유함이 바이킹의 침입을 불러들였다. 바이킹은 797년 동부해안부터 침입하여 866년에 이 도시를 함락시켰다. 그리고 Jorvik이라고 이름 짓고 수도로 삼아 노섬브리아 왕국(Kingdom of Northumbria)을 통치했다. 954년 섹슨왕 이드레드(King Eadred)가 바이킹왕 에릭 블러드액스(Eric Bloodaxe/Eric Haraldsson)를 축출하고 요크를 탈환했다. 그리고 노섬브리아를 잉글랜드에 복속시켰다. 1066년 노르만의 잉글랜드 정복 직후, 1068년 북쪽에서 반란이 일어나 윌리엄 1세가 진압 차 북쪽으로 왔는데, 그때 모트앤베일리 형의 요크성을 흙과 나무로 축성하고 군대를 주둔시키고 반란이 평정된 후 윌리엄 1세는 돌아갔다. 그러나 1069년 또다시 반란이 일어나 노르만인 노섬브리아 백작과 많은 부하들이 죽고, 섹슨왕족 에드가 애설링(Edgar Ætheling)이 이끄는 노섬브리아군대가 도시와 요크성을 공격하여 윌리엄 1세는 급히 요크로 돌아와서 그들을 진압했고 에드가 애설링은 스코틀랜드로 도망갔다. 이때 우즈강 서쪽 둑에 'Old Baile'라 부르는 새 성을 짓기 시작하여 요크성과 함께 요크를 방어하게 되었다. 윌리엄 1세는 그해에 돌아갔다. 1070년 이번에는 바이킹(Danes) 함대가 노섬브리아인과 합세하여 요크성 수비대를 공격했다. 수비대는 성 주변 집을 모두 불태워 목재가 성 둘레 해자를 건너오는데 사용 될 수 없도록 했다. 이렇게 요크는 바이킹 또는 윌리엄 1세의 수비대에 의하여 불타올랐고 수비대는 바이킹 군대에 제압당하여 성이 파괴되었다. 윌리엄 1세는 또다시 급히 달려와 요크를 대대적으로 초토화 시켰고 바이킹 군대는 겨울에 강어귀까지 퇴각했다. 요크성은 그해에 재건되었다.

그러면 요크성의 아성(牙城)인 현재 모습의 석조 클리포드의 탑(Clifford's Tower)은 언제 축성되었을까? 이곳은 헨리 3세(재위 1216-1272)의 명령으로 세워졌다. 위층에는 왕과 왕비의 방이 있었으나 그들이 거의 방문하지 않아서 귀중품 보관방으로 이용했다. 잉글랜드의 기존성과는 달리 헨리 3세가 좋아하는 프랑스성을 닮아있었다. 또, 이곳은 프랑스인 'Henry de Reyns'가 설계했다. 위성지도에서 내려다본 성은 처음에는 요크셔의 상징인 장미를 닮은듯하지만 네잎클로버 잎을 본땄다. 높이 15m, 지름 61m 크기다. 탑을 받치고 있는 모트는 층층대로 오르는데 매우 가파르다. 탑 언덕을 오르기 전에 관람시간 등의 안내간판이 있는데, 그 왼쪽 옆 바닥에는 비스듬히 심상치 않은 글자판이 있다. 본문은 영어인데 히브리어로된 이사야 42장 12절을 밑에 깔은 것부터가 심상치 않다. 1190년 이곳에서 수많은 유대인들이 학살당한 사건을 간단히 기술해 놓았다. 그 죽음은 끔찍하게도 로마시대의 마사다 사건을 닮은 이야기라 섬뜩했다. 요크의, 또는 이 탑의 유대인 이야기는 길고 복잡하여 여기에서는 생략하고자 한다. 그러나 언젠가 다시 요크와 탑에 대해서 글을 쓸 기회가 주어진다면 여러 쪽의 분량으로 자세히 써보고 싶다. 세계 어디에서든 유대인들의 삶과 역사가 쉽지 않았듯이 요크의 유대인들의 삶과 역사도 그리 간단치가 않았다는 것만 언급해 둔다.

가파른 언덕 모트를 층층대로 오르니 문이 있고, 매표소겸 입구를 만났다.

어르신, 학생 등을 위한 할인가격에 10% 기부금, 자료책 한 권까지 총 8.40파운드를 지불하고 들어섰다. 네잎클로버 잎 모양의 탑 내부는 외부 벽을 이루는 곳을 빼고 가운데는 텅 빈 마당이다. 원래는 속이 꽉 차게 방을 만든 탑이었다. 입구에는 환영한다는 글귀가 7개 국어로 써있었는데 일본어만 빼고 다 로마자고 유럽어였다. (이제는 해외여행을 일본인보다 한국인이 더 많이 가지만 이른바 테마 여행지에는 아직은 일본인이 더 많았다. 그러나 매표소 직원에게 요즘 일본인보다는 한국인이 더 여행을 많이 한다는 사실은 알려주었다.)

먼저 왼쪽으로 올라가야하는데 실수로 오른쪽 탑 위로 올라갔다. 클로버 잎사귀 형태의 성벽위에는 안쪽으로는 철재 울타리가 쳐있고 바깥쪽은 성벽 돌담인데, 돌담 위로 철재울타리를 둘러놓아 돌담을 보강한 곳도 있다. 이곳은 전망이 좋아 요크 시내가 다 보이는데 곳곳에 그림으로 시가지를 그려놓고 해당 건물의 명칭을 적어놓아 관광객이 무슨 건물을 보고 있는지를 알려주고 있다. 클로버 잎사귀를 돌던 중에 젊은 한국인 여성 한 명을 만나 인사 겸 대화를 잠시 나누었다. 그녀는 2주 후에는 스페인 산티아고 순례길을 걷는다고 했다. 클로버 잎사귀를 한 바퀴 다 돌고 다시 되돌아와서 성벽을 내려갔다. 마당에는 성벽에 기대어 탑과 요크성 등에 대하여 설명하는 글과 그림이 있고 요크성 모형이있다. 관광객은 대부분이 영국인처럼 보였다. 탑을 내려와 다시 관광버스를 탄 시간은 2시 50분. 이번에도 2층이지만 노천 오른쪽 뒷좌석에 앉았는데 그래서 앞좌석을 다 볼 수 있었다. 관광안내방송은 이번에는 녹음된 것이 아니라 안내인이 직접 마이크를 들고 즉석에서 안내했다. 반팔 와이셔츠에 넥타이를 맨 중년남자가 자리에 앉기도 했고 일어서 있기도 하면서 몸짓도 섞어가며 안내방송을 열심히 했다.

    3시 20분경에는 처음 관광버스를 탔던 요크 기차역에서 내려 잠시 걸어 요크 민스터(York Minster)에 갔다. 관광버스 내 안내인의 설명에 의하면 'minster'의 의미는 라티어로 'monastry(수도원)'라고 했다. 그러나 영국에서는 수도원이라기보다는 대성당같은 특별한 교회를 말하는 듯하다. 요크 민스터 내부 구경을 하려면 표를 사야했다. 표를 사는 대신 입구에서 잠시 내부 사진만 찍고 나왔다. 건물 바깥 주변을 구경하며 건물 끝부분에 오니 콘스탄티누스 대제의 동상이 있었다. 그는 306년에 요크(당시는 에보라쿰, Eboracum)에서 그의 군대에 의하여 황제로 추대되었기에 동상을 세운 것이다. 동상에서 조금 떨어진 곳에 두 명의 청년이 기타연주와 노래를 부르며 CD도 팔고 있었다. 목소리가 감미로웠다. 사이먼과 가펑클의 노래 복서(Boxer), 아일랜드 곡 대니 보이(Danny Boy), 이제 스카버러 페어(Scarborough Fair)를 노래한다.

Are you going to Scarborough Fair?

Parsley, sage, rosemary and thyme,

Remember me to one who lives there,

She once was a true love of mine.

Tell her to make me a cambric shirt,

Parsley, sage, rosemary and thyme,

Without no seams nor needlework,

Then she'll be a true love of mine.

Tell her to find me an acre of land,

Parsley, sage, rosemary and thyme,

Between the salt water and the sea strands,

Then she'll be a true love of mine.

스카버러 시장으로 가시렵니까?

파슬리, 세이지, 로즈마리 그리고 타임,

그곳의 한 사람에게 안부를 전해 주세요

한때 그녀를 진정으로 사랑했답니다.

그녀에게 캠브릭 셔츠를 지어달라고 말해주세요.

파슬리, 세이지, 로즈마리 그리고 타임,

이음매도 바느질도 없이 말입니다.

그렇다면 그녀는 진정한 내 연인이 다시 되겠지요.

그녀에게 한 에이커의 땅을 구해 달라고 해주세요.

파슬리, 세이지, 로즈마리 그리고 타임,

바닷물과 해변가 사이에서 말입니다.

그렇다면 그녀는 진정한 내 연인이 다시 되겠지요.

이 노래는 더 길다. 물론 대학시절에 어느 매체를 통해 들은 해설과는 달리 'Parsley, sage, rosemary and thyme'의 후렴구는 현대인에게는 잘 이해하기 어렵지만, 상징적 의미로 가득 차 있다는 것이 정설이다. 영국인들은 우리가 못 느끼는 그 뭔가를 느낄 듯 싶다. 하여튼 이 노래는 나의 대학시절, 특히 군 입대 전 1학년 때를 떠올리게 했다. 50년 전, 이 노래를 같이 듣고 추억을 쌓았던 대학친구들과 함께하는 SNS 대화방에, 나 혼자 보고 듣기에는 아쉬운 장면이기 때문에, 요크 민스터와 두 젊은 가수를 같이 동영상에 넣고 감미로운 그들의 노래와 기타연주도 함께 스마트폰 동영상으로 거의 실시간으로 올렸다. 좋은 세상이다. 스카버러는 여기 요크에서 지척이다. 스카버러 페어를 부를 땐 사람들은 동전을 그들 앞에 있는 통에 빈번히 떨어뜨린다. 나도 주머니 속 손에 잡히는 잔돈을 떨어뜨렸다.

리즈에 돌아와서 제일먼저 할 일은 다음날 런던행 버스표를 사는 것이다. 너무 늦어 내셔널 익스프레스(National Express)는 표 파는 곳도 이미 문을 닫았고 자동판매기도 고장이었다. 당직자는 내일 표는 내일 버스기사에게서 사라고 했다. 호텔에 돌아와 보니 아침에 놓아둔 팁이 그대로 있었다. 4월 시칠리아 여행에서도 똑같은 경험을 했는데……. 미국식 팁 문화를 개인적으로 별로 탐탁하지 않게 생각하지만 방을 너무 어질러놔서 미안해서 1파운드 팁을 놓고 갔는데 영국에서는 '팁을 고객이 흘려 빠뜨린 잔돈'으로 생각하는 듯했다. 기왕 버스표를 못 샀으니 라자리가 알려준 사이트 www.lner.co.uk에 가서 수차례 시행착오 끝에 가까스로 표를 구매했다. 그리고 라자리에게 축하해 달라고 '성공' 보고를 했다. 자정이 넘어서 잠자리에 들었다.

사용한 비용

£15.30 요크행 왕복기차 / £11.50 요크 관광버스 / £4.30 점심 / £8.40 탑 관광+책자 / £15.29 석식 / £1.00 자두 / £0.90 과자 / £0.80 팁 (£114.00 호텔[런던 2박 예약] /£54.50 런던행 기차예매)

나는 요크를 관광한 8월 30일 이후에도 계속 여행일기를 썼다. 하지만 이 책에서는 8월 30일에 마감하기로 했다. 이번 여행의 주목적과 이유가 하워스의 브론테 자매 박물관을 방문한 29일과 2000년 역사의 요크를 방문한 30일로 끝났기 때문에 여기서 그쳐도 무리는 없을 것이다. 그렇지만 그 후 집에 도착하기까지를 이곳에 기술하여 짧지 않은 이번 여행이 별고없이 순탄하게 마무리 되었다는 것을 간단하게나마 책 말미 이곳에 밝히고는 싶다.

8월 31일에 기차로 리즈에서 런던 킹스 크로스까지 여행하였다. 2시간 46분이 소요되었으니 아주 먼거리는 아니다. 다음날인 9월 1일에는 런던 도심을 토요일 인파를 헤치며 걸었다. 크랜번 스트리트(Cranbourn Street) 거리에서 애거서 크리스티의 두상을 박아놓은 그녀의 기념비를 구경하였고, 레스터 스퀘어(Leicester Square) 광장에 있는 작은 공원에서는 하얀 윌리엄 셰익스피어 동상을 구경했다. 예정되지는 않았지만 런던에서도 '문학을 따라' 걸은 셈이다. 흰 셰익스피어는 서서 손가락으로 두루마리 종이 위에 새겨진 글을 가르키고 있었는데, 거기에는 'THERE IS NO DARKNESS BUT IGNORANCE(세상에서 무지가 가장 짙은 암흑이다).'라는 글이 써 있었다. 오늘날에도 옳은 말인데 십이야(十二夜, Twelfth Night) 4장 2막에 나오는 광대의 대사다.

이번 여행길 마지막 날인 9월 2일 12시 15분에 런던 히스로 공항을 출발하여 한국시간 9월 3일 오전 7시 36분에 인천국제공항에 도착하였다. 약 11시간 10분이 소요되었다. 공항리무진 편으로 집에 도착한 시간은 오전 10시 30분이었다.

귀국 전 런던 코벤트 가든(Covent Garden)에 위치한 스텐퍼즈 서점(Stand-fords Book Shop)에 들러 드디어《Coast to Coast PATH-HANRY STEDMAN & DANIEL McCROHAN》최신판인 8번째판을 샀다. CTC길 도보여행은 끝났지만, 이 여행기에 그것을 재현 해내는데 참고하기 위함이다. 이 책 외에 같은 출판사 것으로 같은 형식으로 집필된 스코틀랜드 하일랜드 둘레길 두 곳의 안내서, West Highland Way와 Great Glen Way 두 권을 구매하였다. 구매하면서는 이 두 길을 걷겠다는 의지가 확실하지는 않았다. 그런데 CTC 도보여행길 여행기 원고를 완성한 후 시간이 나서 이 두 책을 굽어다 보기 시작하면서 올 여름 일본 도쿄올림픽 전에 두 길을 연속으로 이어서 걷고자 계획하고야 말았다. 하지만 예기치 못한 코로나19 사태로 올 해 실행이 힘들게 되어 애석해 하고 있다. 언젠가 세상이 편해지면 계획했던 대로 스코틀랜드 둘레길도 걷고 싶다.

참고

1. The Coast to Coast Walk - Martin Wainwright
2. Coast to Coast PATH 8th edition - HENRY STEDMAN & DANIEL McCROHAN
3. CLIFFORD'S TOWER - Jonathan Clark